施工现场十大员技术管理手册

安 全 员

(第二版)

刘 军 主编
姜 敏 副主编

中国建筑工业出版社

图书在版编目（CIP）数据

安全员/刘军主编. —2版. —北京：中国建筑工业出版社，2004
（施工现场十大员技术管理手册）
ISBN 978-7-112-06839-5

Ⅰ. 安… Ⅱ. 刘… Ⅲ. 建筑工程—工程施工—安全技术—技术手册 Ⅳ. TU714-62

中国版本图书馆 CIP 数据核字（2004）第 085556 号

施工现场十大员技术管理手册

安 全 员
（第二版）

刘 军 主 编
姜 敏 副主编

*

中国建筑工业出版社出版、发行（北京西郊百万庄）
各地新华书店、建筑书店经销
北京密东印刷有限公司印刷

*

开本：787×1092 毫米 1/32 印张：15½ 字数：346 千字
2005 年 3 月第二版 2012 年 10 月第二十四次印刷
印数：106501—108000 册 定价：**24.00** 元
ISBN 978-7-112-06839-5
（12793）

版权所有 翻印必究
如有印装质量问题，可寄本社退换
（邮政编码 100037）

本书是"施工现场十大员技术管理手册"之一。主要介绍现场安全员的基本职责,有关安全生产的法律法规和规范标准,施工现场的安全管理、事故管理、防火管理和文明施工,以及基础工程、模板脚手架、高处作业、施工机械(机具)、安全用电等专业工程的安全生产技术。

这次修订再版着重讲述了近年来新颁布的与安全生产有关法规和标准规范,并且在施工安全技术上增加了很多内容,可供现场安全员及技术人员、工人阅读。

* * *

责任编辑:袁孝敏
责任设计:孙　梅
责任校对:王　莉

第二版说明

我社 1998 年出版了一套"施工现场十大员技术管理手册"(一套共 10 册)。该套丛书是供施工现场最基层的技术管理人员阅读的,他们的特点是工作忙、热情高、文化和专业水平有待提高,求知欲强。"丛书"发行 6~7 年来不断重印,总印数达 40~50 万册,可见,丛书受到读者好评。

当前,建筑业已进入一个新的发展时期:为建筑业监督管理体制改革鸣锣开道的《中华人民共和国建筑法》、《中华人民共和国招标投标法》、《建设工程质量管理条例》、《建设工程安全生产管理条例》,…等一系列国家法律、法规已相继出台;2000 年以来,由建设部负责编制的《建筑工程施工质量验收统一标准》GB50300—2001 和相关的 14 个专业施工质量验收规范也已全部颁布,全面调整了建筑工程质量管理和验收方面的要求。

为了适应这一新的建筑业发展形势,我社诚恳邀请这套丛书的原作者,根据 6~7 年来国家新颁布的建筑法律、法规和标准、规范,以及施工管理技术的新动向,对原丛书进行认真的修改和补充,以更好地满足广大读者、特别是基层技术管理人员的需要。

中国建筑工业出版社
2004 年 8 月

出 版 说 明

目前,我国建筑业发展迅速,全国城乡到处都在搞基本建设,建筑工地(施工现场)比比皆是,出现了前所未有的好形势。

活跃在施工现场最基层的技术管理人员(十大员),其业务水平和管理工作的好坏,已经成为我国千千万万个建设项目能否有序、高效、高质量完成的关键。这些基层管理人员,工作忙、有热情,但目前的文化业务水平普遍还不高,其中有不少还是近期从工人中提上来的,他们十分需要培训、学习,也迫切需要有一些可供工作参考的知识性、资料性读物。

为了满足施工现场十大员对技术业务知识的需求,满足各地对这些基层管理干部的培训与考核,我们在深入调查研究的基础上,组织上海、北京有关施工、管理部门编写了这套"施工现场十大员技术管理手册"。它们是《施工员》、《质量员》、《材料员》、《定额员》、《安全员》、《测量员》、《试验员》、《机械员》、《资料员》和《现场电工》,书中主要介绍各种技术管理人员的工作职责、专业技术知识、业务管理和质量管理实施细则,以及有关专业的法规、标准和规范等,是一套拿来就能教、能学、能用的小型工具书。

中国建筑工业出版社
1998年2月

《安全员》(第二版)
编写人员名单

主　　编　　刘　军
副 主 编　　姜　敏
编写人员　　蔡崇民　刘　震　司徒伊俐
　　　　　　刘　诚　曹宝林

目 录

1 安全环保法律法规和标准规范 …………………… 1
　1.1 法律基本知识 ………………………………………… 1
　1.2 有关安全生产的重要法规、标准规范介绍 ………… 7
　1.3 施工现场有关环保标准 ……………………………… 36
2 建筑业劳动保护与安全生产 …………………………… 41
　2.1 劳动保护 ……………………………………………… 41
　2.2 安全生产 ……………………………………………… 48
　2.3 建筑施工特点 ………………………………………… 63
　2.4 安全干部的基本工作要素 …………………………… 66
3 安全生产管理体制 ……………………………………… 73
　3.1 建筑行业安全管理基本状况 ………………………… 73
　3.2 安全生产责任制 ……………………………………… 76
　3.3 安全教育 ……………………………………………… 82
4 事故管理 ………………………………………………… 90
　4.1 工伤事故的定义和分类 ……………………………… 90
　4.2 伤亡事故统计报告 …………………………………… 92
　4.3 事故的调查处理 ……………………………………… 94
　4.4 事故的预防 …………………………………………… 100
　4.5 施工现场安全生产须知 ……………………………… 106
　4.6 施工现场安全急救、应急处理和应急设施 ………… 119
5 基础工程施工安全技术 ………………………………… 133
　5.1 概述 …………………………………………………… 133

5.2 桩基工程的施工安全技术 …… 134
5.3 基坑支护的安全技术 …… 138
5.4 降低地下水位 …… 147
5.5 基坑工程土方开挖 …… 151
5.6 基础施工的其他安全问题 …… 153
6 施工现场临时用电安全 …… 156
6.1 电工常识 …… 156
6.2 施工现场用电管理 …… 174
6.3 外电防护及接地、接零、防雷的一般要求 …… 176
6.4 配电系统 …… 182
6.5 现场照明 …… 193
6.6 电动建筑机械和手持电动工具 …… 196
7 模板脚手架及高处作业安全防护 …… 198
7.1 脚手架工程安全技术 …… 198
7.2 模板工程安全技术 …… 248
7.3 高处作业安全防护技术 …… 266
8 大型施工机械安全防护 …… 283
8.1 塔式起重机 …… 283
8.2 物料提升机 …… 292
8.3 施工升降机 …… 304
8.4 吊装作业的安全技术 …… 316
9 施工机具安全防护 …… 338
9.1 卷扬机 …… 338
9.2 电焊机 …… 341
9.3 平刨 …… 344
9.4 圆盘锯 …… 346
9.5 搅拌机 …… 349

 9.6 翻斗车 …………………………………………… 351
 9.7 钢筋加工机械 …………………………………… 352
 9.8 手持电动工具 …………………………………… 359
 9.9 打桩机械 ………………………………………… 362

10 拆除工程安全技术 …………………………………… 364
 10.1 企业及人员资质资格规定 ……………………… 364
 10.2 施工前准备 ……………………………………… 367
 10.3 施工组织设计要点 ……………………………… 369
 10.4 拆除施工的技术要求 …………………………… 371

11 施工现场防火安全管理 ……………………………… 385
 11.1 重点部位和重点工种防火要求 ………………… 385
 11.2 特殊施工场所的防火要求 ……………………… 397
 11.3 高层建筑施工防火 ……………………………… 399
 11.4 季节防火要求 …………………………………… 408
 11.5 防火检查 ………………………………………… 412
 11.6 施工现场灭火 …………………………………… 414
 11.7 防火档案 ………………………………………… 418

12 施工现场环境卫生与文明施工 ……………………… 420
 12.1 施工区卫生管理 ………………………………… 420
 12.2 生活区卫生管理 ………………………………… 421
 12.3 文明施工基本要求 ……………………………… 425
 12.4 创建文明工地工作要求 ………………………… 426

附录一 建设工程安全生产管理条例
  （2003年11月12日中华人民共和国
  国务院令第393号发布） ……………………………… 430

附录二 工程建设标准强制性条文节选
  （房屋建筑部分〈安全〉） ……………………………… 448

1. 《施工现场临时用电安全技术规范》
   JGJ46—88 ·· 448
2. 《建筑施工高处作业安全技术规范》
   JGJ80—91 ·· 453
3. 《建筑机械使用安全技术规程》
   JGJ33—2001 ·· 460
4. 《建筑施工扣件式钢管脚手架安全技术规范》
   JGJ130—2001 ··· 470
5. 《建筑施工门式钢管脚手架安全技术规范》
   JGJ128—2000 ··· 474
6. 《龙门架及井架物料提升机安全技术规范》
   JGJ88—92 ·· 477
7. 《建筑桩基技术规范》
   JGJ94—94 ·· 480
8. 《建筑地基处理技术规范》
   JGJ79—2002 ·· 481

1 安全环保法律法规和标准规范

1.1 法律基本知识

一、法规的概念

安全生产法规,是指国家关于改善劳动条件,实现安全生产,为保护劳动者在生产过程中的安全和健康而制定的各种法律、法规、规章和规范性文件的总和,是必须执行的法律规范。法律规范一般可分技术规范和社会规范两大类。

技术规范,是指人们关于合理利用自然力、生产工具、交通工具和劳动对象的行为准则。比如:操作规范、标准、规程等。

社会规范,是指调整人与人之间社会关系的行为准则。

安全技术规范是指强制性的标准。因为,违反规范、规程造成事故,往往会给个人和社会带来严重危害。为了有利于维护社会秩序和工作秩序,把遵守安全技术规范确定为法律义务,有时把它直接规定在法律文件中,使之具有法律规范性质。

二、我国立法体制

关于立法体制,我国现行宪法作了基本界定,确立了立法体制的框架,《地方各级人民代表大会和地方各级人民政府组织法》和《中华人民共和国立法法》作了进一步的界定,这就是:

——全国人大及其常委会行使国家立法权,制定法律;

——国务院根据宪法和法律制定行政法规;

——省、自治区、直辖市人大及其常委会在不同宪法、法律、行政法规相抵触的前提下制定地方性法规;

——民族自治地方的人大有权制定自治条例和单行条例,分别报上级人大常委会批准;

——国务院部委可以根据法律、行政法规制定规章。

——较大的市(包括省、自治区人民政府所在地的市、经济特区所在地的市、经国务院批准的较大的市)人大及其常委会根据本市的具体情况和实际需要,在不同宪法、法律、行政法规和本省、自治区的地方性法规相抵触的前提下,可以制定地方性法规,报省、自治区人大常委会批准后施行;

——省、自治区、直辖市人民政府以及省、自治区人民政府所在地的市和经国务院批准的较大的市的人民政府,可以根据法律、行政法规和本省、自治区的地方性法规,制定规章。

三、我国法规的制定和发布

(一)法律

我国法律的制定权归全国人大及其常委会。

我国法律由国家主席签署主席令予以公布。其中,主席令载明了法律的制定机关、通过日期和施行日期。在全国人大及其常委会通过法律的当天,国家主席就签署主席令予以公布。

关于法律的公布方式,《立法法》明确规定法律签署公布后,应及时在全国人大常委会公报和全国范围内发行的报纸上刊登。

(二)行政法规

行政法规,是指由国务院制定的有关的各类条例、办法、规定、实施细则、决定等。

行政法规的制定权归国务院,行政法规由总理签署国务院令公布。其中,国务院令载明了行政法规的制定机关、通过日期、发布日期和施行日期。

关于行政法规的公布方式,《立法法》明确规定行政法规签署公布后,应及时在国务院公报和在全国范围内发行的报纸上刊登。

(三)地方性法规

地方性法规的制定权是:

——省、自治区、直辖市人大及其常委会;

——较大的市的人大及其常委会。

地方性法规的公布分为以下三种情况:

——省、自治区、直辖市人大制定的地方性法规由大会主席团发布公告予以公布;

——省、自治区、直辖市人大常委会制定的地方性法规由常委会发布公告予以公布;

——较大的市的人大及其常委会制定的地方性法规由常委会发布公告予以公布。

地方性法规发布令中一般都载明地方性法规的名称、通过机关、通过日期、生效日期等内容,经上级人大常委会批准的地方性法规,还同时注明批准机关的名称和批准时间。

关于地方性法规的公布方式,《立法法》明确规定地方性法规签署公布后,应及时在本级人大常委会公报和在本行政区域范围内发行的报纸上刊登。

(四)规章

规章的制定权是:

——国务院各部、委员会、具有行政管理职能的直属机构;

——省、自治区、直辖市和较大的市的人民政府。

规章的发布分为以下两种情况:

——部门规章由部门首长签署命令予以公布;

——地方政府规章由省长或者自治区主席或者市长签署命令予以公布。

关于规章的公布方式,《立法法》明确规定:

——部门规章签署公布后,应及时在国务院公报或者部门公报和在全国范围内发行的报纸上刊登;

——地方政府规章签署公布后,应及时在本级人民政府公报或者部门公报和在本行政区域范围内发行的报纸上刊登。

(五)规范性文件

规范性文件发文权是:

——国务院及其各部委员会;

——省、自治区、直辖市政府各厅(局)、委员会等政府管理部门。

规范性文件一般以"通知"、"规定"的形式出现。

国务院行政法规、地方性法规、规章和规范性文件均是法律的必要补充或具体化。

经我国批准生效的国际公约,如《建筑安全卫生公约》(第167号公约)是我国法规形式的组成部分。国际公约,是国际安全环保法律法规的一种形式,它不是由国际组织直接实施的法律规范,而是采用给会员国批准,并由会员国作为制定国内安全环保法依据的公约文本。国际公约经国家权力机关批准后,批准国采取必要的措施使该公约发生效力,并负有实施已批准的公约的国际法义务。

我国职业健康安全法规体系如图 1-1 所示。

我国环境保护法规体系如图 1-2 所示。

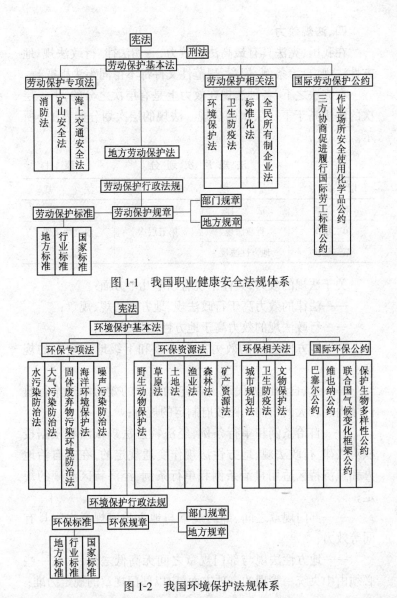

图 1-1　我国职业健康安全法规体系

图 1-2　我国环境保护法规体系

四、法规效力

在我国,宪法具有最高法律效力,一切法律、行政法规、地方性法规、自治条例、规章、规范性文件都不得同宪法相抵触。

在宪法之下,各种法规在效力上是有层次之分的,上一层次的法规高于下一层次的法规。法规的层次划分如表 1-1 所示。

法规层次划分　　　　表 1-1

层　次	法　规	层　次	法　规
第一层次	法　律	第四层次	规　章
第二层次	行政法规	第五层次	规范性文件
第三层次	地方性法规		

关于法规的效力,具体来说有以下几个方面:

——法律的效力高于行政法规、地方性法规、规章;

——行政法规的效力高于地方性法规、规章;

——地方性法规的效力高于本级和下级地方政府的规章;

——省、自治区人民政府制定的规章的效力高于本行政区域内的较大的市的人民政府制定的规章;

——自治条例和单行条例、经济特区法规依法和根据授权对法律、行政法规、地方性法规作变通规定的,在本自治地方和经济特区适用自治条例和单行条例、经济特区法规的规定;

——部门规章之间、部门规章与地方政府规章之间具有同等效力;

——地方性法规与部门规章之间无高低之分,但在一些必须由中央统一管理的事项方面,应以部门规章的规定为准;

——国务院及其各部委规范性文件效力高于地方政府厅(局)的规范性文件。

1.2 有关安全生产的重要法规、标准规范介绍

一、《中华人民共和国安全生产法》

2002年6月29日第九届全国人民代表大会常务委员会第二十八次会议通过的《中华人民共和国安全生产法》,是我国安全生产法制建设的重要里程牌。该法针对社会主义市场经济体制下安全生产工作出现的新问题、新特点,为适应新形势下安全生产需要而做出一系列法律规定。该法以规范生产经营单位的安全生产为重点,以强化安全生产监督执法为手段,立足于事故预防,突出了安全生产基本法律制度建设,(该法确立了七项基本法律制度:安全生产监督管理、生产经营单位保障、生产经营单位负责人安全生产责任制、从业人员的安全生产权利义务、安全中介服务、安全生产责任追究、事故应急和处理等),制定了当前急需的安全生产法律规范,明确了安全生产法律责任。它是我国第一部安全生产综合性法律,是各类生产经营单位及其从业人员实现安全生产所必须遵循的法律规范,是各级人民政府和各有关部门进行监督管理和行政执法的法律依据,是制裁各种安全生产违法犯罪的法律武器。《安全生产法》重点内容如下:

(一)宗旨

《安全生产法》第一条开宗明义:"为了加强安全生产监督管理,防止和减少生产安全事故,保障人民群众生命和财产安全,促进经济发展,制定本法。"

《安全生产法》的立法宗旨:

1. 规范生产经营单位的安全生产行为,明确生产经营单位主要负责人的安全生产责任,依法建立安全生产管理制度。

2. 明确从业人员在安全方面的权利和义务,规范从业人员安全作业行为,依法保护从业人员的合法权益,保障人民群众的人身安全和健康。

3. 明确各级人民政府的安全生产责任,依法加强安全生产监督管理,减少和防止生产安全事故。

4. 规范从事安全评价、咨询、检测、检验中介机构的行为,加强安全生产社会舆论媒体监督。

5. 依法建立生产安全事故应急救援体系,强化责任追究。

(二)法律地位

《安全生产法》第二条就适用范围作了明确规定,由此也确认了《安全生产法》的法律地位。《安全生产法》是安全生产的专门法律、基本法律,适用于中华人民共和国境内所有从事生产经营活动的单位的安全生产。《安全生产法》确立了安全生产的基本法律制度,适用于所有矿山、建筑、铁路、民航、交通等行业。消防安全和道路交通安全、铁路交通安全、水上交通安全、民用航空安全等法律、行政法规另有规定的,适用其规定;没有规定的,适用《安全生产法》。

(三)基本规范

1. 生产经营单位主要负责人安全生产责任

《安全生产法》第四条、第五条、第十六条、第十七条、第十八条对生产经营单位主要负责人安全生产责任规定:生产经营单位负责人对本单位安全生产全面负责,建立健全安全生产责任制,组织制定安全生产规章制度和操作规程,保证安全生产投入,督促检查安全生产工作,及时消除生产安全事故隐患,组织制定并实施生产安全事故应急救援预案,及时如实报告生产安全事故。

2.职工安全培训和资质认证

《安全生产法》第二十条、第二十一条、第二十二条、第二十三条对职工安全培训和资质认证规定:生产经营单位从业人员必须经过安全生产教育和培训,未经安全生产教育和培训的,不得上岗作业。生产经营单位主要负责人和安全生产管理人员必须具备相应的安全生产知识和管理能力。危险物品的生产经营单位和矿山、建筑施工单位的主要负责人及安全生产管理人员必须经考核合格后方可任职。生产经营单位的特种作业人员必须经过专门培训,取得特种作业人员操作资格证书,方可上岗作业。

3.安全设施的设计审查和竣工验收

《安全生产法》第二十五条、第二十六条、第二十七条对安全设施的设计审查和竣工验收规定:矿山建设项目和用于生产、储存危险物品的建设项目的安全设施设计必须报经有关部门审查同意;未经审查同意的,不得施工。矿山建设项目和用于生产、储存危险物品的建设项目竣工投入生产或使用前,其安全设施必须经有关部门验收,未经验收或者验收不合格的,不得投入生产或者使用。

(四)基础管理

1.安全设备管理

《安全生产法》第二十九条对安全设备管理规定:安全设备的设计、制造、安装、使用、检测、维修、改造和报废,必须符合国家标准或者行业标准。生产经营单位必须对安全设备进行经常性维护、保养,并定期检测,保证正常运转。

2.重大危险源安全管理

《安全生产法》第三十三条对重大危险源安全管理规定:

生产经营单位必须对重大危险源登记建档,进行定期检测、评估、监控,并制定应急预案,告知从业人员和相关人员在紧急情况下的应急措施。生产经营单位应将危险源及相关安全措施、应急措施报安全生产监督管理部门和有关部门备案。

3. 交叉作业安全管理

《安全生产法》第四十条对交叉作业安全管理规定:两个以上生产经营单位在同一作业区域进行生产经营活动时,必须签订安全生产协议,明确各自的安全生产管理职责和应当采取的安全措施,指定专职安全生产管理人员进行监督、检查和协调。

4. 承包租赁安全管理

《安全生产法》第四十一条对承包租赁安全管理规定:生产经营单位不得将生产经营场所、设备发包或者出租给不具备安全生产条件或者相应资质的单位或者个人。生产经营单位应当与承包单位、承租单位签订安全管理协议或者在承包、租赁合同中约定各自的安全生产管理内容,并对承包单位、承租单位的安全生产工作统一协调和管理。

(五)从业人员的安全生产权利和义务

《安全生产法》第六条、第四十四条、第四十五条、第四十六条、第四十七条、第四十八条、第四十九条、第五十条、第五十一条对从业人员的安全生产权利和义务规定:从业人员有权了解其作业场所和工作岗位存在的危险因素、防范措施及事故应急措施;有权对安全工作提出建议;有权对存在的问题提出批评、检举和控告;有权拒绝违章指挥和强令冒险作业;有权在直接危及人身安全的紧急情况时停止作业或者在采取可能的应急措施后撤离作业场所。从业人员应当遵守安全生产规章制度和操作规程,服从管理,接受安全生产教育和培训。

(六)安全中介服务

《安全生产法》第二十条、第六十二条对安全中介服务规定:中介机构依照法律法规和执业准则的规定,接受生产经营单位的委托为其安全生产工作提供技术服务。承担安全评价、认证、检测、检验的机构应当具备国家规定的资质条件,并对其做出的结果承担法律责任。

(七)监督举报

《安全生产法》第六十四条、第六十五条、第六十六条对监督举报规定:任何单位和个人对事故隐患或者安全生产违法行为有权举报,新闻媒体有对违反法规的行为进行舆论监督的权利,国家对事故隐患和安全违法行为举报有功人员给予奖励。

(八)事故处理

1. 事故应急救援

《安全生产法》第六十八条、第六十九条对事故应急救援规定:县级以上人民政府应当制定特大事故应急救援预案,建立应急救援体系。危险物品生产经营单位以及矿山、建筑施工单位应当建立应急救援组织,配备必要的应急救援器材、设备,并经常进行维护、保养。

2. 事故报告和调查处理

《安全生产法》第七十条、第七十一条、第七十二条、第七十三条对事故报告和调查处理规定:生产经营单位发生事故,必须按规定报告安全生产监督管理部门和有关部门,不得隐瞒不报、谎报或者拖延不报。安全生产监督管理部门和有关部门按照有关规定逐级上报,并积极组织事故抢救。事故调查处理按照实事求是、尊重科学的原则和国家有关规定进行。

3. 生产安全事故信息和情况发布

《安全生产法》第七十六条对生产安全事故信息和情况发布规定：县级以上人民政府安全生产监督管理部门应当定期统计分析安全生产事故情况，并定期向社会公布。

4. 安全生产责任追究

《安全生产法》第十三条、第七十四条对安全生产责任追究规定：生产经营单位、生产经营单位主要负责人及其他有关责任人员对发生的生产安全事故或者其他安全生产违法行为，应当承担行政责任、民事责任和刑事责任。

(九)综合治理

1. 工会职权

《安全生产法》第七条、第五十二条规定：工会应发动组织职工参加本单位安全生产工作的民主管理和民主监督，维护职工在安全生产方面的合法权益。工会有权对建设项目的安全设施与主体工程同时设计、同时施工、同时投入生产和使用进行监督，提出意见。工会对生产经营单位违反安全生产法律、法规，侵犯从业人员合法权益的行为，有权要求纠正；发现生产经营单位违章指挥、强令冒险作业或者发现事故隐患时，有权提出解决的建议，生产经营单位应当及时研究答复；发现危及从业人员生命安全的情况时，有权向生产经营单位建议组织从业人员撤离危险场所，生产经营单位必须立即做出处理。工会有权参加事故调查，向有关部门提出处理意见，并要求追究有关人员的责任。

2. 纪检监察部门职权

《安全生产法》第六十一条规定：监察机关依照《行政监察法》的规定，对负有安全生产监督管理职责的部门及其工作人员履行安全生产监督管理职责实施监察。

3. 新闻媒体职权

新闻、出版、广播、电影、电视等单位有进行安全生产宣传教育的义务,有对违反安全生产法律法规行为进行舆论监督的权利。

(十)安全生产监督检查

1. 政府职责

《安全生产法》第八条规定:国务院和地方各级人民政府应当加强对安全生产工作的领导,支持、督促各有关部门依法履行安全生产监督管理职责。县级以上人民政府对安全生产监督管理中存在的重大问题应当及时予以协调、解决。

2. 安全生产监督管理部门实施综合监督管理职责

《安全生产法》第九条规定:国务院负责安全生产监督管理的部门依照本法,对全国安全生产工作实施综合监督管理;县级以上地方各级人民政府负责安全生产监督管理的部门依照本法,对本行政区域内安全生产工作实施综合监督管理。

3. 有关部门在各自职责范围内实施监督管理职责

(1)《安全生产法》第九条规定:国务院有关部门依照本法和其他有关法律、行政法规的规定,在各自的职责范围内对有关的安全生产工作实施监督管理;县级以上地方人民政府有关部门依照本法和其他有关法律、法规的规定,在各自的职责范围对有关的安全生产工作实施监督管理。

(2)《安全生产法》第十条规定:国务院有关部门应当按照保障安全生产的要求,依法及时制定有关的国家标准或者行业标准,并根据科技进步和经济发展适时修订。生产经营单位必须执行依法制定的保障安全生产的国家标准或者行业标准。

4. 安全生产监督检查内容、方式、程序和手段

上述内容,在《安全生产法》第五十四条、第五十五条、第

五十六条、第五十八条、第五十九条中均作了详细规定。

《安全生产法》十大内容,主要是强调各方应尽职责,同时对权利和义务也作了明确规定,如有违背,则要承担相应法律责任。

二、建设工程安全生产管理条例

2003年11月12日国务院第28次常务会议通过的《建设工程安全生产管理条例》是国务院继《建设工程质量管理条例》颁布后制定的又一重要法规。条例共分8章71条,内容包括总则;建设单位的安全责任;勘察、设计、监理及其他有关单位的安全责任;施工单位的安全责任;监督管理;安全生产事故的应急救援和调查处理;法律责任和附则。本条例的颁布实施将有利于《中华人民共和国建筑法》和《中华人民共和国安全生产法》的贯彻实施,将为这两个法律的实施提供更为详细的解释和更实用的操控依据,将对建筑领域的安全生产管理产生具大影响。

《建设工程安全生产管理条例》的主要内容重点体现在以下四个方面:

(一)确立了建设工程安全生产的基本管理制度

《条例》对政府部门、有关企业及相关人员的建设工程安全生产和管理行为进行了全面规范,确立了十三项主要制度。其中,涉及政府部门的安全生产监管制度有七项:

1. 依法批准开工报告的建设工程和拆除工程备案制度。建设单位应当自开工报告批准之日起15日内,将保证安全施工的措施报送建设工程所在地的县级以上地方人民政府建设行政主管部门或者其他有关部门备案。建设单位应当在拆除工程施工15日前,将施工单位资质等级证明、拟拆除建筑物、构筑物及可能危及毗邻建筑的说明、拆除施工组织方案,以及堆放、清除废弃物的措施报送建设行政主管部门或其他有关部门备案。

2. 三类人员考核任职制度。施工单位的主要负责人、项目负责人、专职安全生产管理人员应当经建设行政主管部门或者其他有关部门考核合格后方可任职,考核内容主要是安全生产知识和安全管理能力。

3. 特种作业人员持证上岗制度。垂直运输机械作业人员、起重机械安装拆卸工、爆破作业人员、起重信号工、登高架设作业人员等特种作业人员,必须按照国家有关规定经过专门的安全作业培训,并取得特种作业操作资格证书后,方可上岗作业。

4. 施工起重机械使用登记制度。施工单位应当自施工起重机械和整体提升脚手架、模板等自升式架设设施验收合格之日起30日内,向建设行政主管部门或者其他有关部门登记。

5. 政府安全监督检查制度。县级以上人民政府负有建设工程安全生产监督管理职责的部门在各自的职责范围内履行安全监督检查职责时,有权纠正施工中违反安全生产要求的行为,责令立即排除检查中发现的安全事故隐患,对重大隐患可以责令暂时停止施工。建设行政主管部门或者其他有关部门可以将施工现场的安全监督检查委托给建设工程安全监督机构具体实施。

6. 危及施工安全工艺、设备、材料淘汰制度。国家对严重危及施工安全的工艺、设备、材料实行淘汰制度。具体目录由建设部会同国务院其他有关部门制定并公布。

7. 生产安全事故报告制度。施工单位发生生产安全事故,要及时、如实向当地安全生产监督部门和建设行政管理部门报告。实行总承包的由总包单位负责上报。

同时,《条例》对建设领域目前实施的市场准入制度中施工企业资质和施工许可制度,做了补充和完善。明确规定安全生产条件作为施工企业资质必备条件,把住安全准入关;明确在建设行政主管部门审核发放施工许可证时,对建设工程是否有安全施工措施进行审查把关,没有安全施工措施的,不得颁发施工许可证。

《条例》进一步明确了施工企业的六项安全生产制度:
(1)安全生产责任制度;
(2)安全生产教育培训制度;
(3)专项施工方案专家论证审查制度;
(4)施工现场消防安全责任制度;
(5)意外伤害保险制度;
(6)生产安全事故应急救援制度。

(二)规定了建设活动各方主体的安全责任

1. 关于建设单位的安全责任。建设单位在工程建设中居主导地位,对建设工程的安全生产负有重要的责任。《条例》规定建设单位应当在工程概算中确定并提供安全作业环境和安全施工措施费用;不得要求勘察、设计、监理、施工企业违反国家法律法规和强制性标准规定,不得任意压缩合同约定的工期;有义务向施工单位提供工程所需的有关资料,有责任将安全施工措施报送有关主管部门备案;应当将拆除工程发包给有施工资质的单位等。

2. 关于工程监理单位的安全责任。监理单位是建设工程安全生产的重要保障,《条例》规定监理单位应当审查施工组织设计中的安全技术措施或专项施工方案是否符合工程建设强制性标准,发现存在安全事故隐患时应当要求施工单位整改或暂停施工并报告建设单位,应当按照法律、法规和工程建设强制性标准实施监理,并对建设工程安全生产承担监理责任。

3. 关于施工单位的安全责任。施工单位在建设工程安全生产中处于核心地位,《条例》用了较大的篇幅对施工单位的安全责任做了全面、具体的规定,包括施工单位主要负责人和项目负责人的安全责任、施工总承包和分包单位的安全生产责任等。同时,《条例》规定施工单位必须建立企业安全生产管理机构和配备专职安全管理人员,应当在施工前向作业班组和人员作出安全施工技术要求的详细说明,应当对因施工可能造成损害的毗邻建筑物、构筑物和地下管线采取专项防护措施,应当向作业人员提供安全防护用具和安全防护服装并书面告知危险岗位操作规程。《条例》还对施工现场安全警示标志使用、作业和生活环境标准等做了明确规定。

勘察、设计单位以及设备材料供应单位、机械设备租赁单位、起重机械和整体提升脚手架、模板的安装、拆卸单位等其他有关单位的活动,都与建设工程安全生产密切相关,《条例》也规定了他们在建设工程活动中应当承担的安全责任。

(三)明确了建设工程安全生产监督管理体制

《条例》进一步明确了建设工程安全生产的监督管理体制:国务院负责安全生产监督管理的部门依照《安全生产法》的规定,对全国建设工程安全生产工作实施综合监督管理,其综合监督管理职责主要体现在对安全生产工作的指导、协调和监督上。国务院建设行政主管部门对全国的建设工程安全生产实施监督管理,国务院铁路、交通、水利等有关部门按照国务院规定的职责分工,负责有关专业建设工程安全生产的监督管理,其监督管理主要体现在结合行业特点制定相关的规章制度和标准并实施行政监管上。形成统一管理与分级管理、综合管理与专门管理相结合的管理体制,分工负责、各司其职、相互配合,共同做好安全生产监督管理工作。

(四)加大了对安全生产违法行为的处罚力度

《条例》对安全生产违法行为规定了应当承担的法律责任,规定明确、具体,处罚力度大。

一是将有关条款与刑法衔接。对建设、设计、施工、监理等单位和相关责任人,构成犯罪的,依法追究刑事责任,体现了从严惩处的精神。

二是在有关条款中增加了民事责任。如对建设单位将拆除工程发包给不具有相应资质等级的施工单位,施工单位挪用安全生产作业环境及安全施工措施所需费用等,给他人造成损失的,除了应当承担行政或刑事责任外,还要进行相应的经济赔偿。

三是加大了行政处罚力度。如规定建设单位将拆除工程发包给不具有相应资质等级的施工单位的,罚款为20万元以上50万元以下;监理单位违反安全生产行为的,罚款为10万元以上30万元以下;施工单位违反安全生产行为的,罚款为10万元以上30万元以下等,从罚款数额上来看,行政处罚力度较大。

四是规定了注册执业人员资格的处罚。注册执业人员未执行法律、法规和工程建设强制性标准的,责令停止执业3个月以上1年以下;情节严重的,吊销执业资格证书,5年内不予注册;造成重大安全事故的,终身不予注册;构成犯罪的,依照刑法有关规定追究刑事责任。

三、《中华人民共和国建筑法》

1997年11月1日第八届全国人民代表大会常务委员会

第28次会议通过《中华人民共和国建筑法》的颁布实施,为建筑施工行业及其主管部门搞好安全工作,依法加强安全管理提供了重要的法律武器;为维护广大职工的合法权益提供了重要的法律依据。

《建筑法》的颁布实施,为建筑施工行业及其主管部门贯彻"安全第一、预防为主"的方针,处理好建设行政主管部门和安全生产监察部门管理职责分工联系;处理好"扰民"和"民扰"关系;落实建设单位、设计单位、施工企业安全生产责任制;加强建筑施工的四个环节,即:施工前、施工作业、施工现场的安全管理,以及一旦发生事故如何处理;建立健全安全生产基本制度,即:安全生产责任制度、群防群治制度、安全生产教育培训制度、意外伤害保险制度、伤亡事故报告制度做出了法律上的规定。

(一)《建筑法》确立了九项制度来规范对建筑施工安全生产的管理

《建筑法》对建筑工程安全生产管理必须坚持"安全第一、预防为主"的方针,建立健全安全生产责任制度和群防群治制度,作了总的规定,以规范建筑市场行为为起点,以建设工程质量和安全为主线,不仅把保证质量和安全作为宣传的根本目的,而且还把确保质量和安全作为建筑活动的基本原则,主要确立了以下制度予以体现:

1. 承包方资质管理制度;
2. 建筑工程施工许可证制度;
3. 招标投标制度;
4. 禁止肢解发包和转包工程制度;
5. 建筑工程监理制度;
6. 工程质量监督管理制度;

7. 建筑安全生产管理制度(其中包括安全生产责任制度、群防群治制度、教育培训制度、意外伤害保险制度、伤亡事故报告制度);

8. 竣工验收制度和保修制度;

9. 建筑工程质量责任制度。

建设工程安全是建筑施工的核心内容之一。建设工程安全既有建筑产品自身安全,也有其毗邻建筑物的安全,还包括施工人员人身安全。而建设工程质量最终是通过建筑物的安全和使用情况来体现的。因此,建筑活动的各个阶段、各个环节中,都紧扣建设工程的质量和安全加以规范,规定了建筑活动参与各方在保证建设工程质量和安全中的责任。

(二)《建筑法》对施工单位安全生产管理做出了十三项规定

1. 建筑工程安全生产管理必须坚持"安全第一、预防为主"的方针,建立健全安全生产的责任制度和群防群治制度。

2. 在编制施工组织设计时,应当根据建筑工程的特点制定相应的安全技术措施;对专业性较强的工程项目,应当编制专项安全施工组织设计,并采取安全技术措施。

3. 应当在施工现场采取维护安全、防范危险、预防火灾等措施;有条件的,应当对施工现场进行封闭式管理。

施工现场对毗邻的建筑物、构筑物和特殊作业环境可能造成损害的,应当采取安全防护措施。

4. 应当遵守有关环境保护安全生产的法律、法规的规定,采取控制和处理施工现场的各种粉尘、废气、废水、固体废物以及噪声、振动对环境的污染和危害的措施。

5. 必须依法加强对建筑安全生产的管理,执行安全生产责任制度,采取有效措施,防止伤亡和其他安全生产事故的发生。

建筑施工企业的法定代表人对本企业的安全生产负责。

6. 施工现场安全由建筑施工企业负责。实行施工总承包的,由总承包单位负责,服从总承包单位对施工现场的安全生产管理。

7. 应当建立健全劳动安全生产教育培训制度,加强对职工安全生产的教育培训;未经安全生产教育培训的人员,不得上岗作业。

8. 建筑施工企业和作业人员在施工过程中,应当遵守有关安全生产的法律、法规和建筑行业安全规章、规程,不得违章指挥或者违章作业。作业人员有权对影响人身健康的作业程序和作业条件提出改进意见,有权获得安全生产所需的防护用品。作业人员对危及生命安全和人身健康的行为有权提出批评、检举和控告。

9. 必须为从事危险作业的职工办理意外伤害保险,支付保险费。

10. 房屋拆除应当由具备保证安全条件的建筑施工单位承担,由建筑施工单位对安全负责。

11. 施工的质量必须符合国家有关建筑工程安全标准的要求。

12. 应当拒绝建设单位任何违反法律、行政法规和建筑工程质量、安全标准、降低工程质量的要求。

13. 施工中发生事故时,应当采取紧急措施,减少人员伤亡和事故损失,并按国家有关规定,及时向有关部门报告。

四、《中华人民共和国劳动法》

1994年7月5日第八届全国人民代表大会常务委员会第8次会议通过的《中华人民共和国劳动法》共13章107条,其中涉及劳动保护安全生产的有3章21条,它们是:第6章劳动安全卫生(第52条至第57条);第7章女职工和未成年工特殊保护(第58条至第65条);第9章社会保险与福利(第70条至第76条)。以下介绍主要条款:

(一)第52条

"用人单位必须建立、健全劳动安全卫生制度,严格执行国家劳动安全卫生规程和标准,对劳动者进行劳动安全卫生教育,防止劳动过程中的事故,减少职业危害"。

本条对用人单位在劳动安全卫生方面提出如下要求:

1. 用人单位必须建立健全劳动安全卫生制度;

2. 用人单位必须严格遵守国家劳动安全卫生规程和标准;

3. 用人单位必须加强对职工进行劳动安全卫生知识教育。

(二)第53条

"劳动安全卫生设施必须符合国家规定的标准。新建、改建、扩建工程的劳动安全卫生设施必须与主体工程同时设计、同时施工、同时投入生产和使用"。

本条主要是用人单位劳动安全卫生设施的规定和在新建、改建、扩建工程中必须坚持"三同时"原则的规定。

劳动安全卫生设施包括:

1. 安全技术设施:

(1)机、电设备传动部分保护装置。

(2)机械设备防护、保险装置。

(3)锅炉、压力容器的保险装置、信号装置。

(4)机电设备安全起动和紧急制动装置。

(5)为避免事故的自动检测装置。

(6)为保证安全设置的低压照明装置。

(7)起警示作用的标语、信号、标志。

(8)洞、坑、沟、口、边等处设置的防护设施。

2. 工业卫生设施:

(1)通风换气装置。

(2)机械化、密闭化或空气净化设施。

(3)为消除有害物质及粉尘而设置的吸尘设备和防尘设备。

(4)防辐射热危害的装置及隔热防暑设施。

(5)对有害厂区的隔离设施。

(6)厂房屋内防寒取暖设施。

(7)对原料和加工材料的消毒设备。

(8)减轻、消除噪声及振动的设施。

3. 辅助设施:

(1)淋浴设备。

(2)工作场所的休息室。

(3)工作场所用膳室及食物加热设备。

(4)寒冷季节露天作业取暖室。

(5)女工卫生室及设备。

4. 关于劳动安全卫生"三同时"原则,根据国家规定有如下要求:

(1)建设项目在立项进行可行性研究论证时,必须进行劳动安全卫生方面的论证,明确项目可能对职工造成危害的防范措施,并将论证结果载入可行性论证文件。

(2)设计单位在编制建设项目初步设计文件时,应当同时编《劳动安全卫生专篇》。劳动安全卫生设施的设计,必须符合国家标准或者行业标准。

(3)施工单位必须按照审查批准的设计文件进行施工,不得擅自更改劳动安全卫生设施的设计,并对施工质量负责。

(4)建设项目的竣工验收必须按照国家有关建设项目劳动安全卫生验收规定执行,不符合劳动安全卫生规程和行业技术规范的,不得验收和投产使用。

(5)建设项目验收合格,正式投入运行后,不得将劳动安全生产设施闲置不用,生产和劳动卫生设施必须同时使用。

(三)第54条

"用人单位必须为劳动者提供符合国家规定的劳动安全卫生条件和必要的劳动保护用品,对从事有职业危害作业的劳动者应当定期进行健康检查。"

根据本条规定应当做到:

1. 用人单位必须为劳动者提供符合国家规定的劳动安全卫生条件:

(1)工作场所符合劳动安全卫生标准:光线充足、场地平整、粉尘达标、围护齐全、饮水有桶、洗水有池、淋浴有屋、冲洗有具、更衣有室。危险性较大场所应当设置相应防护设施、报警装置、通信装置、安全标志、疏散设施等。

(2)生产设备应符合国家规定标准。

(3)电气设备必须符合国家规定标准。

(4)特殊作业场所,应提供特殊劳动条件和特殊防护措施。

2. 用人单位必须为劳动者提供必要的劳动防护用品。

3. 用人单位对从事有危害性作业的劳动者应当定期进行健康检查。

(四)第55条

"从事特种作业的劳动者必须经过专门培训并取得特种

作业资格"。

特种作业是指劳动过程中容易发生伤亡事故,对操作者本人,尤其对他人和周围设施的安全有可能造成重大危害的作业。从事特殊作业的劳动者,称为特种作业人员。

(五)第56条

"劳动者在劳动过程中必须严格遵守安全操作规程。劳动者对用人单位管理人员违章指挥,强令冒险作业,有权拒绝执行;对危害生命安全和身体健康的行为,有权提出批评、检举和控告"。

本条主要规定了劳动者的权利和义务。

1. 劳动者在劳动安全卫生方面的权利有:

(1)有权得知所从事的工作可能对身体健康造成的危害和该工作可能导致事故发生的隐患。

(2)有权获得保障其健康、安全的劳动条件和劳动防护用品,从事特殊作业的,应得到特殊保护。

(3)有权对用人单位管理人员违章指挥、强令冒险作业予以拒绝,用人单位不得对其报复。

(4)有权对危害生命安全和身体健康的行为提出批评、检举和控告,用人单位必须采取措施,消除危害,并不得对当事人打击报复。

2. 劳动者在劳动安全卫生方面的义务有:

(1)劳动过程中必须严格遵守安全操作规程和规章制度。

(2)必须按规定正确使用各种防护用品。

(3)劳动过程中,有义务听取生产指挥,不得随意行为。

(4)对劳动过程中不安全因素或遇有危及健康与安全的险情时,有义务向管理人员报告。

(六)第57条

"国家建立伤亡事故和职业病统计报告和处理制度。县级以上各级人民政府劳动行政部门,有关部门和用人单位应当依法对劳动者在劳动过程中发生的伤亡事故和职业病状况进行统计、报告和处理"。

伤亡事故和职业病统计报告和处理制度是我国劳动管理中一项重要制度(详见"企业职工伤亡事故报告和处理规定")。

(七)第58条

"国家对女职工和未成年工实行特殊劳动保护。"

1. 女职工是指所有从事体力劳动和脑力劳动的已婚、未婚的女性职工。

2. 未成年工是指年满16周岁未满18周岁的劳动者。

(八)第70条

"国家发展社会保险事业,建立社会保险制度,设立社会保险基金,使劳动者在年老、患病、工伤、失业、生育等情况下获得帮助和补偿"。

本条对社会保险的职责、条件、属性、范围作了规定和界定。

《劳动法》第59条至65条具体规定了未成年工、女职工保护内容。第71条至第77条对社会保险的管理作了具体规定,这里略。

五、建筑业安全卫生公约(第167号公约)

《建筑业安全卫生公约》(第167号公约)是国际劳工组织为规范其会员国的建筑安全卫生活动而制定的重要国际劳工条约。我国是国际劳工组织常任理事国,2001年10月27日第九届全国人民代表大会常务委员会第二十四次会议决定:批准于1988年6月20日经第75届国际劳工大会通过,并于1991年1月11日生效的《建筑业安全卫生公约》暂不适用于中华人民共和国特别行政区。《建筑业安全卫生公约》的内容与我国法律不相抵触;我国建筑法关于建筑安全管理的规定与该公约的要求完全相符,批准公约有利于进一步完善我国有关建筑安全的立法,提高我国的建筑安全卫生水平,从而为我国建筑行业职工提供更好的劳动保护。

《建筑业安全卫生公约》共44条,主要内容包括:

1. 适用范围:

(1)公约适用于一切建筑活动,即建造、土木工程、安装与拆卸工作,包括从工地准备工作直到项目完成的建筑工地的一切工序、作业和运输。

(2)凡批准本公约的会员国在与最有代表性的有关雇主组织和工人组织(如存在此类组织)磋商后,可对存在较重大的特殊问题的特定经济活动部门或特定企业免于实施本公约或其某些条款,但应以保证安全卫生的工作环境为条件。

(3)本公约还适用于国家法律或条例确定的独立劳动者。

2. 一般规定的重点内容:

(1)应按照国家法律或条例规定的办法采取措施,保证雇主和工人之间的合作,以促进建筑工地的安全和卫生。

(2)国家法律或条例应规定雇主和独立劳动者有遵守工作场所安全和卫生方面的义务。

(3)凡两个或更多雇主同时在同一建筑工地从事活动时:

1)主承包商或实际控制或主要负责建筑工地全部活动的其他人员或机构,应负责协调安全和卫生方面规定的措施,并在符合国家法律或条例的情况下确保这些措施得以实施;

2)如主承包商或实际控制或主要负责建筑工地全部活动的其他人员或机构不在建筑工地,则他们应在符合国家法律或条例的情况下就地指定有必要权力和手段的主管人员或机构,以代表他们保证协调和遵守上述1)提及的措施;

3)雇主应对其管辖下的工人执行规定措施负责。

(4)凡若干雇主或独立劳动者同时在同一建筑工地从事活动时,他们有责任按照国家法律或条例的要求在执行规定的安全和卫生措施方面进行合作。

(5)负责建筑项目的设计和计划工作的人员应根据国家法律、条例和惯例考虑建筑工人的安全和健康。

(6)国家法律或条例应规定工人有参与保证对他们所掌管的设备与工作方法的工作条件的安全性以及对所采用的可能影响安全和卫生的工作程序发表意见的权利和义务。

(7)国家法律或条例应规定工人有责任:

1)在实施规定的安全和卫生措施方面与其雇主尽可能密切合作;

2)适当注意自己的安全和健康以及可能受到他们工作中行为疏忽而影响其他人员的安全和健康;

3)使用由他们支配的设施,不得滥用为他们的自我保护或保护其他人而提供的任何设备;

4)及时向其直接主管人员以及工作安全代表(如存在此类代表)报告他们认为可能造成危险而他们自己又不能适当处理的任何情况;

5)遵守规定的安全和卫生措施。

(8)国家法律或条例应规定工人有权利在有充分理由认为对其安全或健康存在紧迫的严重危险时躲避危险,并有义务立即通知其主管人。

(9)在工人安全遇到紧迫危险时,雇主应立即采取措施停止作业并按情况安排撤离。

3. 工作场所预防和保护措施:

《公约》对涉及建筑安全与卫生的工作场所:即脚手架和

梯子,起重机械和升降附属装置,运输机械、土方和材料搬运设备,固定装置、机械、设备和手用工具,高空包括屋顶作业,挖方工程、竖井、土方工程、地下工程和隧道,潜水箱和沉箱,在压缩空气中工作,构架和模板,水上作业,拆除工程,照明、电,炸药,健康危害,防火,个人防护用具和防护服,急救,福利,信息与培训,事故与疾病的报告等 21 个方面的预防和保护措施规定了一系列详尽的条款。

4. 公约还就会员国、雇主、独立劳动者在建筑安全和卫生方面承担的义务,同一建筑工地雇主之间的合作关系,以及工人享有的权利、承担的责任和义务等方面作了规定。

5. 公约的生效、修订和解约程序。

六、建设部行业标准《建筑施工安全检查标准》(JGJ59—99)1999 年 5 月 1 日实施(以下简称"新标准")

与《建筑施工安全检查评分标准》(JGJ59—88)相比,"新标准"采用安全系统工程原理,结合建筑施工伤亡事故规律,依据国家有关法律法规、标准和规程以及按照《建筑业安全卫生公约》(第 167 号公约)的要求,增设了文明施工、基坑支护、模板工程、外用电梯和起重吊装五部分检查评分表,使检查评分标准由原来的七大类五十四项,增加到十大类一百五十八项。加强了提高安全生产和文明施工的管理水平,预防伤亡事故的发生,确保职工的安全和健康。

"新标准"适用于建筑施工企业及其主管部门对建筑施工安全工作的检查和评价。

在"新标准"中对一些检查评分表的检查项目和内容作了调整和增补。主要有:(1)安全管理检查评分表中增设了目标管理检查项目。规定施工现场要实行目标管理,制定总的安全目标(如伤亡事故控制目标、安全达标、文明施工),年、月都要制定达标计划,进行目标分解到人,责任落实、考核到人。在安全生产责任制项目中增设各工种安全技术操作规程,按规定配备专(兼)职安全员和管理人员,责任制考核检查评分内容,强调了安全生产责任制的落实和安全监督管理人员的落实。(2)在施工组织设计检查项目中规定专业性较强的项目要单独编制专项安全施工组织设计,主要指脚手架工程、施工用电、基坑支护、模板工程、起重吊装作业、塔吊、物料提升及其他垂直运输设备。(3)在安全教育检查项目中规定安全教育要有制度,施工管理人员要按规定进行安全培训,专职安全员每年集中培训40学时,经考试合格方能上岗。(4)在施工用电评分表中新增加了如下一些内容:①必须采用TN-S接零保护系统且使用五芯电缆;②严格做到"三级配电,两级保护";③60A以上熔断器严禁用钢丝,应用合适的铜熔片;④严格做到"一机、一闸、一漏、一箱";⑤各个用电设备或电动工具必须按时定期进行绝缘电阻测试,并记录存档。

七、建设部行业标准《施工现场临时用电安全技术规范》(JGJ46—88),1998年10月1日实施

该规范明确规定了施工现场临时用电施工组织设计的编制、专业人员、技术档案管理要求;接地与防雷、实行TN-S三相五线制接零保护系统的要求;外电线路防护和配电线路、配电箱及开关箱、电动建筑机械及手持电动工具、照明等方面的安全管理及安全技术措施的要求。

八、建设部行业标准《建筑施工高处作业安全技术规范》(JGJ80—91),1992年8月1日实施

该规范对高处作业的安全技术措施及其所需料具;施工前的安全技术教育及交底;人身防护用品的落实;上岗人员的专业培训考试、持证上岗和体格检查;作业环境和气象条件;

临边、洞口、攀登、悬空作业操作平台与交叉作业的安全防护设施的拆塔（包括临时移动）；以及主要受力杆件的计算、安全防护设施的验收都做出了规定。

九、建设部行业标准《龙门架及井架物料提升机安全技术规范》(JGJ88—92),1993年8月1日实施

该规范规定：安装提升机架体人员，应按高处作业人员的要求，经过培训持证上岗；使用单位应根据提升机的类型制定操作规程，建立管理制度及检修制度；应配备经正式考试合格持有操作证的专职司机；提升机应具有相应的安全防护装置并满足其要求。该"规范"还对电气设备及电器元件的选用、绝缘及接地电阻、控制装置及电动机等做出具体规定；此外还规定：安装与拆除作业前，应根据现场工作条件及设备情况编制作业方案。使用与管理方面的要求也有比较详细的规定。

十、建设部行业标准《建筑施工扣件式钢管脚手架安全技术规范》(JGJ130—2001),2001年6月1日实施

为在扣件式钢管脚手架设计与施工中贯彻执行国家的技术经济政策，做到技术先进、经济合理、安全适用、确保质量，该规范对工业与民用建筑施工用落地式(底撑式)单、双排扣件式钢管脚手架的设计与施工，以及水平混凝土结构工程施工中模板支架的设计与施工作了明确规定。内容包括：(1)脚手架荷载分类与荷载效应组合；(2)极限状态计算方法及设计原则；(3)受弯构件计算、立杆稳定性计算及计算长度系数；(4)连墙件计算；(5)立杆地基承载力计算；(6)模板支架计算；(7)常用设计尺寸与构造要求、施工检查、验收与安全管理等。

十一、建设部行业标准《建筑机械使用安全技术规程》(JCJ33—2001),2001年11月1日实施

本规程是为保障建筑机械的正确、安全使用、发挥机械效能,确保安全生产而重新修订的。该规程适用于建筑安装、工业生产及维修企业中各种类型建筑机械的使用。该规程的主要内容包括总则、一般规定(明确了操作人员的身体条件要求、上岗作业资格、防护用品的配置以及机械使用的一般条件)和10大类建筑机械使用所必须遵守的安全技术要求。

十二、建设部行业标准《建筑施工门式钢管脚手架安全技术规范》(JGJ128—2000),2000年12月1日实施

该规范对建筑施工门式脚手架的设计、搭设与拆除、安全管理与维护、模板支撑与满堂脚手架都作了明确的要求。同时对架体搭设人员的要求,防护用品的落实,也做出了规定。

十三、《工程建设标准强制性条文》(房屋建筑施工安全部分)(2002版),2003年1月1日实施

《工程建设标准强制性条文》(房屋建筑部分)是根据国务院《建设工程质量管理条例》和建设部令第81号《实施工程建设强制性标准监督规定》在2000年版的基础上修订形成的。

《强制性条文》的内容,是摘录了工程建设现行国家和行业标准中涉及人民生命财产安全、人身健康、环境保护和其他公众利益的必须严格执行的强制性规定,同时考虑了提高经济效益和社会效益等方面的要求。列入《强制性条文》的所有条文都必须严格执行。

《强制性条文》是参与建设活动各方执行工程建设强制性标准和政府对执行情况实施监督的依据。

今后新批准发布的工程建设标准,凡有强制性条文的,应在文本中明确表示,并应纳入《强制性条文》。

十四、建设部第13号令《建筑安全生产监督管理规定》,1991年7月9日实施

该规定指出:建筑安全生产监督管理,应当根据"管生产必须管安全"的原则,贯彻"预防为主"的方针,依靠科学管理和技术进步,推动建筑安全生产工作的开展,控制人身伤亡事故的发生。

该规定明确了各级建设行政主管部门的安全生产监督管理工作的内容和职责。

十五、建设部第 15 号令《建设工程施工现场管理规定》,1992 年 1 月 1 日实施

该规定指出:建设工程开工实行施工许可证制度;规定了施工现场实行封闭式管理、文明施工;任何单位和个人,要进入施工现场开展工作,必须经主管部门的同意。该规定还对施工现场的环境保护提出了明确的要求。

十六、建设部第 87 号令《建筑业企业资质管理规定》,2001 年 7 月 1 日起施行

1.《建筑业企业资质管理规定》是《建筑法》所确定的规范建筑活动的一系列基本制度的重要内容,也是建筑领域市场经济体制的重要组成部分。

资质管理的目的,是根据市场需要,企业的能力,来划定企业在市场中的活动范围,以此保证市场运作的主体完全胜任其承担的建筑活动,从而保证市场的秩序,保证工程的质量与安全。

2. 为了更好地贯彻落实建设部第 87 号文《建筑业企业资质管理规定》,建设部又制定了《建筑业企业资质管理规定实施意见》,对有关问题进行说明,共十个方面 59 点。其中,有关安全事故方面的规定为:

第 56 点:工程建设重大事故。是指在工程建设过程中由于责任过失,造成工程倒塌或报废、机械设备毁坏和安全设施失当造成人身伤亡或者重大经济损失的事故。

重大事故分为一、二、三、四级四个等级。

一级事故是指死亡三十人以上;或直接经济损失三百万元以上的事故。

二级事故是指死亡十人以上,二十九人以下;或直接经济损失一百万元以上,不满三百万元的事故。

三级事故是指死亡三人以上,九人以下;或者重伤二十人以上;或直接经济损失三十万元以上,不满一百万元的事故。

四级事故是指死亡二人以下;或者重伤三人以上,十九人以下;或直接经济损失十万元以上,不满三十万元的事故。

国家颁布有其他专业工程事故分级标准的,参照《规定》和本实施意见,按与上述分级对应的标准考核。

十七、建设部《建筑业企业职工安全培训教育暂行规定》(建教[1997]83号)

该规定指出:建筑业企业职工必须定期接受安全培训教育,坚持先培训,后上岗的制度。建设部主管全国建筑业企业职工安全培训教育工作。国务院有关专业部门负责所属建筑企业职工的安全培训教育工作,其所属企业的安全培训教育工作,还应当接受企业当地建设行政主管部门及其所属建筑安全监督管理机构的指导和监督。县级以上地方人民政府建设行政主管部门负责本行政区域内建筑业企业职工安全培训教育管理工作。

1. 建筑业企业职工每年必须接受一次专门的安全培训。

(1)企业法定代表人、项目经理每年接受安全培训的时间,不得少于30学时;

(2)企业专职安全管理人员除按照建教(1991)522号文《建设企事业单位关键岗位持证上岗管理规定》的要求,取得岗位合格证书并持证上岗外,每年还必须接受安全专业技术

业务培训,时间不得少于40学时;

(3)企业其他管理人员和技术人员每年接受安全培训的时间,不得少于20学时;

(4)企业特殊工种(包括电工、焊工、架子工、司炉工、爆破工、机械操作工、起重工、塔吊司机及指挥人员、人货两用电梯司机等)在通过专业技术培训并取得岗位操作证后,每年仍须接受有针对性的安全培训,时间不得少于20学时;

(5)企业其他职工每年接受安全培训的时间,不得少于15学时;

(6)企业待业转岗、换岗的职工,在重新上岗前,必须接受一次安全培训,时间不得少于20学时。

2. 建筑业企业新进场的工人,必须接受公司、项目(或工区、工程处、施工队、下同)、班组的三级安全培训教育,经考核合格后,方能上岗。

3. 安全培训教育实行登记制度。建筑业企业必须建立职工的安全培训教育档案,没有接受安全培训教育的职工,不得在施工现场从事作业或者管理活动。

4. 建筑业企业法定代表人、项目经理的安全培训工作,由企业所在地的建设行政主管部门或者建筑安全监督管理机构负责组织。

十八、建设部《一九九九年全国建筑安全生产检查情况的总结》(建办建[2000]10号)

总结指出:建筑企业要建立健全落实安全生产责任制的各项规章制度和安全保障体系,严格执行安全生产的法律、法规和方针政策,把落实安全生产责任制的重点放在施工现场。改变现在施工现场安全管理薄弱的局面,要求工地凡职工人数超过50人的,必须设置专门管理安全生产工作的人员。建筑面积

10000m² 以上的工地,必须设置 2~3 名专门管理安全生产工作的人员。50000m² 以上的大型工地,要按专业设置专职安全员,组成安全管理组,负责管理安全生产工作。工地安全员原则上要求具有专业技术知识和丰富的施工管理经验,年富力强。

1.3　施工现场有关环保标准

环境标准通常指为了防治环境污染、维护生态平衡、保护社会物质财富和人体健康、保障自然资源的合理利用对环境保护中需要统一规定的各项技术规范和技术要求的总称。

由国家环境保护权力机构,将全部与环境保护有关的标准,按其内在的联系,进行全面规划、统一协调,组成一个相互联系、相互依存、相互衔接又相互补充的有机整体,即环境标准体系。

总体上环境标准分国家环境标准、地方环境标准和国家环境保护总局标准。国家环境保护总局标准又称环保行业标准。

环境质量标准和污染物排放标准分国家环境标准和地方环境标准两个层次。在两级标准的关系上,地方标准不能与国家标准相冲突,地方标准必须严于国家标准。地方标准发布后,管辖区域内的一切企事业单位执行地方环境标准。

国家环境标准有以下几类:

1. 环境质量标准;

2. 污染物排放标准;

3. 方法标准;

4. 标准样品标准;

5. 基础标准。

(一)《污水综合排放标准》(GB8978—96)

1. 适用范围

本标准适用于现有单位水污染物的排放管理,以及建设项目的环境影响评价,建设项目环境保护设施设计、竣工验收及其投产后的排放管理。

2. 标准分级

(1)排入 GB3838(地面水环境质量标准)Ⅲ类水域(划定的保护区和游泳区除外)和排入 GB3097(海水水质标准)中二类海域的污水,执行一级标准。

(2)排入 GB3838 中Ⅳ、Ⅴ类水域和排入 GB3097 中三类海域的污水,执行二级标准。

(3)排入设置二级污水处理厂的城镇排水系统的污水,执行三级标准。

(4)排入未设置二级污水处理厂的城镇排水系统的污水,必须根据排水系统出水受纳水域的功能要求,分别执行(1)和(2)的规定。

(5)GB3838 中Ⅰ、Ⅱ类水域和Ⅲ类水域中划定的保护区和游泳区,GB3097 中一类、二类海域,禁止新建排污口,现有排污口应按水体功能要求,实行污染物总量控制,以保证受纳水体水质符合规定用途的水质标准。

3. 标准值

第一类污染物如总汞、总镉、总铬、总砷、总镍、总铁、总银、总放射性等共 13 项。含有此类有害物的污水,一律在车间或车间处理设施排出口取样。第二类污染物如 pH、色度、悬浮物、BOD_5、COD、石油类、挥发酚、总氰化物、硫化物、氨氮、氰化物、磷酸盐、总铜、总锌、粪大肠菌群数等共 26 项。

(二)《环境空气质量标准》(GB3095—1996)

该标准从 1996 年 10 月 1 日起实施。

标准适用于全国范围的环境空气质量评价。

标准分三类功能区、三级标准值,具体情况见表1-2。

表 1-2

类	适用功能	保护对象、基准	标1	标2	标3
一	自然保护区、林区、风景名胜区和其他需要特殊保护的区域	理想环境目标,为保护自然生态和舒适美好环境要求达到的水平。采用对敏感植物和对人体尚未发现任何有害作用,以及对生活环境无影响的浓度为基本依据,在长期接触的情况下,对自然生态和人群不发生任何危害影响的空气质量要求	一级	一级	一级
二	城镇规划中确定的居民区、商业交通居民混合区、文化区、一般工业区和农村地区	为保护人群健康和城市、乡村的动植物应该达到的水平,采用植物和人体慢性危害的阈浓度为基本依据。在长期短期接触情况下,除敏感植物外,对园林、蔬菜、果树和人体健康不发生伤害的空气质量要求	二级	二级	二级
三	特定工业区	为大气污染状况已经比较严重的城镇和工业区的过渡性管理标准,是保护人群不发生急慢性中毒和城市一般动植物(敏感植物除外)正常生长的空气质量要求(在此浓度下,一般植物长期接触可能有轻度伤害,抗性植物无害)	三级	三级	三级

注:其中标1为大气环境质量标准;标2为大气污染物综合排放标准;标3为恶臭污染物排放标准。

(三)《大气污染物综合排放标准》(GB16297—1996)

自1997年7月1日起实施。

标准中规定了33种大气污染物的排放限值。

1. 标准设置下列三项指标:

(1)通过排气筒排放废气的最高允许排放浓度;

(2)按排气筒高度规定的最高允许排放速率;

(3)以无组织方式排放的废气,规定无组织排放的监控点及相应的监控浓度限值。

2. 排放速率标准分级:

标准规定的最高允许排放速率,将现有污染源分为一、二、三级,新污染源分为二、三级。

(1)位于一类区的污染源,执行一级标准(禁止新、扩建污染源);

(2)二类区的污染源执行二级标准;

(3)三类区的污染源执行三级标准。

3. 对新老污染源规定了不同的排放限值:

1997年1月1日前设立的污染源为现有(老)污染源,1997年1月1日起设立的污染源为新污染源。

4. 其他规定:

(1)排气筒高度应高出周围200m半径范围的建筑物5m以上;

(2)新污染源的排气筒一般不应低于15m;

(3)凡不通过排气筒或进入排气系统而泄漏的,均为无组织排放,一般新污染源不应有无组织排放存在,新污染源的无组织排放,从严控制;

(4)位于酸雨控制区和二氧化硫污染控制区的污染源,其二氧化硫排放除执行本标准外,还应执行总量控制标准。

(四)《城市区域环境噪声标准》(GB3096—93)、《工业企业厂界噪声标准》(GB12348—90)

《城市区域环境噪声标准》适用于我国城市区域和乡村生活区域。《工业企业厂界噪声标准》适用于工厂及有可能造成噪声污染的企事业单位的边界。其标准分级功能分区(L_{Aeq}/dB)见表1-3。

城市区域环境、工业企业厂界噪声标准(L_{Aeq}/dB) 表1-3

适用区域	城市区域环境噪声标准			工业企业厂界噪声标准		
	类别	昼间	夜间	类别	昼间	夜间
疗养区、高级别墅区、高级宾馆区等特别需要安静的区域,以及城郊和乡村区域	0	50	40			
居住、文教机关为主的区域,乡村居住环境可参照执行	1	55	45		55	45
居住、商业、工业混杂区	2	60	50		60	50
工业区	3	65	55		65	55
城市中道路交通干线道路两侧区域、穿越城区的内河航道两侧区域、穿越城区的铁路主、次干线两侧区域的背景噪声限值	4	70	60		70	60

注:夜间突发噪声,其最大值不准超过标准值15dB(A)。

(五)《建筑施工场界噪声限值》(GB12523—90)

适用于城市建筑施工期间施工场地产生的噪声。

不同施工阶段作业噪声限值列于表1-4。

等效声级(L_{Aeq}/dB) 表1-4

施工阶段	主要噪声源	噪声限值	
		昼间	夜间
土石方	推土机、挖掘机、装载机等	75	55
打桩	各种打桩机等	85	禁止施工
结构	混凝土搅拌机、振捣棒、电锯等	70	55
装修	吊车、升降机等	65	55

注:表中噪声值是指与敏感区域相应的建筑施工场地边界线处的限值。在建筑施工场地边界线处进行。

2 建筑业劳动保护与安全生产

2.1 劳动保护

一、劳动保护的概念

劳动保护,是在生产过程中为保护劳动者的安全与健康,改善劳动条件,预防工伤事故和职业危害,实现劳逸结合,加强女工保护等所进行的一系列技术措施和组织管理措施。劳动保护概括地说,就是对劳动者在生产过程中的安全与健康所执行的保护。

劳动保护在国际劳工组织和某些国家也称为"职业安全卫生"。

在我国,国家对劳动者的保护是多方面的,凡是劳动者应有的权利和利益,国家都要采取措施予以保护。但本章所述并非泛指国家对劳动者各方面的保护,而是专门指对建筑业劳动者在生产过程中的安全与健康的保护。这里所讲的安全与健康是指职工的肌体不受伤残,职工的健康免受职业性危害。

建筑业在生产劳动过程中,存在着多种不安全、不卫生的因素,这些因素随时可能危及劳动者的安全与健康,如果不采取措施加以防范,就有发生工伤事故和职业病的可能。例如建筑施工中,可能发生高处坠落、物体打击、触电事故、坍塌事故、机械伤害、有毒物质中毒、粉尘危害等;所有这些,都能直接影响劳动者的安全与健康,甚至危及劳动者的生命。

另外,在建筑施工过程中,劳动者还可能因工作时间过长或者劳动强度太大,使劳动者过度疲劳,在这种情况下,由于劳动者体力不支,往往失去自身控制能力,极易发生工伤事故;女工从事过于繁重或者不适于妇女生理特点的劳动,也会给女工的安全、健康带来危害。

因此,开展建筑业劳动保护工作,主要是要加强建筑业安全卫生专业管理,不断地改善劳动条件,实行劳逸结合,做好女工保护等各项工作,消除一切危害劳动者的不安全、不卫生的因素,保证劳动者能在安全、卫生的条件下从事各种生产劳动。

二、有关劳动保护的法律法规内容简介

建国以来,党和政府一贯重视安全生产工作,颁布了一系列有关安全生产和劳动保护的法律、法规、规章和条例,强调了安全工作的重要性。把关心和保护劳动者的安全和健康定为我国的一项基本政策。

1.《中华人民共和国宪法》规定:"中华人民共和国公民有劳动的权利和义务。"

"国家通过各种途径,创造劳动就业条件,加强劳动保护,改善劳动条件,并在发展生产的基础上,提高劳动报酬和福利待遇。"

2.《中华人民共和国建筑法》第 36 条　建筑工程安全生产管理必须坚持安全第一、预防为主的方针,建立健全安全生产责任制度和群防群治制度。

3.《中华人民共和国劳动法》规定:"劳动者享有平等就业和选择职业的权利、取得劳动报酬的权利、休息休假的权利、获得劳动安全卫生保护的权利、接受职业技能培训的权利、享受社会保险和福利的权利、劳动争议处理的权利以及法律规定的其他权利。"

"劳动者应当完成劳动任务,提高职业技能,执行劳动安全卫生规程,遵守劳动纪律和职业道德。"

"用人单位应当依法建立和完善规章制度,保障劳动者享有劳动权利和履行劳动义务。"

第52条 用人单位必须建立、健全劳动安全卫生制度,严格执行国家劳动安全卫生规程和标准,对劳动者进行劳动安全卫生教育,防止劳动过程的事故,减少职业危害。

4.《中华人民共和国安全生产法》规定:"生产经营单位必须为从业人员提供符合国家或者行业标准的劳动防护用品,并监督、教育从业人员按照使用规则佩带、使用。"

"生产经营单位应当安排用于配备劳动防护用品、进行安全生产培训的经费。"

"生产经营单位与从业人员订立的劳动合同,应当载明有关保障从业人员劳动安全、防止职业危害的事项,以及依法为从业人员办理工伤社会保险的事项。"

5.《中华人民共和国职业病防治法》规定:"职业病的防治工作坚持预防为主,防治结合的方针,实行分类管理,综合治理。"

"劳动者依法享有职业卫生的权利。"

"用人单位应当为劳动者创造符合国家职业卫生标准和要求的工作环境和条件,并采取措施保障劳动者获得职业卫生保护。"

6.《中华人民共和国刑法》规定:"违反爆炸性、易燃性、放射性、毒害性、腐蚀性物品管理规定,在生产、运输、使用中发生重大事故,造成严重后果的,处三年以下有期徒刑或拘役;

后果特别严重的,处三年以上七年以下有期徒刑。"

7.《中华人民共和国全民所有制工业企业法》规定:"企业必须贯彻安全生产制度,改善劳动条件,做好劳动保护和环境保护工作,做到安全生产和文明生产。"第五章第49条规定:"职工有参加企业民主管理的权利;有对企业的生产和工作提出意见和建议的权利;有依法享受劳动保护、劳动保险、休息、休假的权利;有向国家机关反映真实情况,对企业领导干部提出批评和控告的权利;女职工有依照国家规定享受特殊劳动保护和劳动保险的权利。"

8.《中华人民共和国私营企业暂行条例》规定:"私营企业必须执行国家有关劳动保护的规定,建立必要的规章制度,提供劳动安全、卫生设施,保障职工安全和健康;私营企业对从事关系到人身健康、生命安全的行业或者工种的职工,必须按国家规定向保险公司投保;私营企业实行八小时工作制。"

9.《中华人民共和国标准化法》关于对工业产品和建筑工程需要制定有关安全卫生标准的规定中指出:"国家法律、行业标准分为强制性标准和推荐性标准。凡保障人体健康,人身、财产安全的标准和法律、行政法规规定强制执行的标准是强制性标准,其他标准是推荐性标准;制定标准应当有利于保障安全和人民的身体健康,保护消费者的权益,保护环境"。

10. 国务院《关于加强企业生产中安全工作的几项规定》(国经薄字244号)其中指出企业劳动保护工作机构或专职人员职责之一就是:"组织有关部门研究执行防止职业中毒和职业病的措施;督促有关部门做好劳逸结合和女工保护工作"。

11. 国务院《关于防止厂、矿企业中矽尘危害的决定》1956年5月发布。文中指出:"制造石英和其他含硅矿石粉的工厂应尽可能采用湿磨;矿山应该采用湿式凿岩和机械通风;厂、矿企业的车间或工作地点,含游离二氧化硅10％以上的粉尘,应降低到每立方米2毫克以下,对接触矽尘作业的工人要定期体检等"。

12.《防暑降温措施暂行办法》卫生部、劳动部、中华全国总工会1960年7月联合发布。文中指出,防暑降温工作必须贯彻预防为主的精神;在技术措施中要求,当热源的发射表面的辐射热和对流热显著影响操作工人时,应当采取各种隔热措施,高温车间的防暑降温,应根据作业场所的情况,采取隔热、自然通风、机械送风及机械排风装置;在保健措施中要求,对高温作业者和夏季露天作业者供给充足的合乎卫生标准的饮料、含盐饮料,对于各种高温作业,应根据实际需要供给工人个人防护服装及用品等;在组织措施中要求,高温作业和夏季露天作业,应有合理的劳动休息制度,要采取各种措施保证个人的充分休息,减少疲劳,对高温作业工人要加强防暑和中暑急救的宣传教育等。

13.《关于防止硅尘危害工作会议的报告》1963年2月,国务院批转同意劳动部、卫生部、全国总工会、冶金工业部、煤炭工业部的报告中传达了周恩来总理在1962年12月召开的全国防止硅尘工作会议上的指示,要求力争在三年内解决硅尘危害问题,企业应根据具体情况,制订防尘工作规划,对所需的设备器材,应作妥善安排,必须开支的经费应当予以解决。

14.《职业病范围和职业病患者处理办法的规定》1987年11月,卫生部、劳动人事部、财政部、中华全国总工会联合发布了关于修订颁发《职业病范围和职业病患者处理办法的规定》的通知。文中规定了职业病的范围;职业病的诊断方法;职业病患者的待遇及企业对职业病患者的管理办法等。劳动部《女职工禁忌劳动范围的规定》劳安字[1990]2号1990年1月

18日颁布执行。文中对女职工禁忌从事的劳动范围、女职工在月经期间禁忌从事的劳动范围、已婚待孕女职工禁忌从事的劳动范围、怀孕女职工禁忌从事的劳动范围以及乳母禁忌从事的劳动范围都作了详细的规定。

三、劳动保护的内容

劳动保护,概括地说,就是国家、企业对劳动者(包括工人、工作人员、技术人员、领导者)在直接从事施工生产过程中的生命安全和身体健康的保护。

劳动保护是安全技术、劳动卫生、个人保护工作的总称。为了保护劳动者的安全健康,除认真贯彻实行党和国家关于安全生产方针,劳动保护政策,规章制度,健全机构、人员,加强监督检查,广泛开展宣传教育,加强调查研究,总结推广劳动保护经验外,具体措施内容有以下几个方面:

1. 组织措施

加强管理,各级领导应把职业危害的防治工作列入议事日程,建立健全职业病防治保健网络,做到在规划、布置、检查和评比生产的同时做好职业病的防治工作。认真发动群众,落实各项预防措施。

2. 管理措施

(1)设置或指定职业卫生管理机构或者组织,配备专职或者兼职的职业卫生专业人员,负责本单位的职业病防治工作;

(2)制定职业病防治计划和实施方案;

(3)建立、健全职业卫生管理制度和操作规程;

(4)建立、健全职业卫生档案和劳动者健康监护档案;

(5)建立、健全工作场所职业病危害因素监测及评价制度;

(6)建立、健全职业病危害事故应急救援预案。

3. 安全技术措施

安全技术措施是以防止劳动者在施工生产中发生工伤事故为目的的各种技术措施。

4. 劳动卫生技术措施

劳动卫生技术措施是以防止劳动者在施工生产中发生职业中毒和职业病危害,保护劳动者身体健康为目的的各种技术措施。

(1)对新建、改建、扩建的建设项目进行卫生学审查。

(2)杜绝有害因素的发生源,使接触者受的影响减至最低限度。

(3)重视工艺改革和技术革新,采用低毒或无毒物质代替有毒物质,改革能导致产生有害因素的工艺流程。

(4)实现生产过程的密闭化、遥控化、机械化和自动化,防止有害因素侵害人体和有害物质污染环境。

(5)凡有热源存在的生产场所,要做好防暑降温工作。

(6)对生产场所存在的有毒物质、热源、噪声、微波、放射源等要采取有效的隔离或屏蔽方法。

(7)卫生保健。各施工企业应根据施工生产的特点,制定安全操作规程,并建立健全卫生保健制度,定期对生产场所的有害因素进行检测、检查。进行就业前后的定期体检,以便及时发现就业禁忌症和早期职业病。

(8)建立合理的作息制度,做好季节性多发病的预防,适当安排必要的康复疗养或休养增强作业人员的体质,提高职业病的防治能力。

(9)加强职业卫生的培训和宣传教育。对新工人进行就业前的安全和职业卫生培训,对从事有职业危害工作的人员进行教育,使操作人员了解本工种、本岗位的具体有害因素的危险性,产生原因和地点,进入人体的途径和预防方法,切实做好职业病的预防。

5. 个人保护措施

个人保护措施,以保护劳动者在施工生产过程中的安全、健康为目的,对劳动者个人的保护性措施。作业人员应根据工种的需要选用合适的工作服、工作帽、工作鞋、手套、口罩、面罩、耳塞、眼镜等个人防护用品。

6. 严格执行劳动保护法律法规和卫生标准

如《关于加强企业生产中安全工作的几项规定》、《关于防止厂、矿企业中矽尘危害的决定》、《防暑降温措施暂行办法》、《女职工禁忌劳动范围的规定》等,这些都是生产实践和科学实践的经验总结,是搞好职业病防治的依据,必须严格贯彻执行。

2.2 安 全 生 产

"劳动保护"和"安全生产"两个名词的概念在一般情况下可以通用,严格讲是有区别的。"劳动保护"不仅包括人身安全的内容,同时还包括劳动卫生等方面的内容。"安全生产"不仅指劳动者的人身安全,同时还包含有设备、财产的安全等方面的内容。它们的目的都是保护生产力的发展,保证社会主义经济建设的顺利进行。

一、安全生产工作的重要意义

加强安全生产工作,防止职业危害是国家的一项基本政策,是发展社会主义经济的重要条件,是企业管理的一项基本原则,具有重要的意义。

1. 安全生产是我们党和国家在生产建设中一贯坚持的指导思想,是我国的一项重要政策,是社会主义精神文明建设的

主要内容

我国是共产党领导下的社会主义国家,国家利益和人民利益是根本一致的。人民的需要,最重要的莫过于保障他们的生存和健康的需要。所以,保护劳动者在生产中的安全、健康,是关系到保护劳动人民切身利益的一个非常重要的方面。此外,安全生产还关系到社会安定和国家一系列其他重要政策的实施。

2. 安全生产是发展社会主义经济,实现四个现代化的重要条件

发展社会主义经济,加速实现四个现代化,首要条件是发展社会生产力。而发展生产力,最重要的就是保护劳动者,保护他们的安全健康,使之有健康的身体,调动他们的积极性,以充沛的精力从事社会主义建设。反之,如果安全生产搞不好,发生伤亡事故和职业病,劳动者的安全健康受到危害,生产会遭受巨大损失。可见,要发展社会主义经济,必须做好安全生产、劳动保护工作。

3. 安全生产、劳动保护是企业现代化管理的一项基本原则

安全生产、劳动保护在企业现代化管理中有重要的地位和作用。企业现代化管理的基本目标是通过管理现代化,使生产过程顺利、高效率地进行,不断提高劳动生产率和发展生产。这个基本目标只有搞好安全生产、劳动保护才能实现。搞好安全生产、劳动保护,就可以调动广大劳动者的生产热情和积极性。劳动条件好,劳动者在生产中感到安全健康有保障,就会发挥出主人翁的精神,提高生产效率,使企业取得好的效益。所以,每一个企业的领导者必须重视安全生产,把保护劳动者的安全与健康,保证生产设备完好,保证生产顺利进

行,当作自己的神圣职责和应尽义务,切实抓好,决不能掉以轻心。

二、安全生产工作的方针和任务

1. 安全生产的方针

我国的安全生产方针,是指党和国家对安全生产工作的总要求,它是安全生产工作的方向。我国的安全生产方针是"安全第一,预防为主"。我们的党和国家在建设具有中国特色社会主义过程中,为实现这一历史时期的路线,遵循安全生产方针制定的行动准则,即是安全生产政策。保护劳动者的安全与健康是国家的一项基本政策。

"安全第一",是指安全生产是全国一切经济部门和生产企业的头等大事。各企业及主管部门的行政领导,以及各级工会,都要十分重视安全生产,采取一切可能的措施保障劳动者的安全,努力防止事故的发生。对安全生产绝对不应抱有粗心大意、漫不经心的态度。当生产任务与安全发生矛盾时,应先解决安全问题,使生产在确保安全的前提下顺利进行。

"预防为主",是指在实现"安全第一"的许许多多的工作中,做好预防工作是最主要的。它要求我们防微杜渐,防患于未然,把事故和职业危害消灭在发生之前。伤亡事故和职业危害不同于其他事情,一旦发生往往很难挽回,或者根本无法挽回。到那时,"安全第一"也就成了一句空话。

因此,国家各级有关部门和企业、事业单位都要做到有计划地改善劳动条件,在经济发展和生产建设规划以及设备更新、技术改造、经济承包等重大经济决策中,应执行国家关于劳动安全卫生的规定。

为了贯彻这一方针,《劳动法》规定:"用人单位必须建立、健全劳动安全卫生制度,严格执行国家劳动安全卫生规程和标准,对劳动者进行劳动安全卫生教育,防止劳动过程中的事故,减少职业危害";"劳动安全卫生设施必须符合国家规定的标准";"新建、改建、扩建工程的劳动安全卫生设施必须与主体工程同时设计、同时施工、同时投入生产和使用";"用人单位必须为劳动者提供符合国家规定的劳动安全卫生条件和必要的劳动防护用品,对从事有职业危害作业的劳动者应当定期进行健康检查";"从事特种作业的劳动者必须经过专门培训并取得特种作业资格"。

安全生产工作是永远没有完结的,安全生产的方针、政策必须长期坚持。

2. 安全生产的任务

加强安全生产管理工作,实现安全化作业是企业管理的一项重要任务。安全管理的任务从广义上讲,一是预测人们在生产劳动的各个领域里存在的危险,进一步采取措施,使人们不致受到职业伤害和职业病的危害。二是制定各种规程、规定和消除危害因素所采取的各种办法、措施。三是告诉人们去认识危险和防止灾害。安全生产管理是企业管理的一个重要组成部分,它以安全为目的,其基本任务是:发现、分析和消除生产过程中的各种危险,防止发生事故和职业病,避免各种损失,保障职工的安全和健康,从而推动企业生产的顺利发展,为提高企业的经济效益和社会效益服务。具体地讲,有以下几个方面:

(1)贯彻落实国家安全生产法规,落实"安全第一,预防为主"的安全生产方针。

(2)制定安全生产的各种规程、规定和制度,并认真贯彻实施。

(3)积极采取各种安全工程技术措施,进行综合治理,使企业的生产机械设备和设施达到本质化安全的要求,保障职工有一个安全可靠的作业条件,减少和杜绝各类事故造成的人员伤亡和财产损失。

(4)采取各种劳动卫生措施,不断改善劳动条件和环境,定期检测,防止和消除职业病及职业危害,做好女工和未成年工的特殊保护,保障劳动者的身心健康。

(5)对企业领导、特种作业人员和所有职工进行安全教育,提高安全素质。

(6)对职工伤亡及生产过程中各类事故进行调整、处理和上报。

(7)推动安全生产目标管理,推广和应用现代化安全管理技术与方法,深化企业安全管理。

从安全管理工作任务来看,它是一门兼有社会科学、自然科学的边缘科学——安全科学。在理论上与其他各个学科,如系统工程学、人机工效学、管理科学、技术科学、预防医学、心理学、化学、法学等都有密切的联系,是一门政治性、政策性很强,技术性复杂的安全科学。企业领导必须按照企业安全生产管理的各项任务和内容,精心组织安全生产的各项工作。

在企业的生产经营活动中,安全生产管理的任务十分繁重。各个企业应充分发挥安全生产管理部门的计划、组织、指挥、协调和控制五大功能的作用,搞好安全生产。

计划,就是对每年的安全工作作出规划和安排。针对每年的安全教育、检查、措施、安全评价及整改等安全活动作出部署方案,以确保企业生产活动的顺利进行。

组织,即对照计划方案,按级落实,以保证安全计划任务、控制目标的预期完成。

指挥,即在组织落实各项安全活动后,对横向职能部门及其工段、班组进行指导,帮助出主意想办法,以求得安全生产计划的顺利完成。

协调,为实现整体安全计划和目标,替上级当好参谋,对横向部门加强协调,争取领导对安全工作的支持,同时又要争取各职能部门的密切合作。

控制,即是以安全计划、目标为依据,同时建立各种考核标准,对各部门、班组进行经常性的检查监督,对于出色完成任务的,结予精神和物质鼓励,以达到有效控制各种事故的发生。

三、建筑施工常见事故

建筑施工生产的程序,导致了建筑行业伤亡事故的多种类别。根据历年来伤亡事故统计分类,建筑施工中的事故类型可达十种以上,但其中最主要的易发的和常见的死亡人数最多的事故有五大类,高处坠落、触电、物体打击、机械伤害、坍塌事故。这五大类事故占事故总数的86%左右。由此可见,要消除或减少建筑施工中的伤亡事故,就要从治理和遏制这五大类事故入手。事故发生的部位及主要原因如下:

1. 高处坠落事故

(1)临边、洞口处坠落。造成坠落的主要原因是:

1)无防护设施或防护不规范。如防护栏杆的高度低于1.2m,横杆不足两道,仅有一道等;在无外脚手架及尚未砌筑围护墙的楼面的边缘,防护栏杆柱无预埋件固定或固定不牢固。

2)洞口防护不牢靠,洞口虽有盖板,但无防止盖板位移的措施。

(2)脚手架上坠落。主要是搭设不规范,如相邻的立杆(或大横杆)的接头在同一平面上,剪刀撑、连墙点任意设置等;架体外侧无防护网、架体内侧与建筑物之间的空隙无防护或防护不严;脚手板未满铺或铺设不严、不稳等。

(3)悬空高处作业时坠落。主要是在安装、拆除脚手架、井架(龙门架)、塔吊和在吊装屋架、梁板等高处作业时的作业人员,没有系安全带,也无其他防护设施或作业时用力过猛身体失稳而坠落。

(4)在轻型屋里和顶棚上铺设管道、电线或检修作业中坠落。主要是作业时没有使用轻便脚手架,在行走时误踩轻型屋面板、顶棚面而坠落。

(5)拆除作业时坠落。主要是作业时站在已不稳固的部位或作业时用力过猛,身体失稳,脚踩活动构件或绊跌而坠落。

(6)登高过程中坠落。主要是无登高梯道,随意攀爬脚手架、井架登高,登高斜道面板、梯档破损、踩断,登高斜道无防滑措施。

(7)在梯子上作业坠落。主要是梯子未放稳,人字梯两片未系好安全绳带,梯子在光滑的楼面上放置时,其梯脚无防滑措施,作业人员站在人字梯上移动位置而坠落。

2. 触电事故

(1)外电线路触电事故主要是指施工中碰触施工现场周边的架空线路而发生的触电事故。事故的部位是:

1)脚手架具的外侧边缘与外电架空线之间没有达到规定的最小安全距离,也没有按规范要求增设屏障、遮栏、围栏或保护网,在外电线路难以停电的情况下,进行违章冒险施工。特别是在搭、拆钢管脚手架,或在高处绑扎钢筋、支搭模板等作业时发生此类事故较多。

2)起重机械在架空高压线下方作业时,吊塔大臂的最远端与架空高压电线间的距离小于规定的安全距离,作业时触碰裸线或集聚静电荷而造成触电事故。

(2)施工机械漏电造成事故。

1)建筑施工机械要在多个施工现场使用,不停地移动,环境条件较差(泥浆、锯屑污染等),带水作业多,如果保养不好,机械往往易漏电。

2)施工现场的临时用电工程没有按照规范要求做到"三级配电,两级保护",有的工地虽然安装了漏电保护器,但选用保护器规格不当,认为只要是漏电保护器,装上了就保险,因此,开关箱中漏电保护器装上了 50mA·0,1s 的规格,甚至更大规格的漏电保护器,结果关键时刻起不到保护作用。没有采用 TN-S 保护系统,也有的工地迫于规范要求,但不熟悉技术,拉了五根线就算"三相五线",工作零线(N)与保护零线(PE)混,有些施工机具任意拉接,用电保护一片混乱。

(3)手持电机工具漏电。主要是没有按照施工现场临时用电规范要求进行有效的漏电保护,使用者(特别是带水作业)没有戴绝缘手套,穿绝缘鞋。

(4)电线电缆的绝缘皮老化、破损及接线混乱造成漏电。有些施工现场的电线、电缆"随地拖、一把抓、到处挂",乱拉乱接线路,接线头不用绝缘胶布包扎,露天作业电器开关放在木板上不用电箱,特别是移动电箱无门,任意随地放置,电箱的进、出线任意走向,接线处"带电体裸露",不用接线端子板,"一闸多机",多根导线接头任意绞、挂在漏电开关上或保险丝上;移动机具在插座接线时,不用插头,使用小木条将电线头插入插座等。这种现象造成的触电事故是较普遍的。

(5)照明及违章用电。移动照明特别是在潮湿环境中作业,其照明不使用安全电压,使用灯泡烘衣、袜等违章用电时造成的事故。

3. 物体打击

物体打击系指失控物体的惯性力对人身造成的伤害,其中包括高处落物、飞蹦物、滚击物及掉、倒物等造成伤害。物体打击伤害事故范围较广。在建筑施工中主要有:

(1)高处落物伤害。在高处堆放材料超高、堆放不稳,造成散落,作业人员在作业时将断砖、废料等随手往地面掷扔;拆脚手架、井架时,拆下的构件、扣件不通过垂直运输设备往地面运,而是随拆随往下扔;在同一垂直面、立体交叉作业时,上、下层间没有设置安全隔离层;起重吊装时材料散落(如砖吊运时未用砖笼,吊运钢筋、钢管时,吊点不正确,捆绑松弛等),造成落物伤害事故。

(2)飞蹦物击伤害。爆破作业时安全覆盖、防护等措施不周,工地调直钢筋时没有可靠防护措施,如:使用卷扬机拉直钢筋时,夹具脱落或钢筋拉断,钢筋反弹击伤人;使用有柄工具时没有认真检查,作业时手柄断裂,工具头飞出击伤人等。

(3)滚物伤害。主要是在基坑边堆物不符合要求,如砖、石、钢管等滚落到基坑、桩洞内造成基坑、桩洞内作业人员受到伤害。

(4)从物料堆上取物料时,物料散落、倒塌造成伤害。物料堆放不符合安全要求,取料者也图方便不注意安全。如有自卸汽车运砖时,不码砖堆,取砖工人顺手抽取,往往使上面的砖落下造成伤害;长杆件材料竖直堆放,受振动不稳倒下砸伤人;抬放物品时抬杆断裂等造成物击、砸伤事故。

4. 机械伤害

机械伤害主要是违章指挥、违章操作和安全保险装置没有或不可靠或两原因并存而导致的。此外,使用已报废的机械等,也是造成事故的一个原因。机械伤害事故原因归纳起来,"人的不安全行为"占机械伤害事故总数55%以上,"机械本身不安全状态"约占45%。

(1)违章指挥。主要是:

1)施工指挥者指派了未经安全培训合格的人员从事机械操作;

2)为赶进度不执行机械保养制度和定机定人责任制度,指挥"歇人不停机";

3)使用报废机械。

(2)违章作业。主要是为图方便,有章不循,违章作业。如:混凝土搅拌机加料时,不挂保险链;擅自拆除砂浆机加料防护栏、木工电平刨机无护指安全装置;起重机械拆除力矩限制器后使用;机械运转中进行擦洗、修理;非机械工擅自启动机械操作。

(3)没有使用和不正确使用个人劳动保护用品。如戴手套进行车床等旋转机械作业,钢筋焊接作业时穿化纤服装等。

(4)没有安全防护和保险装置或装置不符合要求。如机械外露的转(传)动部位(如齿轮、传送带等)没有安全防护罩,圆盘锯无防护罩、无分料器、无防护挡板,塔吊的限位、保险不齐全或虽有却失效。

(5)机械不安全状态。如机械带病作业,机械超负荷使用,使用不合格机械或报废机械。

5. 坍塌

随着高层、超高层建筑物的增多。基坑的深度越来越深,近年来坍塌事故呈上升趋势。坍塌事故的主要部位及原因有以下六种:

(1)基坑、基槽开挖及人工扩孔桩施工过程中的土方坍塌。主要是坑槽开挖没有按规定放坡,基坑支护没有经过设计或施工时没有按设计要求支护;支护材料质量差而造成支护变形、断裂;边坡顶部荷载大(如在基坑边沿堆土、砖石等,土方机械在边沿处停靠);排水措施不通畅,造成坡面受水浸泡产生滑动而塌方;冬春之交破土时,没有针对土体胀缩因素采取护坡措施。

(2)楼板、梁等结构和雨篷等坍塌。主要是工程结构施工时,在楼板上面堆放物料过多,使荷载超过楼板的设计承载力而断裂;刚浇筑不久的钢筋混凝土楼板未达到应有的强度,为赶进度即在该楼板上面支搭模板浇筑上层钢筋混凝土楼板造成坍塌;过早拆除钢筋混凝土楼板、梁构件和雨篷等的模板或支撑,因混凝土强度不够而造成坍塌。

(3)房屋拆除坍塌。随着城市建设的迅速发展,拆除工程增多,然而专业队伍力量薄弱,管理尚不到位,拆除作业人员素质低,拆除工程不编施工方案和技术措施,盲目蛮干、野蛮施工,造成墙体、楼板等坍塌。

(4)模板坍塌。模板坍塌是指用扣件式钢管脚手架、各种木杆件或竹材搭设的高层建筑的楼板的模板,因支撑杆件刚性不够,强度低,在浇筑混凝土时失稳造成模板上的钢筋和混凝土的塌落事故。模板支撑失稳的主要原因是没有进行设计计算,也不编写施工方案,施工前也未进行安全交底。特别是混凝土输送管路,往往附着在模板上,输送混凝土时产生的冲击和振动更加速了支撑的失稳。

(5)脚手架倒塌。主要是没有认真按规定编制施工方案,没有执行安全技术措施和验收制度。架子工属特种作业人员,必须持证上岗。但目前架子工普遍文化水平低,安全技术素质不高,专业性施工队伍少。竹脚手架所用的竹材有效直径普遍达不到要求,搭设不规范,特别是相邻杆件接头、剪刀撑、连墙点的设置不符合安全要求,造成脚手架失稳倒塌。

(6)塔吊倾翻、井字架(龙门架)倒塌。主要是塔吊起重钢丝或平衡臂钢丝绳断裂致使塔吊倾翻,因轨道沉陷及下班时夹轨钳未夹紧轨道,夜间突起大风造成塔吊出轨倾翻;塔吊倒塌的另一个原因是,在安装拆除时,没有制定施工方案,不向作业人员交底。井架、龙门架倒塌主要原因是,基础不稳固,稳定架体的缆风绳,或搭、拆架体时的临时缆风绳不使用钢丝绳,用$\phi 6mm$钢筋甚至使用尼龙绳。附墙架使用竹、木杆并采用铅丝等绑扎,井架与脚手架连在一起等。

四、建筑施工伤亡事故的预防措施

上述的五大类事故,在建筑业被称为五大伤害。在建筑施工中应采取有力措施予以消除。避免和减少发生五大伤害事故扭转建筑业伤亡事故严重的局面,是建筑施工中最为重要的工作。为此,多年来建筑行业制定了安全生产方面的法律、法规和标准,特别是自1995年以来,提出以治理这五大伤害事故为主的专项治理工作,收到了很好的效果。

1. 依据建筑施工安全技术标准组织施工

自1988年以来,建设部先后出台了多项建筑施工安全技术方面的标准和规范,如:《施工现场临时用电安全技术规范》、《建筑施工高处作业安全技术规范》、《龙门架及井架物料提升机安全技术规范》、《建筑塔式起重机安全规程》、《建筑施工扣件式钢管脚手架安全技术规范》、《建筑机械使用安全技术规程》及《建筑施工安全检查标准》等,这些标准和规范,都从各自专业的角度,对安全技术提出了要求和做出了明确的规定,使安全生产由定性管理,达到了定量管理。特别是《建筑施工安全检查标准》利用系统工程学的原理,对建筑施工近十年来发生的伤亡事故做了分析,对那些易发和多发事故有关的工序和部位以检查表的形式,提出了科学的量化的要求,共有18张检查表,168个检查项目,573条检查评定的内容。五大伤害事故易发生的工序、部位和作业程序,都包括在这些检查表中,每一项都有具体要求。在施工过程中只要按照这些要求去做,即可预防、消除大量的伤亡事故。安全技术标准或规范中的很多条文,都是建筑工人的鲜血换来的,是科学规律的总结,具有约束力和强制性,也是建立安全生产的正常秩序和保障施工过程中操作者的安全和健康的法律依据。为了在施工中不再流血,施工企业特别是施工现场,必须按照安全技术标准、规范的要求组织施工,以避免或遏制高处坠落、触电、物体打击、机械伤害、坍塌及其他类别事故的发生。

2. 认真执行安全技术管理制度

《建筑法》第38条规定,建筑施工企业在编制施工组织设计时,应当根据建筑工程的特点制定相应的安全技术措施;对专业性较强的工程项目,应当编制专项安全施工组织设计并采取安全技术措施。所谓专业性较强的工程项目主要是指模板、脚手架、塔吊、井字架(龙门架)、外用电梯、临时用电、土石方等工程。

施工安全技术措施是对每项工程施工中存在的不安全因素进行预先分析,从技术上和管理上采取措施,从而控制和消除施工中的隐患,防止发生伤亡事故。因此,它是工程施工中实现安全生产的纲领性文件,必须认真编制和执行。

(1)在开工前完成编写和审批。由具有法人资格的企业的技术负责人审批和签字生效。在施工中,如果发生工程变更等情况,安全技术措施必须及时作相应的修改、补充和完善。

(2)要有针对性。要针对工程的特点、施工环境、施工方案、劳动组合、使用的机具、架设工具以及施工季节等具体情况,制定保障安全施工的措施。

(3)要全面、具体。只有把多种不利条件都考虑周全,并有对策措施,才能真正做到预防事故。

(4)安全技术措施交底。经过批准的施工安全技术措施,开工时应先对使用者进行安全技术交底。安全技术交底应有书面材料,交底与被交底双方都应签名。

(5)各种安全设施、防护装置,应列入任务单下达落实到班组或个人,完成后必须进行验收。

(6)对新购的或原有周转使用的安全设施防护用品,都必须进行验收,合格后,才准进入施工现场使用。不合格的产品不准进入现场并及时清除出施工现场,以防误用,发生事故。

(7)安全技术措施经费应列入工程项目财务计划中,并保证使用。

3. 建立、健全安全生产责任制,做到事事有人管,件件有落实

按照标准要求组织施工,执行安全技术管理都不能是纸上谈兵,必须落到实处。这就需要有责任制。在《建筑法》中明确了建设单位、设计单位、监理单位和施工单位的安全生产责任。

消除伤亡事故,施工企业和施工现场负有直接责任。因此,关键是企业和现场要有健全的安全生产责任制。按照《建筑法》的要求,施工企业的法定代表,是安全生产的第一责任人,必须处理好安全与生产、安全与效益的关系,努力改善施工环境和作业条件,制定安全防范措施,并且组织实施。要做

到这一点就要在企业中建立健全以第一责任人为核心的分级负责的安全生产责任制。在由工程项目部组织施工的施工现场也和企业一样,项目负责人(项目经理)应为本工程项目的安全生产第一责任人,并应制定以第一责任人为核心的各类人员的安全生产责任制。对于总包和分包单位的安全责任也应明确总包单位对施工现场进行统一管理,并对安全生产负全面责任;分包单位要向总包单位负责,服从总包单位的管理。任何一个企业和施工现场都不能"以包代管",不能只要有钱赚,就无视危及人民的生命安全。

在建筑施工中还要注重四个环节,即施工前、施工中、施工现场和伤亡事故。这四个环节是搞好建筑施工安全生产的主要范围,由此可见,安全生产贯穿于施工生产的全过程,存在于施工现场的各种事物中,也可以说凡与施工现场有关的人员,都要负起与自己有关的安全生产责任。为了安全生产责任制能落实到实处,企业和施工单位还应制定责任制落实的考核办法,这样才能给落实安全生产责任打下基础。责任落实了,在建筑施工中的安全生产工作就能做到事事有人管,件件能落实,也就实现了江泽民同志的指示,责任制要"纵向到底,横向到边"。

4. 加大安全培训教育的力度

安全培训教育是实现安全生产的一项重要基础工作。只有通过安全培训教育才能提高各级领导、管理人员和广大工人的安全意识和搞好安全生产的责任制和自觉性,使广大职工掌握安全生产法规和安全生产知识,提高各级领导和管理人员对安全生产的管理水平,提高广大工人安全操作和安全技能,增强自我保护能力,减少伤亡事故。为此,《建筑法》第46条规定,"建筑施工企业应当建立健全劳动安全生产教育培训制度,加强对职工安全生产的教育培训;未经安全生产教育培训的人员,不得上岗作业"。建设部于 1997 年下发的《建筑业企业职工安全培训教育暂行规定》明确规定了"建筑企业职工必须定期接受安全培训教育,坚持先培训,后上岗制度",并具体规定了各类人员每年培训的时间:企业法定代表人不得少于 30 学时;企业其他管理人员和技术人员不得少于 20 学时;企业专职安全管理人员不得少于 40 学时;企业其他职工不得少于 15 学时;特种作业人员在通过专业安全技术培训并取得岗位操作证后,每年还应接受有针对性的安全培训,时间不得少于 20 学时;企业待岗、转岗、换岗的职工,在重新上岗前,必须再接受一次安全培训,时间不得少于 20 学时;新工人必须先接受"三级安全教育"再上岗,公司级教育不得少于 15 学时,项目级不得少于 15 学时,班组级不得少于 20 学时。

2.3 建筑施工特点

建筑施工主要是指工程建设阶段的生产活动。它有与工矿企业生产明显的不同特点:

(1)产品固定,作业流动性大。

建筑业的产品,位置固定,各种施工机械设备、材料、施工人员都必须围绕这个固定的产品随着工程建设的进展,上下左右不停的流动,一项产品的完成,又得流向新的固定产品,作业流动性大。

(2)产品体量大、露天作业多。

建筑产品高耸庞大、固定的大体量产品,使建筑施工生产只能在露天进行,施工生产作业露天多。

(3)形式多样、规则性差。

建筑产品要服从各行各业的需要,外观和使用功能各不相同,形式和结构多变,加上产品所处地点不同,施工过程处于不同的外部条件,即使同类工程、同样工艺、工序、施工方法,施工情况也会有所差异,随之变化,规则性差,施工生产很难全部照搬采用以往的施工经验。

(4)施工周期长,人力物力投入量大。

建筑产品的施工生产过程往往是需要长期地、大量地投入人力、物力、财力。在有限的施工现场上集中大量的人力、建筑材料、设备设施、施工机具,少则几个单位,多则二、三十个单位共同进行作业,施工生产过程需衔接配合,连续性强,因此立体交叉作业的情况多。

(5)施工涉及面广、综合性强。

建筑施工生产在施工企业内部,要有序地在特定的气候环境条件下组织多队伍、多工种人员的作业。从企业外部来说,施工生产活动通常需要同专业化单位和材料供应、运输、公用事业、市政、交通各方面的配合和协调,加上施工生产本身就是在"先有用户"的情况下进行的,施工生产的进展在一定程度上依附于建设计划和用户,对国家、地区、用户的经济状况反映敏感,受建设资金和外部条件影响大,在一定程度上施工生产的自主性、预见性、可控性比一般产业较困难。

(6)手工作业多,劳动条件差,强度大。

建筑产品大多是由较为笨重的材料和构件聚合所成,虽然随着现代施工技术的推广普及,机械化施工比重逐渐增大。但与其他产业相比,湿作业多、手工作业多,劳动条件差、强度仍然很大,用于笨重材料物件加工、施工机械配合作业的劳动强度高于其他一般产业。

(7)设施设备量多,分布分散,管理难度大。

建筑产品的形成过程,在现场,临时设施多,临时露天的电气线路、装置多,塔吊、井架、脚手等危险性较大的设备设施多,无型号、无专门标准、自制和组装的中小型机械类型数量多,手持移动工具多,布局分散、使用广泛、管理难度大。

(8)人员及其素质不稳定。

为有效地组织好施工生产,施工作业队伍、人员就不可避免地经常处于动态的调整过程,由于作业量的变化,为适应工期和工序搭接的需要,队伍、人员常常是进进出出,本身就不很稳定。加上目前的建筑市场的施工作业人员,绝大多数是来自偏远山区,农村的外包工、临时工,文化程度低,又未受过专业训练,专业知识技能主要是通过工作实践逐步积累,作业年限长短对人员素质影响明显。年限长的因劳动待遇等问题,流动量较大。大批新民工涌入建筑市场,一些单位的经营承包管理人员由于受利益的驱动,在管理和监督稍有薄弱的情况下,非法转包和招聘一些不能胜任作业的队伍、人员,致使作业人员及其素质更加不稳定。

(9)施工现场安全受地理环境条件影响。

现场安全会受到产品所处的地理、地质、水文和现场内外水、电、路等环境条件的影响,施工过程如对产品所处的地理、地质水文和现场内外环境条件的不安全因素,重视不够,措施不当,就可能引发事故。

(10)施工现场安全受季节气候影响。

施工现场安全受到不同季节、不同气候的影响较大。各种较恶劣的气候条件对施工现场的安全都是很大的威胁。如不采取针对不同季节、不同气候特点的劳动保护,安全技术和管理措施就很容易因季节气候的原因引起事故。

(11)不安全因素较多,是事故较多的产业。

由于上述特点的影响,建筑施工过程中经常会出现高处坠落、物体打击、触电、机械伤害、坍塌、火灾、中毒、爆炸、车辆伤害九类事故的潜在不安全因素。建筑业的伤亡事故虽在各有关方面的共同努力下,发生频率出现了下降的势头,安全生产取得了一定的成绩。但是,事故数量和频率仍高居各产业的前列,仅次于交通和煤炭业,是发生事故较多的产业。

2.4 安全干部的基本工作要素

安全技术干部是安全生产和劳动保护工作的监督员和检查员,是党和政府及企业安全工作的具体执行者,安全干部的基本素质直接影响到安全工作的质量。因此要提高安全干部的素质,就需要抓好安全干部的学习,包括政治、技术、业务等综合方面的内容,以不断充实自己各方面的知识,全面做好安全管理和安全技术工作。

一、增强责任感、做好安全预防工作

预防为主是做好安全检查监督工作的关键。只有做好预防工作,才能处于主动。国家、行业、地方以及上级颁发的法律、法规、条例、制度、办法,都是贯彻预防为主方针的,只有认真贯彻执行,才会收到好的效果。怎样才能把制度、办法贯彻下去以达到预防的目的呢?这就必须要有积极的思想,踏实的工作作风和正确的工作方法。所谓积极的思想,就是要发挥主动精神,在施工前有预见性地提出问题,提出办法,订出措施,做好准备。所谓踏实的作风,就是要深入现场,掌握情况,准确地发现问题,做到心中有数。所谓正确的方法,就是既要提出问题,又要善于依靠领导,依靠群众,帮助施工人员

解决问题。这就要求我们安全员,既要熟悉党的安全生产方针政策,国家的有关法律法规,安全专业的基本知识和管理制度,也要熟悉生产流程、操作方法,又要熟悉本单位职工的实际情况。否则,就会忙忙碌碌,处处被动,无从预防。要熟悉分管专业安全方面的原始记录、报表和必要的历史资料,才能做好分析整理工作。要熟悉本单位职工的实际情况,才能依靠群众开展安全工作。要熟悉过去事故教训和存在的主要问题,才能找出安全工作的规律,才能及时组织大家解决。要熟悉安全员职责和工作方法,才能运用到实际工作中去。总之,要事先把工作做到家,才能达到争取主动,预防事故的目的。

二、依靠领导,发动群众管好安全生产

做好安全工作最根本的一条就是要依靠党和政府的领导,经常向党组织请示、汇报安全生产情况和存在问题,同时提出具体解决办法,取得党组织的支持,就能克服任何困难,真正当好领导的参谋,成为领导在安全生产上的得力助手。

发动群众,宣传群众,组织群众是落实"安全生产,人人有责"的原则,搞好安全生产管理的重要方面。什么工作都离不开群众,没有群众是不行的。只有依靠大家出主意,想办法,安全生产工作才会生气勃勃。直接参加生产的广大群众,最熟悉生产过程,最了解现场情况,也最能提出切实可行的安全措施。通过群众的安全卫生大检查活动,发动群众揭露问题,提出改进意见,并依靠群众动手解决问题,把安全活动和生产活动机密结合起来。

充分发动群众,必须是——落实在行动上,形成既有领导又有群众上下结合的安全生产群防群治局面。具体体现在下面一些活动中。

(1)组织安全生产活动快报,各生产班组安全生产中的先进事迹及安全技术革新等。由广大群众写成短小文字报道,进行广播或板报张贴。

(2)开展安全技术交底,班组安全员、安全值日检查活动和群众安全自检互检等。形成有布置、有交底、有检查的群众性的安全生产活动网。

(3)除组织定期性的安全大检查外,不定期的组织以丰富安全生产经验老工人为主,班组安全员参加的安全生产大检查。凡检查出来的问题,都必须采取定人、定时间、定措施的办法来解决。

(4)定期的(如百日)开展安全无事故竞赛,掀起各班组在安全生产活动中,你追我赶,群策群力,找事故苗子,查事故隐患,积极采取措施,以保证安全生产。促进了人人重视安全、执行规章制度的自觉性。

(5)提出某一安全生产课题、项目(如笨重体力劳动的减轻、机具设备的安全操作的改革,对有害身体健康的工序的改进,等等一切新安全生产技术),广泛发动群众攻尖、创新。

(6)遇有重大工程或特殊工程施工,为保证安全生产,在党领导支持下,组织技术、施工职能干部和广大工人三结合或将工程具体情况公布,发动群众来制定安全技术措施计划。

三、认真调查事故,总结经验教训,掌握客观规律

要经常总结经验教训,掌握事故特点,摸清事故规律,抓住薄弱环节,采取预防措施,争取安全生产主动权。为了吸取教训,总结经验,改进安全生产工作。对发生的任何大小事故以及未遂事故,都应严肃认真的进行调查,分析原因,吸取教训,达到教育领导和教育群众的目的。要找出事故的规律,订出防范措施,认真贯彻执行,以防止事故的再次发生。

由于对发生的大小事都抓紧认真调查,这就为积累丰富的分析资料创造条件。继而再进行深入系统的研究,不难发现事故的发生是有一定的特性和规律的,比如在什么样季节、天气,什么样工作环境、工作地点、工作时间易发生什么类型事故和发生事故对劳动者的伤害程度、特点是什么。

(1)雷雨季节,由于施工现场上临时构筑物、建筑物的稳固性差,电气、机械设备的防雷接地不好等,易发生坍塌、物体打击、高处坠落、雷电电击、触电等事故;在盛夏酷热季节、露天作业常发生中暑现象,室内或金属槽罐内作业,易造成昏晕和休克。

(2)工程竣工收尾时,比工程开工和进入高峰时,发生事故要频繁得多;高空作业和深坑作业,又常发生坠落、坍塌事故;夜间作业时,夜班比日班、后半夜比前半夜更易发生事故。

(3)节日、假日、探亲前后,职工的思想波动,安排个人私事、放松安全生产的警惕,易发生事故;重点危险工程,安全措施落实,管理抓得紧,思想高度集中事故少;相反在一般工程和修补工程上,事故发生较多。原因在于领导重视不够,缺少具体安全措施。群众也产生不在乎,艺高人胆大不按安全操作规程作业等。

(4)新工人安全技术知识不足、热情高、劲头大、好奇心理强,猛冲蛮干,对安全生产防护用具使用不当或不愿使用,忽视安全生产,从而造成事故者居多。

上述事故规律及预防措施,都是用鲜血和生命总结出来的,值得很好研究和加以认真注意。我们应该在生产实践中,在安全技术工作上,切实抓好"三基"、"三种人"、"三个时间"、"三件事"、"二结合"、"三发言"、"六防"安全工作。

"三基":1)抓好基础工作,加强安全思想教育,特别要抓住真人真事、现实思想的教育,打好安全生产思想基础;2)抓好基层工作,健全队组安全组织,充分发挥队组安全员作用;3)抓好基本功,使每个职工都熟悉安全基本要求,平时知道怎样操作,遇事知道怎样处理。

"三种人":1)做好新工人,生产技能较低的工人和已遂、未遂事故责任者的工作,加强对他们的教育,注意他们的思想情绪变化,帮助他们解决思想上和技术上的问题;2)做好干部和技术人员的工作,严格要求,具体帮助,使他们真正做到安全工作和生产工作的"五同时";3)做好安全生产积极分子和先进人物的工作,及时推广他们的经验,表扬他们的先进事迹,加强对他们的培养,充分发挥他们的模范带头作用。

"三个时间":1)节前节后思想容易波动;2)任务紧张时为了赶时间,容易忽视安全;3)天气或生产条件变化时,工人对新环境不熟悉、不习惯,容易出事故。要采取各种措施,做好这三个时间的工作。

"三件事":1)抓好每月安全工作计划措施的制定;2)抓好每月安全工作计划、措施的实现;3)抓好每月安全工作总结评比。每天抓好"三件事":1)班前抓好安全讲话;2)班中抓好安全巡视;3)交班抓好安全检查。每项工作抓好"三件事":1)开工前抓好安全工作的布置和交底;2)施工过程中抓好现场安全情况的检查和事故的严肃处理;3)完工后抓好安全生产经验总结和工作质量的验收。

"二结合":1)安全工作与其他工作相结合;2)安全教育与技术培训相组合。

"三发言":1)班组安全员班前会上发言:介绍班组安全情况,交代安全注意事项;2)班组安全员班中发言:积极进行安全喊话,发现问题及时提出意见;3)班组安全员月终总结会上发言:如实反映每个人在安全生产方面的表现,提出表扬评定意见。

"六防"：采取有效措施，做好防高处坠落、防物体打击、防触电、防机械伤害、防坍塌等事故工作。

从上述工作情况说明，安全工作任务是越来越繁重了，随着生产的发展，安全生产工作还要不断地加强。它是一项经常性的，长期性的工作，而决不是什么临时性的工作，更不是可有可无的事。归纳起来，安全生产劳动保护工作必须以预防为主、"严"字当头、依靠群众、把好关。

四、安全干部职责、责任和权利

1. 职责

(1)认真贯彻执行党和国家有关安全生产方针、政策、法令及企业制订的各项规章制度，并监督检查执行情况；

(2)参与制定定期安全工作计划和目标，并负责贯彻实施情况的检查工作，督促项目部做好施工人员人身意外伤害保险；

(3)深入施工现场进行监督和检查安全生产、文明施工，发现隐患问题及时敦促、帮助有关部门整改，消除隐患。遇重大问题严格按制度办事并及时向领导汇报，发生重大事故及时上报并组织救护工作；

(4)及时掌握不安全因素和动态，提出改正意见，制止违章指挥、违章作业；

(5)参加项目的组织设计、施工方案的会审，参与新建、改建、扩建工程项目的审查及竣工验收工作；

(6)参与对大、中型机械设备以及落地脚手架、特殊脚手架安装搭设验收，发现问题，及时监督有关部门人员解决落实；

(7)督促有关部门和班组按规定及时发放和领取劳动保护用品，并具体指导其正确使用；

(8)协助领导监督安全保证体系和文明施工的正常运转，

对削弱安全管理和投入的现象,要及时汇报,督促解决;

(9)加强职工的安全生产思想教育和职业道德教育,协助做好社会治安综合治理工作,依法制止危及生产和安全的违法事件,确保社会治安平安;

(10)会同有关部门对职工进行安全宣传教育,参与特种作业人员和机操人员的培训、考核工作,收集有关证件;

(11)会同有关部门做好防尘、防毒、防暑降温和女工保护工作;

(12)会同有关部门落实各项消防制度,防止和杜绝火灾事故的发生;

(13)参与安全事故和职业病的调查,做好工伤事故统计、分析和报告,协助有关部门提出预防措施,并监督检查实施情况。

2. 责任

(1)所在单位如安全工作长期存在严重问题,既没有提出意见,又没有向上级汇报,因而发生了事故,要负责任;

(2)在安全检查工作上不深入不细致,放过了严重事故隐患,而造成了事故,要负责任;

(3)在安全评比工作上,由于掌握的资料不真实,以致影响评比工作,要负责任。

3. 权利

(1)遇有严重隐患或违反规章制度的行为,有可能立即造成重大伤亡事故危险,特别紧急的不安全情况时,有权指令先行停止生产,并且立即报告领导研究处理;

(2)有权检查所在单位对安全生产方针或上级指示贯彻执行的情况;

(3)对不认真执行安全生产法律法规、标准规范的单位或个人,有权越级向上汇报。

3 安全生产管理体制

3.1 建筑行业安全管理基本状况

安全牵系着千家万户,安全生产是人命关天的大事,关系到社会的改革、经济的发展和国家的稳定,党和国家历来都十分重视安全生产工作,提出了"安全第一,预防为主"的安全生产方针。党中央、国务院多次对安全生产作出一系列重要指示,充分体现了党和国家领导人对安全生产的高度重视,对广大人民群众的关心和爱护。

建筑业与其他行业不同,一是由于建筑产品的固定性、建筑施工的流动性决定了建筑安全生产的特殊性,即人、材料、机械设备围绕建筑产品进行野外、露天作业,交叉环节多,施工过程中受自然环境如刮风、下雨、雷电、冰雹等影响大。二是目前建筑业3500多万从业人员中农民工就占了80%以上,他们文化素质低,安全意识差,缺乏安全知识和自我防护能力。因此,建筑业成为国民经济部门中事故多发行业之一。

目前对建筑安全概念有两种认识:一种是狭义的认识,把安全与技术、生产相脱节。认为建筑安全工作就是工人作业时带好安全帽、系好安全带、穿好防滑鞋,为防止人员和物体从高处坠落架设好安全网,做好临边洞口的防护。这种认识危害极大,导致建筑业企业领导忽视安全生产,弱化企业和施工现场的安全管理,致使一些老、弱、病、残和文化低的人员走上安全管理的工作岗位,施工现场安全防护随意简化,事故隐患不断增加。一种是广义的认识,即安全与技术、生产相结合,安全贯穿施工全过程之中。

实际上安全工作是一种特殊的专业性很强的技术工作,从管理角度讲包括安全生产的法规建设、监督管理、文明施工、事故的处理和安全教育培训;从专业角度讲包括拆除施工、爆破施工、塔吊等大型机械的拆装、脚手架的搭设、模板工程、基坑支护、物料吊装及外用电梯、施工机具和施工用电等。这些都是建筑安全生产的管理范畴,忽略哪一方面都将影响人的安全。认识问题非常重要,解决好这个问题,可以全面贯彻国家、行业和地方的安全生产的法律法规和方针政策,提高建筑安全生产的管理水平,最大限度地控制施工伤亡事故发生。

由于建筑施工的特点,决定了建筑安全生产管理工作具有其特殊性,必须把管理工作的重点放在安全生产的法规建设、制度建设和队伍的素质建设方面,通过严格的执法监督检查,严肃查处发生事故的责任单位和责任人,保证安全生产各项规章制度的落实,确保安全生产。

建国 50 多年来,我国建筑安全生产管理工作健康稳步发展,尤其是改革开放以来,建筑安全生产管理体制改革步伐加快,在完善建筑安全生产管理运行机制方面取得了显著的成效。

1. 建立了建筑安全生产法规体系和建筑安全技术标准体系,使建筑安全生产工作开始走向法制化轨道。

建国初期,国务院颁布了《工厂安全卫生规程》、《建筑安装工程安全技术规程》和《工人职员伤亡事故报告规程》,这三大规程为维护劳动者安全和健康的权益,控制生产过程中伤亡事故的发生起到了极其重要的作用。改革开放以来,国家建设行政主管部门抓住深化改革的历史机遇,把建筑安全行业管理工作的重点放在建立健全行政法规和技术标准体系上,加大了建筑安全生产的立法研究工作,加快建筑安全技术标准体系的完善工作。20世纪80年代,建设部出台了《工程建设重大事故报告和调查程序规定》和《建筑安全生产监督管理规定》等部门规章;颁布了《建筑施工安全检查标准》、《建筑施工高处作业安全技术规范》、《龙门架及井架物料提升机安全技术规范》、《施工现场临时用电安全技术规范》、《建筑施工门式钢管脚手架安全技术规范》、《建筑施工扣件式钢管脚手架安全技术规范》等建筑安全技术标准、规范,目前即将颁布《建筑施工工具式脚手架安全技术规范》、《建筑施工模板工程安全技术规范》等技术标准、规范,初步形成了建筑安全的法规体系。1998年我国《建筑法》的颁布实施,奠定了建筑安全管理工作的法规体系的基础,把建筑安全生产工作真正纳入到法制化轨道,开始实现建筑安全生产监督管理工作向规范化、标准化和制度化管理的过渡。

2. 初步形成的建筑安全监督管理体系,加强了建筑安全生产行业管理。

根据我国安全管理体制的要求,建设部于1991年颁布了13号令《建筑安全生产监督管理规定》,明确在全国建设系统建立建筑安全生产监督管理机构,开展建筑安全生产的行业管理工作。目前,全国已经初步形成了"纵向到底,横向到边"的建筑安全生产监督管理体系。监督管理体制的形成,加大了建筑安全生产监督检查力度,强化了建筑业企业的安全生产意识,有效地贯彻了"安全第一,预防为主"的安全生产方针,消除了大量的事故隐患,减少了施工伤亡事故的发生,为搞好建筑安全生产做出了突出的贡献。

3. 开展创建文明工地活动,把建筑安全生产管理推向新的水平。

1991年,建设部要求在全国建设工程的施工现场开展安全达标活动,把建筑安全生产的管理重心放在了施工现场,对施工全过程进行安全监督管理。在此基础上,1996年建设部以建监[1996]484号文《关于学习和推广上海市文明工地建设经验的通知》,号召全国建设系统在深入开展施工现场安全达标的同时,学习上海市文明工地建设经验,积极开展创建文明工地活动,很快在全国建筑业掀起学上海创建文明工地浪潮。这项活动深入人心,硕果累累,不但改变了昔日施工现场"脏、乱、差"面貌,改善了施工现场作业人员的生活环境和工作条件,美化了施工现场的场容场貌,而且提高了建筑业的整体形象,成为全行业乃至城市建设的重要内容。

4. 开展意外伤害保险试点工作,促进了建筑安全生产保障体系尽快发展。

按照《建筑法》关于"建筑施工企业必须为从事危险作业的职工办理意外伤害保险,支付保险费"的要求,借鉴国外保险制度的经验,从1998年至今,我国部分地区如上海、浙江、山西、河北、辽宁等地区都开展了意外伤害保险试点工作,把意外伤害保险与事故预防相结合,激励企业采取有效措施改善安全生产条件,促进了建筑安全生产保障体系尽快发展。

3.2 安全生产责任制

国务院办公厅于1997年10月20日转发劳动部关于认真落实安全生产责任制意见的通知(国办发〈1997〉36号),通知指出:

各有关部门(行业)应切实加强对本部门(行业)及所属单位安全生产的管理工作。要加强对所属企业安全生产工作的指导和监督,认真审核企业的安全生产计划,督促企业确保对安全生产的资金投入,帮助企业建立健全安全生产的激励和制约机制,全面落实安全生产责任制。各企业要严格按照国家关于安全生产的法律、法规和方针政策,制定详尽周密的安全生产计划,健全各项规章制度和安全操作规程,落实全员安全生产责任制。

国务院于2001年4月21日印发了《关于特大安全事故行政责任追究的规定》(国务院令第302号),明确地方人民政府主要领导人和政府有关部门正职负责人对七大类特大安全事故的防范、发生,依照法律、行政法规和本规定的规定有失职、渎职情形或者负有领导责任的,依照本规定给予行政处分,构成玩忽职守罪或其他罪的,依法追究刑事责任:(一)特大火灾事故;(二)特大交通安全事故;(三)特大建筑质量安全事故;(四)民用爆炸物品和化学危险品特大安全事故;(五)煤矿和其他矿山特大安全事故;(六)锅炉、压力容器、压力管道和特种设备特大安全事故;(七)其他特大安全事故。

建设部在2002年9月9日关于印发《建设领域安全生产行政责任规定》的通知(建法〈2002〉第223号)中,明确"本规定适用于下列涉及安全的行政管理事项:(一)城市详细规划审批,建设项目选址意见,建设用地规划许可,建设工程规划许可,施工图设计文件审查,建筑工程施工许可;(二)乡(镇)村企业、乡(镇)村公共设施、公益事业等建设开工审批,在建筑物、构筑物上设置大型户外广告审批,城市公共场所堆放物料、搭建临时建筑、设施审批;(三)工程建设、城市建设和房地产业单位资质审批;(四)建设工程竣工验收备案;(五)其他涉及安全的行政管理事项。""本规定所称安全事故是指:(一)建设工程安全事故;(二)城市道路、桥梁、隧道、涵洞等设施管理安全事故;(三)城镇燃气设施、管道及燃烧器具管理安全事故;(四)城市公共客运车辆运营及场(厂)站设施安全事故;(五)风景名胜区、城市公园、游乐园安全事故;(六)城市危险房屋倒塌安全事故;(七)其他安全事故。"在第五条中规定"建设行政主管部门在行政管理中应当建立防范和处理安全事故的责任制度。建设行政主管部门正职负责人是涉及安全的行政管理事项和安全事故防范第一责任人。"

一、什么是安全生产责任制

安全生产责任制是各项安全管理制度的核心,是企业岗位责任制的一个重要组成部分,是企业安全管理中最基本的制度,是保障安全生产的重要组织措施。

安全生产责任制是根据"管生产必须管安全","安全生产,人人有责"等原则,明确规定各级领导、各职能部门、岗位、各工种人员在生产活动中应负的安全职责的管理制度。

建立和实施安全生产责任制,可以把安全与生产从组织领导上统一起来,把管生产必须管安全的原则从制度上固定下来,从而增强各级人员的安全责任,使安全管理纵向到底,横向到边,专管成线,群管成网,责任明确,协调配合,共同努力,真正把安全生产工作落到实处。

二、企业各有关职能部门安全生产责任制

1. 生产计划部门

(1)在编制下达生产计划时,要考虑工程特点和季节气候条件,合理安排,并会同有关部门提出相应的安全要求和注意事项。安排月旬作业计划时,要将支、拆安全网,拆、搭脚手架等列为正式工作,给予时间保证;

(2)在检查月、旬生产计划的同时,要检查安全措施的执行情况;

(3)在排除生产障碍时,要贯彻"安全第一"的思想,同时消除不安全隐患,遇到生产与安全发生矛盾时,生产必须服从安全,不得冒险违章作业;

(4)对改善劳动条件的工程项目必须纳入生产计划,视同生产任务并优先安排,在检查生产计划完成情况时,一并检查;

(5)加强对现场的场容场貌管理,做到安全生产、文明施工。

2.技术部门

(1)对施工生产中的有关技术问题负安全责任;

(2)对改善劳动条件、减轻笨重体力劳动、消除噪声、治理尘毒危害等情况,负责制定技术措施;

(3)严格按照国家有关安全技术规程、标准,编制、审批施工组织设计、施工方案、工艺等技术文件,使安全措施贯穿在施工组织设计、施工方案、工艺卡的内容里。负责解决施工中的疑难问题,从技术措施上保证安全生产;

(4)对新工艺、新技术、新设备、新施工方法要制定相应的安全措施和安全操作规程;

(5)会同劳动、教育部门编制安全技术教育计划,对职工进行安全技术教育;

(6)参加安全检查,对查出的隐患因素提出技术改进措施,并检查执行情况;

(7)参加伤亡事故和重大未遂事故的调查,针对事故原因提出技术措施。

3.机械动力部门

(1)制定安全措施,保证机、电、起重设备、锅炉、受压容器安全运行。对所有现用的安全防护装置及一切附件,经常检查其是否齐全、灵敏、有效,并督促操作人员进行日常维护;

(2)对严重危及职工安全的机械设备,应会同技术部门提出技术改进措施,并付诸实施;

(3)新购进的机械、锅炉、受压容器等设备的安全防护装置必须齐全、有效。出厂合格证及技术资料必须完整,使用前要制定安全操作规程;

(4)负责对机、电、起重设备的操作人员,锅炉、受压容器的运行人员定期培训、考核并签发作业合格证。制止无证上岗;

(5)认真贯彻执行机、电、起重设备、锅炉、受压容器的安全规程和安全运行制度。对违章作业人员要严肃处理,发生机、电设备事故要认真调查分析。

4.材料供应部门

(1)供施工生产使用的一切机具和附件等,在购入时必须有出厂合格证明,发放时必须符合安全要求,回收后必须检修;

(2)采购的劳动保护用品,必须符合规格标准;

(3)负责采购、保管、发放和回收劳动保护用品,并向本单位劳动部门提供使用情况;

(4)对批准的安全设施所用材料应纳入计划,及时供应;

(5)对所属职工经常进行安全意识和纪律教育。

5.劳动部门

(1)负责对劳动保护用品发放标准的执行情况进行监督检查,并根据上级有关规定,修改和制定劳保用品发放标准实施细则；

(2)严格审查和控制上报职工加班、加点和营养补助，以保证职工劳逸结合和身体健康；

(3)会同有关部门对新工人做好入场安全教育，对职工进行定期安全教育和培训考核；

(4)对违反劳动纪律，影响安全生产者应加强教育，经说服无效或屡教不改的应提出处理意见；

(5)参加伤亡事故调查处理，认真执行对责任者(工人)的处理决定，并将处理材料归档。

6.企业安全部门安全生产责任制

(1)贯彻执行安全生产和劳动保护方针、政策、法规、条例及企业的规章制度；

(2)做好安全生产的宣传教育和管理工作，总结交流推广先进经验；

(3)经常深入基层，指导下级安全技术人员的工作，掌握安全生产情况，调查研究生产中的不安全问题，提出改进意见和措施；

(4)组织安全活动和定期安全检查，及时向上级领导汇报安全情况；

(5)参加审查施工组织设计(施工方案)和编制安全技术措施计划，并对贯彻执行情况进行督促检查；

(6)与有关部门共同做好新工人、转岗工人、特种作业人员的安全技术训练、考核、发证工作；

(7)进行工伤事故统计、分析和报告，参加工伤事故的调查和处理；

(8)制止违章指挥和违章作业，遇有严重险情，有权暂停生产，并报告领导处理；

(9)对违反安全生产和劳动保护法规的行为,经说服劝阻无效时,有权越级上告。

3.3 安全教育

一、安全教育内容

1. 新工人的三级安全教育

1963年国务院明确规定必须对新工人进行三级安全教育,此后,建设部又多次对三级安全教育提出了具体要求,特别是建设部关于印发《建筑业企业职工安全培训教育暂行规定》的通知,除对安全培训教育主要内容作了要求外,还对时间作了规定,使安全培训教育工作能保质保量完成。

三级安全教育是每个刚进企业的新工人必须接受的首次安全生产方面的基本教育。三级一般是指公司(即企业)、项目(或工程处、施工队、工区)、班组这三级。由于企业的所有制性质、内部组织结构的不同,三级安全教育的名称可以不同,但必须要确保这三个层次安全教育工作的到位。因为这三个层次的安全教育内容,体现了企业安全教育有分工、抓重点的特点。三级安全教育是为了使新工人能尽快地了解安全生产的方针、政策、法律、规章,逐步适应施工现场安全生产的基本要求。

三级安全教育一般是由企业的安全、教育、劳动、技术等部门配合进行的。受教育者必须经过考试,合格后才准予进入生产岗位;考试不合格者不得上岗工作,必须重新补课并进行补考,合格后方可工作。

为加深新工人对三级安全教育的感性认识和理性认识。一般规定,在新工人上岗工作六个月后,还要进行安全知识复训,即安全再教育。复训内容可以从原先的三级安全教育的内容中有重点地选择,复训后再进行考核。考核成绩要登记到本人劳动保护教育卡上,不合格者不得上岗工作。

施工企业必须给每一名职工建立职工劳动保护(安全)教育卡,教育卡应记录包括三级安全教育、变换工种安全教育等的教育及考核情况,并由教育者与受教育者双方签字后入册,作为企业及施工现场安全管理资料备查。

(1)公司安全教育:

按建设部的规定(指建设部建教〈1997〉83号文,下同),公司级的安全培训教育时间不得少于15学时。主要内容是:

1)国家和地方有关安全生产、劳动保护的方针、政策、法律、法规、规范、标准及规章;

2)企业及其上级部门(主管局、集团、总公司、办事处等)印发的安全管理规章制度;

3)安全生产与劳动保护工作的目的、意义等。

(2)项目(施工现场)安全教育:

按规定,项目安全培训教育时间不得少于15学时。主要内容是:

1)建设工程施工生产的特点,施工现场的一般安全管理规定、要求;

2)施工现场主要事故类别,常见多发性事故的特点、规律及预防措施,事故教训等;

3)本工程项目施工的基本情况(工程类型、施工阶段、作业特点等),施工中应当注意的安全事项。

(3)班组教育:

按规定,班组安全培训教育时间不得少于20学时,班组教育又叫岗位教育。主要内容是:

1)本工种作业的安全技术操作要求;

2)本班组施工生产概况,包括工作性质、职责、范围等;

3)本人及本班组在施工过程中,所使用、所遇到的各种生产设备、设施、电气设备、机械、工具的性能、作用、操作要求、安全防护要求;

4)个人使用和保管的各类劳动防护用品的正确穿戴、使用方法及劳防用品的基本原理与主要功能;

5)发生伤亡事故或其他事故,如火灾、爆炸、设备及管理事故等,应采取的措施(救助抢险、保护现场、报告事故等)要求。

2.变换工种的安全教育

施工现场变化大,动态管理要求高,随着工程进度的发展,部分工人的工作岗位会发生变化,转岗现象较普遍。这种工种之间的互相转换,有利于施工生产的需要。但是,如果安全管理工作没有跟上,安全教育不到位,就可能给转岗工人带来伤害事故。因此,必须对他们进行转岗安全教育。根据建设部的规定,企业待岗、转岗、换岗的职工,在重新上岗前,必须接受一次安全培训,时间不得少于20学时。对待岗、转岗、换岗职工的安全教育主要内容是:

(1)本工种作业的安全技术操作规程。

(2)本班组施工生产的概况介绍。

(3)施工区域内各种生产设施、设备、工具的性能、作用、安全防护要求等。

总之,要确保每一个变换工种的职工,在重新上岗工作前,熟悉并掌握将要工作岗位的安全技能要求。

二、安全教育分类

安全教育按教育的时间分类,可以分为经常性的安全教育、季节性施工的安全教育、节假日加班的安全教育等。

1. 经常性的安全教育

经常性的安全教育是施工现场开展安全教育的主要形式,可以起到提醒、告诫职工遵章守纪,加强责任心,消除麻痹思想。

经常性安全教育的形式多样,可以利用班前会进行教育,也可以采取大小会议进行教育,还可以用其他形式,如安全知识竞赛、演讲、展览、黑板报、广播、播放录像等进行。总之,要做到因地制宜,因材施教,不摆花架子,不搞形式主义,注重实效,才能使教育收到效果。

经常性教育的主要内容是:

(1)安全生产法规、规范、标准、规定。

(2)企业及上级部门的安全管理新规定。

(3)各级安全生产责任制及管理制度。

(4)安全生产先进经验介绍,最近的典型事故教训。

(5)施工新技术、新工艺、新设备、新材料的使用及有关安全技术方面的要求。

(6)最近安全生产方面的动态情况,如新的法律、法规、标准、规章的出台,安全生产通报、文件、批示等。

(7)本单位近期安全工作回顾、讲评等。

总之,经常性的安全教育必须做到经常化(规定一定的期限)、制度化(作为企业、项目安全管理的一项重要制度)、长期化(伴随施工生产整个过程)。教育的内容要突出一个"新"字,即要结合当前工作的最新要求进行教育;要做到一个"实"字,即要使教育不流于形式,注重实际效果;要体现一个"活"字,即要把安全教育搞成活泼多样、内容丰富的一种安全活动。这样,才能使安全教育深入人心,才能为广大职工所接受,才能收到促进安全生产的效果。

2. 季节性施工的安全教育

季节性施工主要是指夏季与冬期施工。季节性施工的安全教育,主要是指根据季节变化,环境不同,人对自然的适应能力变得迟缓、不灵敏。因此,必须对安全管理工作进行重新调整和组合,同时,也要对职工进行有针对性的安全教育,使之适合自然环境的变化,以确保安全生产。

(1)夏季施工安全教育:

夏季高温、炎热、多雷雨,是触电、雷击、坍塌等事故的高发期。闷热的气候容易造成中暑,高温使得职工夜间休息不好,打乱了人体的"生物钟",往往容易使人乏力、走神、瞌睡,较易引起伤害事故;南方沿海地区在夏季还经常受到台风暴雨和大潮汛的影响,也容易发生大型施工机械、设施、设备及施工区域,特别是基坑等的坍塌;多雨潮湿的环境,人的衣着单薄、身体裸露部位多,使人的电阻值减小,导电电流增加,容易引发触电事故。因此,夏季施工安全教育的重点是:

1)加强用电安全教育。讲解常见触电事故发生的原理,预防触电事故发生的措施,触电事故的一般解救方法,以加强职工的自我保护意识。

2)讲解雷击事故发生的原因,避雷装置的避雷原理,预防雷击的方法。

3)大型施工机械、设施常见事故案例,预防事故的措施。

4)基础施工阶段的安全防护常识。基坑开挖的安全,支护安全。

5)劳动保护工作的宣传教育。合理安排好作息时间,注意劳逸结合,白天上班避开中午高温时间,"做两头、歇中间",保证职工有充沛的精力。

(2)冬期施工安全教育:

冬季气候干燥、寒冷且常常伴有大风,受北方寒流影响,施工区域出现霜冻,造成作业面及道路结冰打滑,既影响了生产的正常进行,又给安全带来隐患;同时,为了施工需要和取暖,使用明火、接触易燃易爆物品的机会增多,又容易发生火灾、爆炸和中毒事故;寒冷使人们衣着笨重、反应迟钝、动作不灵敏,也容易发生事故。因此,冬期施工安全教育应从以下几方面进行:

1)针对冬期施工特点,避免冰雪结冻引发的事故。如施工作业面应采取必要的防雨雪结冰及防滑措施,个人要提高自身的安全防范意识,及时消除不安全因素。

2)加强防火安全宣传。分析施工现场常见火灾事故发生的原因,讲解预防火灾事故的措施,扑救火灾的方法,必要时可采取现场演示,如消防灭火演习等,来教育职工正确使用消防器材。

3)安全用电教育。冬季用电与夏季用电的安全教育要求的侧重点不同,夏季着重于防触电事故,冬季则着重于防电气火灾。因此,应教育工人懂得施工中电气火灾发生的原因,做到不擅自乱拉乱接电线及用电设备;不超负荷使用电气设备,免得引起电气线路发热燃烧;不使用大功率的灯具,如碘钨灯之类照射,易燃、易爆及可燃物品或取暖;生活区域也要注意用电安全。

4)冬季气候寒冷,人们习惯于关闭门窗,而施工作业点也一样,在深基坑、地下管道、沉井、涵洞及地下室内作业时,应加强对作业人员的自我保护意识教育。既要预防在这种环境中进行有毒有害物质(固体、液态及挥发性强的气体)作业,对人造成的伤害,也要防止施工作业点原先就存在的各种危险因素,如泄、漏、跑、冒并积聚的有毒气体,易燃、易爆气体,有害的其他物质等。要教会职工识别一般中毒症状,学会解救中毒人员的安全基本常识。

3. 节假日加班的安全教育

节假日期间,大部分单位及职工已经放假休息,因此也往往影响到加班职工的思想和工作情绪,造成思想不集中,注意力分散,这给安全生产带来不利因素。加强对这部分职工的安全教育,是非常必要的。教育的内容是:

(1)重点做好安全思想教育,稳定职工工作情绪,使他们集中精力,轻装上阵;鼓励表扬职工节假日坚守工作岗位的优良作风,全力以赴做好本职工作。

(2)班组长要做好上岗前的安全教育,可以结合安全交底内容进行,工作过程中要互相督促、互相提醒,共同注意安全。

(3)重点做好当天作业将遇到的各类设施、设备、危险作业点的安全防护工作,对较易发生事故的薄弱环节,应进行专门的安全教育。

三、安全教育形式

开展安全教育应当结合建筑施工生产特点,采取多种形式,有针对性地进行,还要考虑到安全教育的对象,大部分是文化水平不高的工人,就需要采用比较浅显、通俗、易懂、印象深、便于记的教材及形式。目前安全教育的形式主要有:

(1)会议形式。如安全知识讲座、座谈会、报告会、先进经验交流会、事故教训现场会、展览会、知识竞赛。

(2)报刊形式。订阅安全生产方面的书报杂志;企业自编自印安全刊物及安全宣传小册子。

(3)张挂形式。如安全宣传横幅、标语、标志、图片、黑板报等。

(4)音像制品。如电视录像片、VCD片、录音磁带等。

(5)固定场所展示形式。劳动保护教育室、安全生产展览室等。

(6)文艺演出形式。

(7)现场观摩演示形式。如安全操作方法、消防演习、触电急救方法演示等。

4 事故管理

4.1 工伤事故的定义和分类

一、事故的定义

事故是指个人或集体在为实现某一目的而采取的活动过程中,发生了违背人们意愿的不幸事件,使其有目的的行动暂时或永久地停止,称为事故。

工伤事故按国家标准(GB6441—86)定义,是指"职工在劳动过程中发生的人身伤害、急性中毒"(《见企业职工伤亡事故分类》)。具体来说,就是在企业生产活动中所涉及到的区域内,在生产过程中,在生产时间内,在生产岗位上,与生产直接有关的伤亡事故;以及在生产过程中存在的有害物质在短期内大量侵入人体,使职工工作立即中断并须进行急救的中毒事故;或不在生产和工作岗位上,但由于企业设备或劳动条件不良而引起的职工伤亡,都应该算作因工伤亡事故而加以统计。

建筑施工企业的事故,是指在建筑施工过程中,由于危险因素的影响而造成的工伤、中毒、爆炸、触电等,或由于各种原因造成的各类伤害。

建筑施工现场的职工伤亡事故主要有:高处坠落、机械伤害、物体打击、触电、坍塌事故等。

二、伤亡事故的分类

(一)按伤害程度划分

(1)轻伤——指损失工作日低于105日的失能伤害。
(2)重伤——指损失工作日等于或超过105日的失能伤害。
(3)死亡——损失工作日定为6000工日。
(二)按事故严重程度划分
(1)轻伤事故——指只有轻伤的事故。
(2)重伤事故——指有重伤而无死亡的事故。
(3)死亡事故——分重大伤亡事故和特大伤亡事故。
1)重大伤亡事故指一次事故死亡1~2人的事故。
2)特大伤亡事故指一次事故死亡3人以上的事故。
(三)按伤害方式划分
(1)物体打击;(2)车辆伤害;(3)机械伤害;(4)起重伤害;(5)触电;(6)淹溺;(7)灼烫;(8)火灾;(9)高处坠落;(10)坍塌;(11)冒顶片帮;(12)透水;(13)放炮;(14)火药爆炸;(15)瓦斯爆炸;(16)锅炉爆炸;(17)容器爆炸;(18)其他爆炸;(19)中毒和窒息;(20)其他伤害。

(四)按伤亡事故的等级划分

建设部把重大事故分为四个等级。建设部1989年3号令《工程建设重大事故报告和调查程序规定》第三条规定:

1. 具备下列条件之一者为一级重大事故:
(1)死亡30人以上。
(2)直接经济损失300万元以上。
2. 具备下列条件之一者为二级重大事故:
(1)死亡10人以上,29人以下。
(2)直接经济损失100万元以上,不满300万元。
3. 具备下列条件之一者为三级重大事故:
(1)死亡3人以上,9人以下。
(2)重伤20人以上。

(3)直接经济损失 30 万元以上,不满 100 万元。

4. 具备下列条件之一者为四级重大事故:

(1)死亡 2 人以下。

(2)重伤 3 人以上,19 人以下。

(3)直接经济损失 10 万元以上,不满 30 万元。

(五)按事故发生的原因划分

1. 直接原因

(1)机械、物质或环境的不安全状态(见《企业职工伤亡事故分类标准》[GB6441—86]附录 A—A6 不安全状态);

(2)人的不安全行为(见《企业职工伤亡事故分类标准》[GB6441—86]附录 A—A7 不安全行为)。

2. 间接原因

技术上和设计上有缺陷,教育培训不够,劳动组织不合理,对现场工作缺乏检查或指导错误,没有安全操作规程或规程不健全,没有或不认真实施事故防范措施,对事故隐患整改不力等。

4.2 伤亡事故统计报告

一、职工伤亡事故统计的目的

(1)及时反映企业安全生产状态,掌握事故情况,查明事故原因,分清责任,吸取教训,拟定改进措施,防止事故重复发生。

(2)分析比较各单位、各地区之间的安全工作情况,分析安全工作形势,为制定安全管理法规提供依据。

(3)事故资料是进行安全教育的宝贵资料,对生产、设计、科研工作也都有指导作用,为研究事故规律,消除隐患,保障安全,提供基础资料。

二、伤亡事故的报告

发生伤亡事故后,负伤者或最先发现事故人,应立即报告领导。企业领导在接到重伤、死亡、重大死亡事故报告后,应按规定用快速方法,立即向工程所在地建设行政主管部门以及国家安全生产监督部门、公安、工会等相关部门报告。各有关部门接到报告后,应立即转报各自的上级主管部门。

一般伤亡事故在24h以内,重大和特大伤亡事故在2h以内报到主管部门(见图4-1 事故报告流程图)。

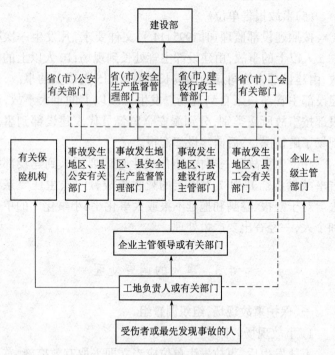

图4-1 事故报告流程图

注:1. 一般伤亡事故在24h内逐级上报。

2. 重特大伤亡事故在2h内除可逐级上报外,亦可越级上报。

重大事故发生后,事故发生单位应根据建设部3号令的要求,在24h内写出书面报告,按规定逐级上报。

重大事故书面报告(初报表)应当包括以下内容:

(1)事故发生的时间、地点、工程项目、企业名称。

(2)事故发生的简要经过、伤亡人数和直接经济损失的初步估计。

(3)事故发生原因的初步判断。

(4)事故发生后采取的措施及事故控制情况。

(5)事故报告单位。

按照建设部监理司[1995]14号文件要求,凡发生一次死亡5人以上的事故,由建设部主管处长到现场;10人以上的事故,由建设部主管司局的司局长到现场;15人以上的事故,由建设部主管部长亲自到现场。发生三级以上的重大事故,建设部按事故所属类别,分别派安全监督员代表建设部到事故现场了解情况,然后向建设部汇报。

在发生事故后一周内,事故发生地区要派人到建设部报告事故情况。其中7人以上的死亡事故,厅长、主任要亲自去。对于漏报、隐瞒和拖延不报或大事化小,小事化了的单位和个人,一经查出要严肃处理。

4.3 事故的调查处理

一、保护事故现场,组织调查组

1. 事故现场的保护

事故发生后,事故发生单位应当立即采取有效措施,首先抢救伤员和排除险情,制止事故蔓延扩大,稳定施工人员情绪。要做到有组织、有指挥。同时,要严格保护事故现场,因抢救伤员、疏导交通、排除险情等原因,需要移动现场物件时,应当作出标志,绘制现场简图并做出书面记录,妥善保存现场重要痕迹、物证,有条件的可以拍照或摄像。

一次死亡3人以上的事故,要按建设部有关规定,立即组织摄像和召开现场会,教育全体职工。

事故现场是提供有关物证的主要场所,是调查事故原因不可缺少的客观条件。因此,要求现场各种物件的位置、颜色、形状及其物理化学性质等尽可能地保持原来状态,必须采取一切必要的和可能的措施严加保护,防止人为或自然因素的破坏。

清理事故现场,应在调查组确认无可取证,并充分记录及经有关部门同意后,方能进行。任何人不得借口恢复生产,擅自清理现场,掩盖事故真相。

2. 组织事故调查组

接到事故报告后,事故发生单位负责人除应立即赶赴现场帮助组织抢救外,还应及时着手事故的调查工作。

轻伤、重伤事故,由企业负责人或由其指定人员组织生产、技术、安全等有关人员以及工会成员参加的事故调查组,进行调查。

重大死亡事故,由事故发生地的市、县级以上的建设行政主管部门组织事故调查组,进行调查。调查组成员由建设行政主管部门、事故发生单位的主管部门和国家安全生产监督部门、工会、公安等有关部门的人员组成,并可邀请检察机关派员参加,必要时,调查组可以聘请有关方面的专家协助进行技术鉴定、事故分析和财产损失的评估工作。

事故调查组成员应符合下列条件:
(1)具有事故调查所需的某一方面的专长;
(2)与所发生的事故没有直接利害关系。

二、现场勘查

事故发生后,调查组必须尽早到现场进行勘查。现场勘查是技术性很强的工作,涉及广泛的科技知识和实践经验,对事故现场的勘查应该做到及时、全面、细致、客观。现场勘察的主要内容有:

1. 作出笔录

(1)发生事故的时间、地点、气候等;

(2)现场勘查人员姓名、单位、职务、联系电话等;

(3)现场勘查起止时间、勘查过程;

(4)设备、设施损坏或异常情况及事故前后的位置;

(5)能量逸散所造成的破坏情况、状态、程度等;

(6)事故发生前的劳动组合、现场人员的位置和行动。

2. 现场拍照或摄像

(1)方位拍摄,要能反映事故现场在周围环境中的位置;

(2)全面拍摄,要能反映事故现场各部分之间的联系;

(3)中心拍摄,要能反映事故现场中心情况;

(4)细目拍摄,揭示事故直接原因的痕迹物、致害物等。

3. 绘制事故图

根据事故类别和规模以及调查工作的需要应绘制出下列示意图:

(1)建筑物平面图、剖面图;

(2)事故时人员位置及疏散(活动)图;

(3)破坏物立体图或展开图;

(4)涉及范围图;

(5)设备或工、器具构造图等。

4. 事故事实材料和证人材料搜集

(1)受害人和肇事者姓名、年龄、文化程度、工龄等;

(2)出事当天受害人和肇事者的工作情况,过去的事故记录;

(3)个人防护措施、健康状况及与事故致因有关的细节或因素;

(4)对证人的口述材料应经本人签字认可,并应认真考证其真实程度。

三、分析事故原因,明确责任者

通过充分地调查,查明事故经过,弄清造成事故的各种因素,包括人、物、环境、生产管理和技术管理等方面的问题,经过认真、客观、全面、细致、准确地分析,确定事故的性质和责任。

事故调查分析的目的,是通过认真分析事故原因,从中接受教训,采取相应措施,防止类似事故重复发生,这也是事故调查分析的宗旨。

事故分析步骤,首先整理和仔细阅读调查材料,按以下七项内容进行分析(见图4-2 事故分析流程图):

(1)受伤部位;
(2)受伤性质;
(3)起因物;
(4)致害物;
(5)伤害方式;
(6)不安全状态;
(7)不安全行为。

然后确定事故的直接原因、间接原因和事故责任者。

分析事故原因时,应根据调查所确认的事实,从直接原因入手,逐步深入到间接原

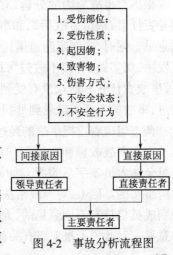

图4-2 事故分析流程图

因,通过对直接原因和间接原因的分析,确定事故的直接责任者和领导责任者,再根据其在事故发生过程中的作用,确定主要责任者。

事故的性质通常分为三类:

(1)责任事故,就是由于人的过失造成的事故。

(2)非责任事故,即由于人们不能预见或不可抗拒的自然条件变化所造成的事故,或是在技术改造、发明创造、科学试验活动中,由于科学技术条件的限制而发生的无法预料的事故。但是,对于能够预见并可采取措施加以避免的伤亡事故,或没有经过认真研究解决技术问题而造成的事故,不能包括在内。

(3)破坏性事故,即为达到既定的目的而故意造成的事故。对已确定为破坏性事故的,应由公安机关和企业保卫部门认真追查破案,依法处理。

四、提出处理意见,写出调查报告

根据对事故原因的分析,对已确定的事故直接责任者和领导责任者,根据事故后果和事故责任人应负的责任提出处理意见。同时,应制定防范措施并加以落实,防止类似事故重复发生,切实做到"四不放过",即:事故的原因分析不清不放过,事故责任者和群众没有受到教育不放过,没有防范措施不放过,事故的责任者没受到处罚不放过。

调查组应着重把事故的经过、原因、责任分析和处理意见以及本次事故教训和改进工作的建议等写成文字报告,经调查组全体人员签字后报批。如调查组内部意见有分歧,应在弄清事实的基础上,对照政策法规反复研究,统一认识。对于个别成员仍持有不同意见的,允许保留,并在签字时写明自己的意见。对此可上报上级有关部门处理直至报请同级人民政府裁决,但不得超过事故处理工作的时限。

五、事故的处理结案

调查组在调查工作结束后十日内,应当将调查报告送批准组成调查组的人民政府和建设行政主管部门以及调查组其他成员部门。经组成调查组的部门同意,调查组调查工作即告结束。

如果是一次死亡3人以上的事故,待事故调查结束后,应按建设部原监理司1995年14号文规定,事故发生地区要派人员在规定的时间内到建设部汇报。

建设部安全监督员按规定参与3级以上重大事故的调查处理工作,并负责对事故结案和整改措施等落实工作进行监督。

事故处理完毕后,事故发生单位应当尽快写出详细的处理报告,并按规定逐级上报。

对造成重大伤亡事故的责任者,由其所在单位或上级主管部门给予行政处分;构成犯罪的,由司法机关依法追究刑事责任。

对造成重大伤亡事故承担直接责任的有关单位,由其上级主管部门或当地建设行政主管部门,根据调查组的建议,责令其限期改善工程建设技术安全措施,并依据有关法规予以处罚。

对于连续二年发生死亡三人以上的事故,或发生一次死亡3人以上的重大死亡事故,万人死亡率超过平均水平一倍以上的单位,要按照《国务院关于特大安全事故行政责任追究的规定》(国务院令第302号)规定,追究有关领导和事故直接责任者的责任,给予必要的行政、经济处罚,并对企业处以通报批评、停产整顿、停止投标、降低资质、吊销营业执照等处罚。

按照国务院75号令的规定,事故处理应当在90日内结案,特殊情况不得超过180日。

事故处理结案后,应将事故资料归档保存,其中包括:
(1)职工伤亡事故登记表;
(2)职工死亡、重伤事故调查报告及批复;
(3)现场调查记录、图纸、照片;
(4)技术鉴定和试验报告;
(5)物证、人证材料;
(6)直接和间接经济损失材料;
(7)事故责任者自述材料;
(8)医疗部门对伤亡人员的诊断书;
(9)发生事故的工艺条件、操作情况和设计资料;
(10)有关事故的通报、简报及文件;
(11)注明参加调查组的人员姓名、职务、单位。

4.4 事故的预防

一、施工现场不安全因素

(一)事故潜在的不安全因素

事故潜在的不安全因素是造成人的伤害,物的损失事故的先决条件,各种人身伤害事故均离不开人与物这二个因素。人身伤害事故就是人与物之间产生的一种意外现象。在人与物这二个因素中,人的因素是最根本的,因为物的不安全因素的背后,实质上还是隐含着人的因素。人的不安全行为和物的不安全状态,是造成绝大部分事故的二个潜在的不安全因素,通常也可称作事故隐患。

分析大量事故的原因可以得知,单纯由于不安全状态或者单纯由于不安全行为导致事故的情况并不多,事故几乎都是由多种原因交织而形成的,是由人的不安全因素和物的不安全状态结合而成的。

(二)人的不安全因素

人的不安全因素,是指影响安全的人的因素。即:能够使系统发生故障或发生性能不良的事件的人员,个人的不安全因素和违背设计和安全要求的错误行为。人的不安全因素可分为个人的不安全因素和人的不安全行为两个大类。

1. 个人的不安全因素

个人的不安全因素是指人员的心理、生理、能力中所具有不能适应工作、作业岗位要求而影响安全的因素。

个人不安全因素包括以下几个方面:

(1)心理上具有影响安全的性格、气质、情绪。

(2)生理上存在:1)视觉、听觉等感觉器官不能适应工作、作业岗位要求的,影响安全的因素。2)体能不能适应工作、作业岗位要求的影响安全的因素。3)年龄不能适应工作、作业岗位要求的因素。4)有不适合工作、作业岗位要求的疾病。5)疲劳和酒醉或刚睡过觉,感觉朦胧。

(3)能力上包括知识技能,应变能力,资格不能适应工作、作业岗位要求,影响安全的因素。

2. 人的不安全行为

人的不安全行为是指能造成事故的人为错误,是人为地使系统发生故障或发生性能不良事件,是违背设计和操作规程的错误行为。

人的不安全行为,通俗地用一句话讲,就是指能造成事故的人的失误。

(1)不安全行为在施工现场的类型:

按国标 GB6441—86 标准,可分为十三个大类:

1)操作失误、忽视安全、忽视警告;

2)造成安全装置失效；
3)使用不安全设备；
4)手代替工具操作；
5)物体存放不当；
6)冒险进入危险场所；
7)攀坐不安全位置；
8)在起吊物下作业、停留；
9)在机器运转时检查、维修、保养等；
10)有分散注意力行为；
11)没有正确使用个人防护用品、用具；
12)不安全装束；
13)对易燃易爆等危险物品处理错误。
(2)产生不安全行为的主要原因：
1)有系统组织上的原因；
2)思想上责任性的原因；
3)工作上的原因。
(3)产生不安全行为的主要工作上的原因：
1)工作知识的不足或工作方法不适当；
2)技能不熟练或经验不充分；
3)作业的速度不适当；
4)工作不当，但又不听或不注意管理提示。

3．必须重视和防止产生人的不安全因素

1999年建设部颁发的 JGJ59—99《建筑施工安全检查标准》条文说明中指出："分析的事故中有 89% 都不是因技术解决不了造成的，而是因违章所致。其中是由于没有安全技术措施，缺乏安全技术知识，不作安全技术交底，安全生产责任制不落实，违章指挥，违章作业造成的。"《中国劳动统计年鉴》对近年来的企业伤亡事故原因(主要原因)比例排序为:违反操作规程或劳动纪律原因列居首位,占十一项原因总统计量的45%以上,如果加上教育培训不够,缺乏安全操作知识,对现场工作缺乏检查和指挥错误等不安全行为原因的事故占了全部事故统计量的60%以上。而值得引起注意和重视的是国有大企业不安全行为原因和伤亡比例均值,大于城镇企业和其他企业。另有资料反映:美国有人曾分析了75000起伤亡事故,其中天灾仅占2%,即98%的伤亡事故在人的能力范围内,是可以预防的。在可防止的全部事故中,由于人的不安全行为造成的事故占88%。日本1969年制造业歇工8天以上的事故中,因人的不安全行为而发生的占96%;1977年制造业歇工4天以上的104638件事故中,属于人的不安全行为造成的有98910件,占94.5%。

以上资料表明,各种各样的伤亡事故,绝大多数是由人的不安全因素造成的,是在人的能力范围内,是可以预防的。

随着科学技术的发展,施工现场劳动条件的改善,机械设备的进一步完善,在造成事故的原因比例中,由于人的不安全因素造成的事故比例还会有所增加。因此,我们就更应该重视人的因素,预防和杜绝出现人的不安全因素。

(三)施工现场物的不安全状态

物的不安全状态是指能导致事故发生的物质条件,包括机械设备等物质或环境所存在的不安全因素,通常人们将此称之为物的不安全状态或称之为物的不安全条件,也有直接称其为不安全状态。

1. 物的不安全状态大致包括七个方面:

(1)物(包括机器、设备、工具、其他物质等)本身存在的缺陷;

(2)防护保险方面的缺陷;

(3)物的放置方法的缺陷;

(4)作业环境场所的缺陷;
(5)外部的和自然界的不安全状态;
(6)作业方法导致的物的不安全状态;
(7)保护器具信号、标志和个体防护用品的缺陷。

2. 物的不安全状态的类型可分四种:
(1)防护等装置缺乏或有缺陷;
(2)设备、设施、工具、附件有缺陷;
(3)个人防护用品用具缺少或有缺陷;
(4)生产(施工)场地环境不良。

3. 管理上不安全因素

管理上的不安全因素,通常也可称为管理上的缺陷,它也是事故潜在的不安全因素,作为间接的原因共有以下因素:
(1)技术上的缺陷;
(2)教育上的缺陷;
(3)生理上的缺陷;
(4)心理上的缺陷;
(5)管理工作上的缺陷;
(6)学校教育和社会、历史上的原因造成的缺陷。

二、建筑施工现场伤亡事故的预防

(一)各类事故预防原则

为了实现安全生产,预防各类事故的发生必须要有全面的综合性措施,实现系统安全,预防事故和控制受害程度的具体原则大致如下:
(1)消除潜在危险的原则;
(2)降低、控制潜在危险数值的原则;
(3)提高安全系数、增加安全余量的坚固原则;
(4)闭锁原则(自动防止故障的互锁原则);

(5)代替作业者的原则;
(6)屏障原则;
(7)距离防护的原则;
(8)时间防护原则;
(9)薄弱环节原则(损失最小化原则);
(10)警告和禁止信息原则;
(11)个人防护原则;
(12)不予接近原则;
(13)避难、生存和救护原则。
(二)伤害事故预防措施

伤害事故预防,就是要消除人和物的不安全因素,实现作业行为和作业条件安全化。

1. 消除人的不安全行为,实现作业行为安全化的主要措施:

(1)开展安全思想教育和安全规章制度教育;
(2)进行安全知识岗位培训,提高职工的安全技术素质;
(3)推广安全标准化管理操作和安全确认制度活动,严格按安全操作规程和程序进行各项作业;
(4)重点加强重点要害设备、人员作业的安全管理和监控,搞好均衡生产;
(5)注意劳逸结合,使作业人员保持充沛的精力,从而避免产生不安全行为。

2. 消除物的不安全状态,实现作业条件安全化的主要措施:

(1)采取新工艺、新技术、新设备,改善劳动条件;
(2)加强安全技术研究,采用安全防护装置,隔离危险部位;

(3)采用安全适用的个人防护用具;

(4)开展安全检查,及时发现和整改不安全隐患;

(5)定期对作业条件(环境)进行安全评价,以便采取安全措施,保证符合作业的安全要求。

3. 实现安全措施必须加强安全管理

加强安全管理是实现安全生产的重要保证。建立、完善和严格执行安全生产规章制度,开展经常性的安全教育,岗位培训和安全竞赛活动,通过安全检查制定和落实防范措施等安全管理工作,是消除事故隐患,搞好事故预防的基础工作。因此,应当采取有力措施,加强安全施工管理,保障安全生产。

4.5 施工现场安全生产须知

(一)新工人安全生产须知

1. 新工人进入工地前必须认真学习本工种安全技术操作规程。未经安全知识教育和培训,不得进入施工现场操作。

2. 进入施工现场,必须戴好安全帽,扣好帽带。

3. 在没有防护设施的 2m 高处,悬崖和陡坡施工作业必须系好安全带。

4. 高空作业时,不准往下或向上抛材料和工具等物件。

5. 不懂电器和机械的人员,严禁使用和玩弄机电设备。

6. 建筑材料和构件要堆放整齐稳妥,不要过高。

7. 危险区域要有明显标志,要采取防护措施,夜间要设红灯示警。

8. 在操作中,应坚守工作岗位,严禁酒后操作。

9. 特殊工种(电工、焊工、司炉工、爆破工、起重及打桩司机和指挥、架子工、各种机动车辆司机等)必须经过有关部门专业培训考试合格发给操作证,方准独立操作。

10. 施工现场禁止穿拖鞋、高跟鞋、赤脚和易滑、带钉的鞋和赤膊操作。

11. 施工现场的脚手架、防护设施、安全标志、警告牌、脚手架连接铁丝或连接件不得擅自拆除,需要拆除必须经过加固后经施工负责人同意。

12. 施工现场的洞、坑、井架、升降口、漏斗等危险处,应有防护措施并有明显标志。

13. 任何人不准向下、向上乱丢材料、物、垃圾、工具等。不准随意开动一切机械。操作中思想要集中,不准开玩笑,做私活。

14. 不准坐在脚手架防护栏杆上休息和在脚手架上睡觉。

15. 手推车装运物料,应注意平稳,掌握重心,不得猛跑或撒把溜放。

16. 拆下的脚手架、钢模板、轧头或木模、支撑要及时整理,圆钉要及时拔除。

17. 砌墙斩砖要朝里斩,不准朝外斩。防止碎砖坠落伤人。

18. 工具用好后要随时装入工具袋。

19. 不准在井架内穿行;不准在井架提升后不采取安全措施到下面去清理砂浆、混凝土等杂物;不准吊篮久停空中;下班后吊篮必须放在地面处,且切断电源。

20. 脚手架上霜、雪、泥等要及时清扫。

21. 脚手板两端间要扎牢,防止空头板(竹脚手片应四点扎牢)。

22. 防止脚手架超载危险:

砌筑脚手架均布荷载每平方米不得超过2700N,即在脚手架上堆放标准砖不得超过单行侧放三侧高。20孔多孔砖不得超过单行侧放四侧高,非承重三孔砖不得超过单行平放五皮高。只允许二排脚手架上同时堆放。

防止脚手架连接物拆除危险。

防止搭、拆脚手架,井字架不系安全带或安全带未按规定系牢危险。

23. 单梯上部要扎牢,下部要有防滑措施。

24. 挂梯上部要挂牢,下部要绑扎。

25. 人字梯中间要扎牢,下部要有防滑措施,不准人坐在上面,骑马式移动。

26. 高空:

从事高空作业的人员,必须身体健康,患有高血压、贫血症、严重心脏病、精神症、癫痫病、深度近视眼在500度以上人员,以及经医生检查认为不适合高空作业的人员,不得从事高空作业。对井架、起重工等从事高空作业的工种人员要每年体格检查一次。

(1)在平台、屋檐口操作时,面部要朝外,系好安全带。

(2)高处作业不要用力过猛,防止失去平衡而坠落。

(3)在平台等处拆木模撬棒要朝里,不要向外,防止人向外坠落。

(4)遇有暴雨、浓雾和六级以上的强风应停止室外作业。

(5)夜间施工必须要有充分的照明。

(二)建筑工人安全技术操作规程一般规定

1. 施工现场

第一条:参加施工的工人(包括学徒工、实习生、代培人员和民工)要熟知工种的安全技术操作规程。在操作中应坚守工作岗位,严禁酒后操作。

第二条：电工、焊工、司炉工、爆破工、起重机司机、打桩司机和各种机动车辆司机，必须经过专门训练，考试合格发给操作证，方准独立操作。

第三条：正确使用个人防护用品和安全防护措施，进入施工现场，必须带好安全帽，禁止穿拖鞋或光脚，在没有防护设施的情况下高空、悬崖和陡坡施工必须系安全带，上下交叉作业有危险的出入口要有防护棚或其他隔离设施，距地面2m以上作业要有防护栏杆、挡板或安全网。安全帽、安全带、安全网要定期检查，不符合要求的严禁使用。

第四条：施工现场的脚手架、防护设施、安全标志和警告牌不得擅自拆动，需要拆动的要经工地负责人同意。

第五条：施工现场的洞、坑、沟、升降口、漏斗等危险处，应有防护设施或明显标志。

第六条：施工现场要有交通指示标志，交通频繁的交叉路口，应设指挥；火车道口两侧，应设落杆，危险地区，要悬挂"危险"或"禁止通行"牌，夜间设红灯示警。

第七条：工地行驶斗车、小平车的轨道坡度不得大于3%，铁轨终点应有车档，车辆的制动闸和挂钩要完好可靠。

第八条：坑槽施工，应经常检查边壁土质稳固情况，发现有裂缝、疏松或支撑走动，要随时采取加固措施，根据土质、沟深、水位、机械设备重量等情况确定堆放材料和施工机械坑边距离，往坑槽运材料应用信号联系。

第九条：调配酸溶液，应先将酸缓慢的注入水中，搅拌均匀，严禁将水倒入酸中。贮存酸液的容器应加盖和设有标志。

第十条：做好女工在月经、怀孕、生育和哺乳期间的保护工作，女工在怀孕期间对原工作不能胜任时，根据医生的证明，应调换轻便工作。

2．机电设备

第十一条：机械操作要束紧袖口，女工发辫要挽入帽内。

第十二条：机械和动力机的机座必须稳固，转动的危险部位要安设防护装置。

第十三条：工作前必须检查机械、仪表、工具等，确认完好方准使用。

第十四条：电气设备和线路必须绝缘良好，电线不得与金属物绑在一起，各种电动机具必须按规定接地接零，并设置单一开关，还有临时停电或停工休息时，必须拉闸加锁。

第十五条：施工机械和电气设备不得带病运行和超负荷作业。发现不正常情况应停机检查，不得在运行中修理。

第十六条：电气、仪表和设备试运转，应严格按照单项安全技术措施运行，运转时不准清洗和修理，严禁将头手伸入机械行程范围内。

第十七条：在架空输电线路下面工作应停电，不能停电时，应有隔离防护措施，起重机不得在架空输电线下面工作，通过架空输电线路应将起重臂落下，在架空输电线路一侧工作时，在任何情况下，起重臂、钢丝绳或重物等与架空输电线路的最近距离应不小于下表规定：

输电线路电压	1kV 以下	1~20kV	35~110kV	150~220kV
允许与输电线路的最近距离(m)	2.5	3	5	7

第十八条：行灯电压不得超过36V，在潮湿场所或金属容器内工作时，行灯电压不得超过12V。

第十九条：受压容器应有安全阀、压力表，并避免曝晒、碰撞，氧气瓶严防沾染油脂；乙炔发生气、液化石油气，必须有防止回火的安全装置。

第二十条:X光或γ射线探伤作业区,非操作人员,不准进入。

第二十一条:从事腐蚀、粉尘、放射性和有毒作业,要有防护措施,并进行定期检查。

3. 高空作业

第二十二条:从事高空作业要定期体检,经医生诊断,凡患高血压、心脏病、贫血病、癫痫病以及其他不适于高空作业的,不得从事高空作业。

第二十三条:高空作业衣着要灵便,禁止穿硬底和带钉易滑的鞋。

第二十四条:高空作业所用材料要堆放平稳,工具应随手放入工具袋内,上下传递物体禁止抛掷。

第二十五条:遇有恶劣气候(如风力在六级以上)影响施工安全时,禁止进行露天高空、起重和打桩作业。

第二十六条:梯子不得缺档,不得垫高使用,梯子横档间距以30cm为宜,使用时上端要扎牢,下端应采取防滑措施,单面梯与地面夹角以60°~70°为宜,禁止二人同时在梯上作业,如需接长使用,应绑扎牢固,人字梯底脚应拉牢,在通道处使用梯子,应有人监护或设置围栏。

第二十七条:没有安全防护措施,禁止在屋架的上弦、支撑、桁条、挑架的挑梁和半固定的构件上行走或作业,高空作业与地面联系,应设通迅装置,并专人负责。

第二十八条:乘人的外用电梯、吊笼,应有可靠的安全装置,除指派的专业人员外,禁止攀登起重臂、绳索和随同运料的吊笼吊装物上下。

4. 季节施工

第二十九条:暴雨台风前后,要检查工地临时设施,脚手架、机电设备、临时线路,发现倾斜、变形、下沉、漏雨、漏电等现象,应及时修理加固,有严重危险的,立即排除。

第三十条:高层建筑、烟囱、水塔的脚手架及易燃、易爆、仓库和塔吊、打桩机等机械应设临时避雷装置,对机电设备的电气开关,要有防雨、防潮设施。

第三十一条:现场道路应加强维护,斜道和脚手板应有防滑措施。

第三十二条:夏季作业应调整作息时间,从事高温工作的场所,应加强通风和降温措施。

第三十三条:冬期施工使用煤炭取暖,应符合防火要求和指定专人负责管理,并有防止一氧化碳中毒的措施。

(三)安全生产六大纪律

1. 进入现场必须戴好安全帽,扣好帽带;并正确使用个人劳动防护用品。

2. 2m以上的高处、悬空作业、无安全设施的,必须戴好安全带、扣好保险钩。

3. 高处作业时,不准往下或向上乱抛材料和工具等物件。

4. 各种电动机械设备必须有可靠有效的安全接地和防雷装置,方能开动使用。

5. 不懂电气和机械的人员,严禁使用和玩弄机电设备。

6. 吊装区域非操作人员严禁入内,吊装机械必须完好,拔杆垂直下方不准站人。

(四)十项安全技术措施

1. 按规定使用安全"三宝"。

2. 机械设备防护装置一定要齐全有效。

3. 塔吊等起重设备必须有限位保险装置,不准"带病"运转,不准超负荷作业,不准在运转中维修保养。

4. 架设电线线路必须符合当地电业局的规定，电气设备必须全部接零、接地。

5. 电动机械和手持电动工具要设置漏电掉闸装置。

6. 脚手架材料及脚手架的搭设必须符合规程要求。

7. 各种缆风绳及其设置必须符合规程要求。

8. 在建工程的楼梯口、电梯口、预留洞口、通道口，必须有防护设施。

9. 严禁赤脚或穿高跟鞋、拖鞋进入施工现场，高空作业不准穿硬底和带钉易滑的鞋靴。

10. 施工现场的悬崖、陡坎等危险地区应设警戒标志，夜间要设红灯示警。

(五)防止违章和事故的十项操作要求

即做到"十不盲目操作"：

1. 新工人未经三级安全教育，复工换岗人员未经安全岗位教育，不盲目操作。

2. 特殊工种人员、机械操作工未经专门安全培训，无有效安全上岗操作证，不盲目操作。

3. 施工环境和作业对象情况不清，施工前无安全措施或作业安全交底不清，不盲目操作。

4. 新技术、新工艺、新设备、新材料、新岗位无安全措施，未进行安全培训教育、交底，不盲目操作。

5. 安全帽和作业所必须的个人防护用品不落实，不盲目操作。

6. 脚手、吊篮、塔吊、井字架、龙门架、外用电梯、起重机械、电焊机、钢筋机械、木工平刨、圆盘锯、搅拌机、打桩机等设施设备和现浇混凝土模板支撑搭设安装后，未经验收合格，不盲目操作。

7. 作业场所安全防护措施不落实，安全隐患不排除，威胁人身和国家财产安全时，不盲目操作。

8. 凡上级或管理干部违章指挥,有冒险作业情况时,不盲目操作。

9. 高处作业、带电作业、禁火区作业、易燃易爆作业、爆破性作业、有中毒或窒息危险的作业和科研实验等其他危险作业的,均应由上级指派,并经安全交底;未经指派批准,未经安全交底和无安全防护措施,不盲目操作。

10. 隐患未排除,有自己伤害自己,自己伤害他人,自己被他人伤害的不安全因素存在时,不盲目操作。

(六)施工现场行走或上下的"十不准"

1. 不准从正在起吊、运吊中的物件下通过。
2. 不准从高处往下跳或奔跑作业。
3. 不准在没有防护的外墙和外壁板等建筑物上行走。
4. 不准站在小推车等不稳定的物体上操作。
5. 不得攀登起重臂、绳索、脚手架、井字架、龙门架和随同运料的吊盘及吊装物上下。
6. 不准进入挂有"禁止出入"或设有危险警示标志的区域、场所。
7. 不准在重要的运输通道或上下行走通道上逗留。
8. 未经允许不准私自进入非本单位作业区域或管理区域,尤其是存有易燃易爆物品的场所。
9. 严禁在无照明设施,无足够采光条件的区域、场所内行走、逗留。
10. 不准无关人员进入施工现场。

(七)防止触电伤害的十项基本安全操作要求

根据安全用电"装得安全、拆得彻底、用得正确、修得及时"的基本要求,为防止触电伤害的操作要求有:

1. 非电工严禁拆接电气线路、插头、插座、电气设备、电灯等。

2.使用电气设备前必须要检查线路、插头、插座、漏电保护装置是否完好。

3.电气线路或机具发生故障时,应找电工处理,非电工不得自行修理或排除故障。

4.使用振捣器等手持电动机械和其他电动机械从事湿作业时,要由电工接好电源,安装上漏电保护器,操作者必须穿戴好绝缘鞋、绝缘手套后再进行作业。

5.搬迁或移动电气设备必须先切断电源。

6.搬运钢筋、钢管及其他金属物时,严禁触碰到电线。

7.禁止在电线上挂晒物料。

8.禁止使用照明器烘烤、取暖,禁止擅自使用电炉和其他电加热器。

9.在架空输电线路附近工作时,应停止输电,不能停电时,应有隔离措施,要保持安全距离,防止触碰。

10.电线必须架空,不得在地面、施工楼面随意乱拖,若必须通过地面、楼面时应有过路保护,物料、车、人不准压踏碾磨电线。

(八)防止车辆伤害的十项基本安全要求

1.未经劳动、公安交通部门培训合格持证人员,不熟悉车辆性能者不得驾驶车辆。

2.应坚持做好例保工作,车辆制动器、嗽叭、转向系统、灯光等影响安全的部件如作用不良不准出车。

3.严禁翻斗车、自卸车车厢乘人,严禁人货混装,车辆载货应不超载、超高、超宽,捆扎应牢固可靠,应防止车内物体失稳跌落伤人。

4.乘坐车辆应坐在安全处,头、手、身不得露出车厢外,要避免车辆启动制动时跌倒。

5. 车辆进出施工现场,在场内掉头、倒车,在狭窄场地行驶时应有专人指挥。

6. 现场行车进场要减速,并做到"四慢,即:道路情况不明要慢,线路不良要慢,起步、会车、停车要慢,在狡路、桥梁弯路、坡路、叉道、行人拥挤地点及出入大门时要慢。

7. 在临近机动车道的作业区和脚手架等设施以及在道路中的路障应加设安全色标、安全标志和防护措施,并要确保夜间有充足的照明。

8. 装卸车作业时,若车辆停在坡道上,应在车轮两侧用楔形木块加以固定。

9. 人员在场内机动车道应避免右侧行走,并做到不平排结队有碍交通;避让车辆时,应不避让于两车交会之中,不站于旁有堆物无法退让的死角。

10. 机动车辆不得牵引无制动装置的车辆,牵引物体时物体上不得有人,人不得进入正在牵引的物与车之间,坡道上牵引时,车和被牵引物下方不得有人作业和停留。

(九)防止高处坠落、物体打击的十项基本安全要求

1. 高处作业人员必须着装整齐,严禁穿硬塑料底等易滑鞋、高跟鞋,工具应随手放入工具袋。

2. 高处作业人员严禁相互打闹,以免失足发生坠落危险。

3. 在进行攀登作业时,攀登用具结构必须牢固可靠,使用必须正确。

4. 各类手持机具使用前应检查,确保安全牢靠。洞口临边作业应防止物件坠落。

5. 施工人员应从规定的通道上下,不得攀爬脚手架、跨越阳台,在非规定通道进行攀登、行走。

6.进行悬空作业时,应有牢靠的立足点并正确系挂安全带;现场应视具体情况配置防护栏网、栏杆或其他安全设施。

7.高处作业时,所有物料应该堆放平稳,不可放置在临边或洞口附近,并不可妨碍通行。

8.高处拆除作业时,对拆卸下的物料、建筑垃圾都要加以清理和及时运走,不得在走道上任意乱置或向下丢弃,保持作业走道畅通。

9.高处作业时,不准往下或向上乱抛材料和工具等物件。

10.各施工作业场所内,凡有坠落可能的任何物料,都应先行撤除或加以固定,拆卸作业要在设有禁区、有人监护的条件下进行。

(十)起重吊装的"十不吊"规定

1.起重臂和吊起的重物下面有人停留或行走不准吊。

2.起重指挥应由技术培训合格的专职人员担任,无指挥或信号不清不准吊。

3.钢筋、型钢、管材等细长和多根物件必须捆扎牢靠,多点起吊。单头"千斤"或捆扎不牢靠不准吊。

4.多孔板、积灰斗、手推翻斗车不用四点吊或大模板外挂板不用卸甲不准吊。预制钢筋混凝土楼板不准双拼吊。

5.吊砌块必须使用安全可靠的砌块夹具,吊砖必须使用砖笼,并堆放整齐。木砖、预埋件等零星物件要用盛器堆放稳妥,叠放不齐不准吊。

6.楼板、大梁等吊物上站人不准吊。

7.埋入地面的板桩、井点管等以及粘连、附着的物件不准吊。

8.多机作业,应保证所吊重物距离不小于3m,在同一轨道上多机作业,无安全措施不准吊。

9. 六级以上强风区不准吊。

10. 斜拉重物或超过机械允许荷载不准吊。

(十一)气割、电焊的"十不烧"规定

1. 焊工必须持证上岗,无特种作业人员安全操作证的人员,不准进行焊、割作业。

2. 凡属一、二、三级动火范围的焊、割作业,未经办理动火审批手续,不准进行焊、割。

3. 焊工不了解焊、割现场周围情况,不得进行焊、割。

4. 焊工不了解焊件内部是否安全时,不得进行焊、割。

5. 各种装过可燃气体、易燃液体和有毒物质的容器,未经彻底清洗,排除危险性之前,不准进行焊、割。

6. 用可燃材料作保温层、冷却层、隔热设备的部位,或火星能飞溅到的地方,在未采取切实可靠的安全措施之前,不准焊、割。

7. 有压力或密闭的管道、容器,不准焊、割。

8. 焊、割部位附近有易燃易爆物品,在未作清理或未采取有效的安全措施之前,不准焊、割。

9. 附近有与明火作业相抵触的工种在作业时,不准焊、割。

10. 与外单位相连的部位,在没有弄清有无险情,或明知存在危险而未采取有效的措施之前,不准焊、割。

(十二)防止机械伤害的"一禁、二必须、三定、四不准"

(1)不懂电器和机械的人员严禁使用和摆弄机电设备。

(2)机电设备应完好,必须有可靠有效的安全防护装置。

(3)机电设备停电、停工休息时必须拉闸关机,按要求上锁。

(4)机电设备应做到定人操作,定人保养、检查。

(5)机电设备应做到定机管理、定期保养。
(6)机电设备应做到定岗位和岗位职责。
(7)机电设备不准带病运转。
(8)机电设备不准超负荷运转。
(9)机电设备不准在运转时维修保养。
(10)机电设备运行时,操作人员不准将头、手、身伸入运转的机械行程范围内。

4.6 施工现场安全急救、应急处理和应急设施

一、现场急救概念和急救步骤

(一)现场急救概念

现场急救,就是应用急救知识和最简单的急救技术进行现场初级救生,最大程度上稳定伤病员的伤、病情,减少并发症,维持伤病员的最基本的生命体征,例如呼吸、脉搏、血压等。现场急救是否及时和正确,关系到伤病员生命和伤害的结果。

现场急救工作,还为下一步全面医疗救治作必要的处理和准备。不少严重工伤和疾病,只有现场先进行正确的急救,及时做好伤病员的转送医院的工作,途中给予必须的监护,并将伤、病情以及现场救治的经过,反映给接诊医生,保持急救的连续性,才可望提高一些危重伤病员的生存率,伤病员才有生命的希望。如果坐等救护车或直接把伤病员送入医院,则会由于浪费了最关键的抢救时间,而使伤病员的生命丧失。

(二)急救步骤

急救是对伤病员提供紧急的监护和救治,给伤病员以最大的生存机会,急救一定要遵循下述四个急救步骤:

(1)调查事故现场,调查时要确保对伤病员或其他人无任何危险,迅速使伤病员脱离危险场所,尤其在工地、工厂大型事故现场,更是如此。

(2)初步检查伤病员,判断其神志、气管、呼吸循环是否有问题,必要时立即进行现场急救和监护,使伤病员保持呼吸道通畅,视情况采取有效的止血、防止休克、包扎伤口、固定、保存好断离的器官或组织、预防感染、止痛等措施。

(3)呼救。应请人去呼叫救护车,并可继续施救,一直要坚持到救护人员或其他施救者到达现场接替为止。此时还应反映伤病员的伤病情况和简单的救治过程。

(4)如果没有发现危及伤病员的体征,可作第二次检查,以免遗漏其他的损伤、骨折和病变。这样有利于现场施行必要的急救和稳定病情,降低并发症和伤残率。

二、施工现场安全应急处理

(一)施工现场的火警火灾急救

1. 火灾急救

施工现场发生火警、火灾事故时,应立即了解起火部位、燃烧的物质等基本情况,拨打"119"向消防部门报警,同时组织撤离和扑救。

在消防部门到达前,对易燃易爆的物质采取正确有效的隔离。如切断电源,撤离火场内的人员和周围易燃易爆物及一切贵重物品,根据火场情况,机动灵活地选择灭火器具。

在扑救现场,应行动统一,如火势扩大,一般扑救不可能时,应及时组织撤退扑救人员,避免不必要的伤亡。

扑灭火情可单独采用、也可同时采用几种灭火方法(冷却法、窒息法、隔离法、化学中断法)进行扑救。灭火的基本原理是破坏燃烧三条件(即可燃物、助燃物、火源)中的任一条件。

在扑救的同时要注意周围情况,防止中毒、坍塌、坠落、触电、物体打击等二次事故的发生。

在灭火后,应保护火灾现场,以便事后调查起火原因。

2. 火灾现场自救注意事项

(1)救火人员应注意自我保护,使用灭火器材救火时应站在上风位置,以防因烈火、浓烟熏烤而受到伤害。

(2)火灾袭来时要迅速疏散逃生,不要贪恋财物。

(3)必须穿越浓烟逃走时,应尽量用浸湿的衣物披裹身体,用湿毛巾或湿布捂住口鼻,或贴近地面爬行。

(4)身上着火时,可就地打滚,或用厚重衣物覆盖压灭火苗。

(5)大火封门无法逃生时,可用浸湿的被褥衣物等堵塞门缝,泼水降温,呼救待援。

3. 烧伤人员现场救治

在出事现场,立即采取急救措施,使伤员尽快与致伤因素脱离接触,以免继续伤害深层组织。

(1)伤员身上燃烧着的衣服一时难以脱下时,可让伤员躺在地上滚动,或用水洒扑灭火焰。切勿奔跑或用手拍打,以免助长火势,防止手的烧伤。如附近有河沟或水池,可让伤员跳入水中。如为肢体烧伤则可把肢体直接浸入冷水中灭火和降温,以保护身体组织免受灼烧的伤害。

(2)用清洁包布覆盖烧伤面做简单包扎,避免创面污染。自己不要随便把水泡弄破,更不要在创面上涂任何有刺激性的液体或不清洁的粉和油剂。因为这样既不能减轻疼痛,相反增加了感染机会,并为下一步创面处理增加了困难。

(3)伤员口渴时可给适量饮水或含盐饮料。

(4)经现场处理后的伤员要迅速转送医院救治,转送过程中要注意观察呼吸、脉搏、血压等的变化。

(二)严重创伤出血伤员的现场救治

创伤性出血现场急救是根据现场现实条件及时地、正确地采取暂时性地止血,清洁包扎,固定和运送等方面的措施。

1. 止血

(1)压迫止血法:先抬高伤肢,然后用消毒纱布或棉垫覆盖在伤口表面,在现场可用清洁的手帕、毛巾或其他棉织品代替,再用绷带或布条加压包扎止血。

(2)指压动脉出血近心端止血法:按出血部位分别采用指压面动脉、颈总动脉、锁骨下动脉、颞动脉、股动脉、胫前后动脉止血法。该方法简便、迅速有效,但不持久。

(3)弹性止血带止血法:当肢体动脉创伤出血时,一般的止血包扎达不到理想的止血效果而采用之。如当肱骨上1/3段或股骨中段严重创伤骨折时,常伴有动脉出血,伤情紧急,这时,就先抬高肢体,使静脉血充分回流,然后在创伤部位的近心端放上弹性止血带,在止血带与皮肤间垫上消毒纱布棉垫,以免扎紧止血带时损伤局部皮肤。止血带必须扎紧,要加压扎紧到切实将该处动脉压闭。同时记录上止血带的具体时间,争取在上止血带后2小时以内尽快将伤员转送到医院救治,若途中时间过长,则应暂时松开止血带数分钟,同时观察伤口出血情况。若伤口出血已停止,可暂勿再扎止血带;若伤口仍继续出血,则再重新扎紧止血带加压止血,但要注意过长时间地使用止血带,肢体会因严重缺血而坏死。

2. 包扎、固定

创伤处用消毒的敷料或清洁的医用纱布覆盖,再用绷带或布条包扎,既可以保护创口预防感染,又可减少出血帮助止血。在肢体骨折时,又可借助绷带包扎夹板来固定受伤部位上下二个关节,减少损伤,减少疼痛,预防休克。

3. 搬运

经现场止血、包扎、固定后的伤员,应尽快正确地搬运转送医院抢救。不正确的搬运,可导致继发性的创伤,加重病痛,甚至威胁生命。搬运伤员要点:

(1)在肢体受伤后局部出现疼痛、肿胀、功能障碍、畸形变化,就提示有骨折存在。宜在止血包扎固定后再搬运,防止骨折断端因搬运振动而移位,加重疼痛,再继发损伤附近的血管神经,使创伤加重。

(2)在搬运严重创伤伴有大出血或已休克的伤员时,要平卧运送伤员,头部可放置冰袋或戴冰帽,路途中要尽量避免振荡。

(3)在搬运高处坠落伤员时,若疑有脊椎受伤可能的,一定要使伤员平卧在硬板上搬运,切忌只抬伤员的两肩与两腿或单肩背运伤员。因为这样会使伤员的躯干过分屈曲或过分伸展,致使已受伤了的脊椎移位,甚至断裂将造成截瘫,导致死亡。

4. 创伤救护的注意事项

(1)护送伤员的人员,应向医生详细介绍受伤经过。如受伤时间、地点,受伤时所受暴力的大小,现场场地情况。凡属高处坠落致伤时还要介绍坠落高度,伤员最先着落的部位或间接击伤的部位,坠落过程中是否有其他阻挡或转折。

(2)高处坠落的伤员,在已确诊有颅骨骨折时,即使当时神志清楚,但若伴有头痛、头晕、恶心、呕吐等症状,仍应劝其留住医院严密观察。因为,从以往事故看,有相当一部分伤者往往忽视这些症状,有的伤者自我感觉较好,但不久就因抢救不及时导致死亡。

(3)在房屋倒塌、土方陷落、交通事故中,在肢体受到严重挤压后，局部软组织因缺血而呈苍白，皮肤温度降低，感觉麻木，肌肉无力。一般在解除肢体压迫后，应马上用弹性绷带绕伤肢，以免发生组织肿胀，还要给以固定少动，以减少和延缓毒性分解产物的释放和吸收。这种情况下的伤肢就不应该抬高，不应该局部按摩，不应该施行热敷，不应该继续活动。

(4)胸部受损的伤员，实际损伤常较胸壁表面所显示的更为严重，有时甚至完全表里分离。例如伤员胸壁皮肤完好无伤痕，但已有肋骨骨折存在，甚至还伴有外伤性气胸和血胸，要高度提高警惕，以免误诊，影响救治。在下胸部受伤时，要想到腹腔内脏受击伤引起内出血的可能。例如左侧常可招致脾脏破裂出血，右侧又可能招致肝脏破裂出血，后背力量致伤可能引起肾脏损伤出血。

(5)人体创伤时，尤其在严重创伤时，常常是多种性质外伤复合存在。例如软组织外伤出血时，可伴有神经、肌腱或骨的损伤。肋骨骨折同时可伴有内脏损伤以致休克等，应提醒医院全面考虑，综合分析诊断。反之，往往会造成误诊、漏诊而错失抢救时机，断送伤员生命，造成终生内疚和遗憾。如有的伤员因年轻力壮，耐受性强，即使遭受严重创伤休克时，也较安静或低声呻吟，并且能正确回答问题，甚至在血压已降到零时，还一直神志清楚而被断送生命。

(6)引起创伤性休克的主要原因是创伤后的剧烈疼痛，失血引起的休克以及软组织坏死后的分解产物被吸收而中毒。处于休克状态的伤员要让其安静、保暖、平卧、少动，并将下肢抬高约20°左右，及时止血、包扎、固定伤肢以减少创伤疼痛，尽快送医院进行抢救治疗。

(三)急性中毒的现场抢救

急性中毒是指在短时间内，人体接触、吸入、食用毒物，大量毒物进入人体后,突然发生的病变,是威胁生命的主要原因。在施工现场如一旦发生中毒事故,应争取尽快确诊,并迅速给予紧急处理。采取积极措施因地制宜、分秒必争地给予妥善的现场处理和及时转送医院,这对提高中毒人员的抢救效率,尤为重要。

1. 急性中毒现场救治原则

(1)不论是轻度还是严重中毒人员,不论是自救还是互救、外来救护工作,均应设法尽快使中毒人员脱离中毒现场、中毒物源,排除吸收的和未吸收的毒物。

(2)根据中毒的途径不同,采取以下相应措施:

1)皮肤污染、体表接触毒物:如在施工现场因接触油漆、涂料、沥清、外掺剂、添加剂、化学制品等有毒物品中毒时,应脱去污染的衣物并用大量的微温水清洗污染的皮肤、头发以及指甲等,对不溶于水的毒物用适宜的溶剂进行清洗。

2)吸入毒物(有毒的气体):如进入下水道、地下管道、地下或密封的仓库、化粪池等密闭不通风的地方施工,或环境中有有毒、有害气体以及焊割作业、乙炔(电石)气中的磷化氢、硫化氢,煤气(一氧化碳)泄漏,二氧化碳过量,油漆、涂料、保温、粘合等施工时,苯气体、铅蒸气等作业产生的有毒有害的气体的吸入造成中毒时,应立即使中毒人员脱离现场,在抢救和救治时应加强通风及吸氧。

3)食入毒物:如误食腐蚀性毒物,河豚鱼、发芽土豆、未熟扁豆等动植物毒素,变质食物、混凝土添加剂中的亚硝酸钠、硫酸钠等和酒精中毒,对一般神志清楚者应设法催吐:喝微温水300~500mL,用压舌板等刺激咽后壁或舌根部以催吐,如此反复,直到吐出物为清亮物体为止。对催吐无效或神智不清者,则可给予洗胃,但由于洗胃有不少适应条件,故一般宜在送医院后进行。

2. 急性中毒急救注意事项

(1)救护人员在将中毒人员脱离中毒现场的急救时,应注意自身的保护,在有毒有害气体发生场所,应视情况,采用加强通风或用湿毛巾等捂着口、鼻,腰系安全绳,并有场外人控制、应急,如有条件的要使用防毒面具。

(2)常见食入性中毒的解救,一般应在医院进行,吸入毒物中毒人员尽可能送往有高压氧舱的医院救治。

(3)在施工现场如已发现心跳、呼吸不规则或停止呼吸、心跳的时间不长,则应把中毒人员移到空气新鲜处,立即施行口对口(口对鼻)呼吸法和体外心脏挤压法进行抢救。

(四)伤病员心跳骤停的急救

在施工现场的伤病员心跳呼吸骤停,即突然意识丧失、脉搏消失、呼吸停止的,在颈部、喉头两侧摸不到大动脉搏动时的急救方法如下:

1. 口对口(口对鼻)人工呼吸法操作方法

(1)伤员取平卧位,冬季要保暖,解开衣领,松开围巾或紧身衣着,解松裤带,以利呼吸时胸廓的自然扩张,可以在伤员的肩背下方垫以软物,使伤员的头部充分后仰,呼吸道尽量畅通,减少气流时的阻力,确保有效通气量。同时也可以防止因舌根陷落而堵塞气流通道,然后将病人嘴巴撬开,用手指清除口腔内的异物。如假牙、分泌物、血块、呕吐物等,使呼吸道畅通。

(2)抢救者跪卧在伤员的一侧,以近其头部的一手紧捏伤员的鼻子(避免漏气),并将手掌外缘压住额部,另一只手托在伤员颈后,将颈部上抬,头部充分后仰,呈鼻孔朝天位,使嘴巴张开准备接受吹气。

(3)急救者先深吸一口气,然后用嘴紧贴伤员的嘴巴大口吹气,一般先连续、快速向伤病员口内吹气四次,同时观察其胸部是否膨胀隆起,以确定吹气是否有效和吹气适度是否恰当。

(4)吹气停止后,急救者头稍侧转,并立即放松捏紧鼻孔的手,让气体从伤员肺部排出。此时应注意胸部复原情况,倾听呼气声,观察有无呼吸道梗阻。

(5)如此反复而有节律地人工呼吸,不可中断,每分钟吹气频率应掌握在12~16次。

(6)注意事项:

1)口对口吹气时的压力需掌握好,刚开始时可略大些,频率也可稍快一些,经10~20次人工吹气后逐步减小吹气压力,只要维持胸部轻度升起即可。对幼儿吹气时,不必捏紧鼻孔,应让其自然漏气,为防止压力过高,急救者仅用颊部力量即可。

2)如遇到牙关紧闭者,则可改用口对鼻吹气,吹气时可改捏紧伤员嘴唇,急救者用嘴紧贴伤员鼻孔吹气,吹气时压力应稍大,时间也应稍长,效果相仿。

3)整个动作要正确,力量要恰当,节律要均匀,不可中断,当伤员出现自主呼吸,方可停止人工呼吸,但仍需严密观察伤员,以防呼吸再次停止。

2.体外心脏挤压法

体外心脏挤压是指通过人工方法,有节律地对心脏挤压,来代替心脏的自然收缩,从而达到维持血液循环的目的,进而求得恢复心脏的自主节律,挽救伤员生命。

体外心脏挤压法简单易学,效果好,不需设备,也不增加创伤,便于推广普及。

操作方法:

(1)使伤员就近仰卧于硬板上或地上,以保证挤压效果。

注意保暖,解开伤员衣领,使头部后仰侧偏。

(2)抢救者站在伤员左侧或跪跨在病人的腰部。

(3)抢救者以一手掌根部置于伤员胸骨下1/3段,即中指对准其颈部凹陷的下缘,当胸一手掌,另一手掌交叉重叠于该手背上,肘关节伸直,依靠体重和臂、肩部肌肉的力量,垂直用力,向脊柱方向冲击性地用力施压胸骨下段,使胸骨下段与其相连的肋骨下陷3~4cm,间接压迫心脏,使心脏内血液搏出。

(4)挤压后突然放松(要注意掌根不能离开胸壁)依靠胸廓的弹性使胸骨复位。此时心脏舒张,大静脉的血液就回流到心脏。

(5)注意事项:

1)操作时定位要准确,用力要垂直适当,要有节奏地反复进行,要注意防止因用力过猛而造成继发性组织器官的损伤或肋骨骨折。

2)挤压频率一般控制在60~80次/min左右,但有时为了提高效果可增加挤压频率到100/次min。

3)抢救时必须同时兼顾心跳和呼吸,即使只有一个人,也必须同时进行口对口人工呼吸和体外心脏挤压,此时可以先吸二口气,再挤压,如此反复交替进行。

4)抢救工作一般需要很长时间,必须耐心地持续进行,任何时刻都不能中止,即使在送往医院途中,也一定要继续进行抢救,边救边送。

5)如果发现伤员嘴唇稍有启合,眼皮活动或有吞咽动作时,应注意伤员是否已有自动心跳和呼吸。

6)如果伤员经抢救后,出现面色好转,口唇转红,瞳孔缩小,大动脉搏动触及,血压上升,自主心跳和呼吸恢复时,才可暂停数秒进行观察。如果停止抢救后,伤员仍不能维持正常的心跳和呼吸,则必须继续进行体外心脏挤压,直到伤员身上出现尸斑或身体僵冷等生物死亡征象时,或接到医生通知伤员已死亡时,方可停止抢救。一般在心肺同时复苏抢救30min后,若心脏自主跳动不恢复,瞳孔仍散大且光反射仍消失,说明伤员已进入组织死亡,可以停止抢救。

(6)心脏胸外挤压的适应症:

体外心脏挤压通常适用于因电击引起的心跳骤停抢救,而且在日常生活中很多情况都可引起心跳骤停,都可使用体外心脏挤压法来进行心脏复苏抢救,如雷击、溺水、呼吸窘迫、窒息、自缢、休克、过敏反应、煤气中毒、麻醉意外、某些药物使用不当、胸腔手术或导管等特殊检查的意外,以及心脏本身的疾病,如心肌梗塞、病毒性心肌炎等引起心跳骤停等。但对高处坠落和交通事故等损伤性挤压伤,因伤员伤势复杂,往往同时伴有多种外伤存在,如肢体骨折,颅脑外伤,胸腹部外伤伴有内脏损伤,内出血,肋骨骨折等。这种情况下心跳停止的伤员就忌用体外心脏挤压。

此外,对于触电同时发生内伤,应分别情况酌情处理,如不危及生命的外伤,可放在急救之后处理,而若伴创伤性出血者,还应进行伤口清理预防感染,并止血,然后将伤口包扎好。

三、施工现场的应急处理设备和设施

(一)应急电话

1. 电话通讯在事故应急处理中的作用意义

随着信息时代的到来,从事任何一项事业通讯保障都是不可缺少的,建筑施工也不例外。从施工所用材料、设备的采购到对外相关部门的联络,都离不开电话等通讯手段;通讯畅通是确保施工顺利的条件。为合理安排施工,事先拨打气象专用电话,了解气候情况拨打电话121或221,掌握近期和中

长期气候,以便采取针对性措施组织施工,既有利于生产又有利于工程的质量和安全。在安全生产方面,通过拨打现场事故的应急处理电话,保持通讯有利于工程的质量和安全。在安全生产方面,通过拨打现场事故的应急处理电话,保持通讯的畅通和正确应用,对事故的及时急救,对控制事故的蔓延和发展都具有很大的作用。工伤事故现场重病人抢救应拨打120救护电话,请医疗单位急救。火警、火灾事故应拨打119火警电话,请消防部门急救。发生抢劫、偷盗、斗殴等情况应拨打报警电话110,向公安部门报警。煤气管道设备急修、自来水报修、供电报修,以及向上级单位汇报情况争取支持,都可以通过电话通讯达到方便快捷的目的。因此在施工过程中保证通讯的畅通,以及正确利用好电话通讯工具,可以为现场事故应急处理发挥很大作用。

2. 保证电话在事故发生时能应用和畅通

工地应安装电话,无条件安装电话的工地应配置移动电话。电话可安装于办公室、值班室、警卫室内。在室外附近张贴119电话的安全提示标志,以使现场人员都了解,在应急时能快捷地找到电话拨打报警求救。电话一般应放在室内临现场通道的窗扇附近,电话机旁应张贴常用紧急急用查询电话和工地主要负责人和上级单位的联络电话,以便在节假日、夜间等情况下使用,房间无人上锁,有紧急情况无法开锁时,可击碎窗玻璃,便可以向有关部门、单位、人员拨打电话报警求救。

3. 电话报救须知

救护电话号码为"120";火警报警电话为"119";拨打电话时要尽量说清楚以下几件事:

(1)说明伤情(病情、火情、案情)和已经采取了些什么措施,以便让救护人员事先做好急救的准备。

(2)讲清楚伤者(事故)发生在什么地方,什么路几号、靠近什么路口、附近有什么特征。

(3)说明报救者单位、姓名(或事故地)的电话或传呼机或传呼电话号码,以便救护车(消防车、警车)找不到所报地方时,随时通过电话通讯联系。基本打完报救电话后,应问接报人员还有什么问题不清楚,如无问题才能挂断电话。通完电话后,应派人在现场外等候接应救护车,同时把救护车进入工地现场的路上障碍及时予以清除,以利救护到达后,能及时进行抢救。

(二)急救箱

1. 急救箱的配备

急救箱的配备应以简单和适用为原则,保证现场急救的基本需要,并可根据不同情况予以增减,定期检查补充,确保随时可供急救使用。

(1)器械敷料类

消毒注射器(或一次性针筒)、静脉输液器、心内注射针头两个、血压计、听诊器、体温计、气管切开用具(包括大、小银制气管套管)、张口器及舌钳、针灸针、止血带、止血钳、(大、小)、剪刀、手术刀、氧气瓶(便携式)及流量计、无菌橡皮手套、无菌敷料、棉球、棉签、三角巾、绷带、胶布、夹板、别针、手电筒(电池)、保险刀、镊子、病史记录、处方。

(2)药物

肾上腺素、异丙基肾上素、阿托品、毒毛旋花子苷水、慢心律、异搏定、硝酸甘油、亚硝酸戊烷、西地兰、氨茶碱、洛贝林回苏灵咖啡因、尼可刹米、安定、异戊巴比妥钠、苯妥英钠、碳酸氢钠、乳酸钠、10%葡萄糖酸钙、维生素、止血敏、安洛血、10%

葡萄糖、25%葡萄糖、生理盐水、氨水、乙醚、酒精、碘酒、0.1%新吉尔灭酊、高锰酸钾等。

2.急救箱使用注意事项

(1)有专人保管,但不要上锁。

(2)定期更换超过消毒期的敷料和过期药品,每次急救后要及时补充。

(3)放置在合适的位置,使现场人员都知道。

(三)其他应急设备和设施

由于在现场经常会出现一些不安全情况,甚至发生事故,或因采光和照明情况不好,在应急处理时就需配备应急照明,如可充电工作灯、电筒、油灯等设备。

由于现场有危险情况,在应急处理时就需有用于危险区域隔离的警戒带、各类安全禁止、警告、指令、提示标志牌。

有时为了安全逃生、救生需要,还必须配置安全带、安全绳、担架等专用应急设备和设施工具。

5 基础工程施工安全技术

5.1 概述

基础工程是工程建设的重要组成部分。随着我国城市建设的规模越来越大,高层和超高层建筑物日益增加。为了满足建筑物本身功能和结构的需要,高层和超高层建筑的基础设计也越来越深,基础施工的难度也越来越大。因此,基础工程已成为影响工程总工期和总造价的重要因素。

随着基础工程施工难度的增大,基础工程施工的安全技术也不断发展,其内容涉及到打桩、基坑支护、降低地下水位、土方开挖、爆破拆除支护结构等。历年来,由于对基础工程施工安全技术的认识不足,引发了多起伤亡事故,并对周围道路、建筑和地下管线形成破坏,造成不必要的经济损失,并影响了工期。因此,本章将讲述基础工程安全施工技术的基本知识。

基坑工程的级别:

1. 符合下列情况之一时,属一级基坑工程:

(1)支护结构作为主体结构的一部分时。

(2)基坑开挖深度大于、等于 10m 时。

(3)距基坑边两倍开挖深度范围内有历史文物、近代优秀建筑、重要管线等需严加保护时。

2. 开挖深度小于 7m,且周围环境无特别要求时,属三级基坑工程。

3. 除一级和三级以外的均属二级基坑工程。

5.2 桩基工程的施工安全技术

软弱地基或高层建筑设计中,多采用桩基,它既能克服地基承载能力不足,又可减小建筑物的沉降量。

桩按施工方法可分为预制桩和灌注桩。预制桩按材料不同可分为钢筋混凝土方桩、预应力管桩、钢管桩等;按贯入的方法又可分为锤击桩、钻孔沉桩、振动沉桩、静力压桩等。灌注桩按材料的不同有砂桩、碎石桩、树根桩和钢筋混凝土灌注桩等;按成孔方法可分为泥浆护壁成孔灌注桩、干作业成孔灌注桩、套管成孔灌注桩和爆扩成孔灌注桩等。

下面介绍几种常用的桩基施工安全技术:

一、锤击沉桩施工安全

1. 锤击沉桩的安全技术措施

(1)开工前必须摸清地基附近的建(构)筑物和地下各种管线的情况,并绘制相应的平、剖面图。

(2)与各种管线的主管单位取得联系,核对管线情况,并成立监护领导小组,确定监测方案和防护方案,加强施工全过程的监测。

(3)设置排水系统,使孔隙水顺利排出地面,减少对打桩的影响。

(4)设置防振沟以减轻对周围环境的破坏,即在被保护目标与打桩工作面之间,挖一定深度和宽度的沟,沟的做法按保护程度不同而不同。

(5)控制打桩速度,即打入一根桩后,待孔隙水压消失一点再打入一根桩,可减少孔隙水压的提高,使土体的挤动减少。

(6)沉桩后地基中形成的孔洞,必须加以封盖。

2. 塔式桩机施工安全

(1)基本要求:

1)进入施工现场必须戴好安全帽,扣好帽带。

2)2m 以上高空作业时,必须系好安全带,不得随意向下抛物。

3)电机和机械设备的操作人员,须持证上岗。

4)桩机、吊机所行驶的道路应平整,倾斜度应小于1%,并要求地面承载力大于 $650kN/m^2$,否则,须经铺石碾压加固处理。

5)桩架等施工机械与现场输电线路之间的距离,应满足施工现场临时用电的规范要求。

(2)桩机施工作业时的要求:

1)吊桩作业时,龙门前(即下风)严禁站人。

2)在吊桩、套"送桩"、跑架子时,桩锤要保险好。

3)吊桩"千斤"中发现一个节距内有 10 丝以上已断时,应及时调换,不得继续使用。

4)桩架安装完毕,桩锤进档后,要先试车,以检查锤的各个部件工作是否正常。

5)高处作业人员严禁搭乘桩锤上下。

6)34m 以上桩架要常备 2 根三股钢丝绳,每逢节假日及台风季节,应妥善拉扣好。

7)在桩锤上升和下降时,操作人员手脚严禁放在"龙门"档内,防止轧伤。

8)当使用蒸汽桩锤时,蒸汽管道应用草绳包扎好,防止烫伤。

9)施工时要注意清除粘贴在桩身上的砂浆块或混凝土块,并清除桩帽和送桩杆内嵌夹的混凝土块,以防沉桩时坠落伤人。

10)冬期施工时,应注意将高处脚手架、扶梯、角铁上的霜、雪、冰清除,方可作业。

11)6级以上大风时,必须停止打桩作业,并将桩锤下降到最低位置。

12)夜间施工时,要配备足够的照明。

(3)运桩作业时的要求:

1)运桩道路应平直、少弯曲,坡度应在1%以内。

2)吊机起吊受荷时,避免吊臂升降。

3)用吊车吊桩时,吊臂的旋转范围内无人也无障碍;起吊时应平稳进行,放置桩身时,应低速轻放。

4)用铁轨小平车运桩时,不得搭车乘人,跟车人员应远离小车2m之外,以防桩身翻落伤人。小车到位后,应用木楔将车轮嵌住,以防小车滑移。

3. 履带式桩机施工安全

(1)基本要求:

同塔式桩机施工作业要求。

(2)桩机械工作时的要求:

1)施工作业时,必须铺垫厚钢板,钢板铺设的间距应不大于300mm。沉桩作业位置移动时,由桩机自身动力将钢板吊移铺设,操作人员同驾驶员应密切配合,严防手脚被压。

2)沉桩作业时,导杆必须垂直,严防导杆前倾而失稳。

3)桩机吊桩的距离不可大于2m,否则应将桩移到导杆前再起吊,吊点位置应遵照规定设置,并严禁操作人员进入桩身里档。

4)应经常对桩锤的紧固件、锤体、桩帽、千斤、提升装置(起落架)进行检查与保养。

5)吊出"送桩"时,严防偏心受力。

(3)运桩作业时的要求:

同塔式桩机施工中的运桩作业要求。

二、静力压桩施工安全

1. 基本要求

同塔式桩机施工中的基本要求。

2. 压桩施工作业时的要求

(1)吊桩时应有溜缆配合,避免碰撞。

(2)高空作业人员严禁搭乘压梁上下。

(3)绕氅头或围绳的操作人员须戴帆布手套,严禁用纱手套,并且手应离开氅头或围桩 60cm 以上,防止轧伤。

(4)钢丝绳如有绞绕,必须将钢丝绳放直后,才可进行工作。

(5)绕氅头或围绳时,如发现克索,应立即通知停车,解开克索后才能继续作业,严禁停车前用手直接去拉钢丝绳。

三、灌注桩施工安全

1. 一般安全要求

(1)现场场地应平整、坚实,松软地段应铺垫碾压。

(2)进入施工现场应戴好安全帽,登高作业时应系好安全带。

(3)成孔机电设备应有专人负责管理,凡上岗者均应持操作合格证。

(4)电器设备要设漏电开关,并保证接地有效可靠,机械传动部位防护罩应齐全完好。

(5)登高检修与保养的操作人员,必须穿软底鞋,并将鞋底淤泥清除干净。

2．灌注桩施工安全

(1)冲击成孔作业的落锤区应严加管理,任何人不得进入。

(2)主钢丝绳要经常检查,三股中发现断丝数大于10丝时,应及时更换。

(3)使用伸缩钻杆作业时,要经常检查限位结构,严防脱落伤人或落入孔洞中;检查时应避免用手指伸入探摸,严防轧伤。

(4)钻杆与钻头的连接应经常检查,防止松动脱落伤人。

(5)使用取土筒钻孔作业时,要注意卸土作业方向,操作人员应站在上风,防止卸土时底盖伤人。

(6)钻孔后,应在孔口加盖板封挡,以免人或工具掉入孔中。

(7)采用泥浆护壁时,应及时清扫地上的浆液,做好防滑措施。

(8)吊置钢笼时,要合理选择捆绑吊点,并应拉好尾绳,保证平稳起吊,准确入孔,严防伤人。

5.3 基坑支护的安全技术

近年来,由于高层建筑和超高层建筑的大量涌现,深基坑工程也随之增多、增深。由于深基坑工程的施工技术未能及时引起足够的重视,造成了不少重大事故:如有的工程桩被挤压严重位移,处理这些工程桩花费了巨大的财力和物力,并延误了工期;有的使周围建筑物沉降开裂,影响居民正常生活;有的使周围道路塌陷,地下管线裂断,影响正常的供水、供电、供气,造成严重的经济损失和社会危害;有的造成大面积基坑坍塌,多人伤亡。

一、事故的几种类型

(1)水泥土围护结构失稳,造成工程桩被挤压位移等事故。

(2)支撑强度不足,施工质量又差,造成支撑折断,围护体整体失稳。

(3)挡土结构强度不足,产生严重裂缝,工程出现险情。

(4)挡土结构严重位移,造成坑外地表严重下陷,影响周围建筑物、道路及管线安全。

(5)因设计不合理,施工时卸载太快又没有及时支撑,造成围护结构整体失稳。

(6)由于隔水帷幕选用不当,或围护结构质量不能得到保证,造成围护结构漏水,并出现严重流砂现象,使周围建筑物、道路产生裂缝,管线断裂。

二、基坑工程的设计要求

1. 基坑工程设计应具备的资料

(1)岩土工程勘察报告。

(2)邻近建筑物和地下设施的类型、分布情况和结构质量的检测资料。

(3)用地界线及红线范围图、场地周围地下管线图、建筑总平面图、地下结构平面和剖面图。

2. 基坑工程设计的基本原则

(1)安全可靠。支护结构设计必须使强度、变形、整体稳定和其他需要验算的项目符合有关规范的要求,以确保基坑自身安全及周围建(构)筑物、道路和管线的安全。

(2)方便施工。支护结构设计的目的是为基础工程施工作业创造良好的作业环境,当然应在满足安全的前提下,尽量方便施工。

(3)经济合理。当前深基础工程支护结构及其辅助措施费占工程总造价的比例较大,而它又毕竟是临时性的技术措施,在很短时间内就要拆除,因此过分的可靠就没有必要,在满足阶段性的安全前提下,应尽量考虑经济的合理性。

3. 基坑工程设计的主要内容

(1)支护结构的方案比较和选型。

(2)支护结构的强度与变形计算。

(3)基坑内外土体的稳定性验算。

(4)围护墙的抗渗验算。

(5)提出降水要求,进行降水方案设计。

(6)确定挖土工况,进行土方施工方案设计。

(7)提出监测要求,进行监测方案设计。

(8)基坑工程支护结构的计算可按《基坑工程设计规程》(DBJ08—61—97)有关章节进行。

三、基坑工程支护体系的几种形式

1. 水泥土围护体系

水泥土围护体系是用搅拌机械将水泥和土强行搅拌,形成以一定方式连续搭接的水泥土围护墙所构成的防水挡土体系。目前最常用的是水泥土搅拌桩以格构形式组成的挡墙(图5-1)。它既能挡土,也能隔水,且施工方便,无噪声无振动,对周围环境影响相对较小,

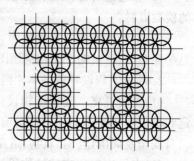

图5-1 格构式水泥土围护墙

同时能创造较好的土方开挖作业空间。此种形式一般用于基坑开挖深度7m以内的工程。若周围环境较好,对围护体变形或位移要求不敏感的地方,经采取一些特殊措施后,也有用于9m左右开挖深度的基坑做围护。

2. 板式支护体系

板式支护体系是由桩排式围护墙或板墙式围护墙支撑体系、防渗结构所构成的防水挡土体系。

(1)板式支护体系的常用形式:

1)板式支护体系由围护墙结构、支撑与围檩体系,以及防渗与止水结构等组成。板式围护墙支护结构的常用形式有板桩墙支护结构、钻孔灌注桩围护墙支护结构、SMW工法围护墙支护结构和地下连续墙做围护墙支护结构。

2)桩排式围护墙连续排桩的常用桩型有钻孔灌注桩、钢板桩、钢筋混凝土板桩,以及SMW工法围护墙等结构形式。板墙式围护墙的常用结构有现浇和预制钢筋混凝土地下连续墙结构。

(2)板桩墙支护结构:常用的板桩形式有等截面U形(图5-2)、H型钢板桩,矩形截面的钢筋混凝土板桩(图5-3)和型钢组合板桩(图5-4)等。

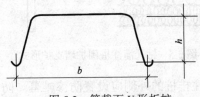

图 5-2 等截面 U 形板桩

(3)钻孔灌注桩围护墙支护结构:

1)钻孔灌注桩排桩一般与防渗帷幕结合组成隔水挡土结

构,坑内设支撑形成支护结构(图5-5)。

2)钻孔灌注排桩墙的单桩纵向受力钢筋宜沿截面均匀对称布置,按受力大小沿深度分段配置。钢筋笼的箍筋宜采用直径6~8mm的螺旋箍筋,间距200~300mm,加强箍应焊接封闭,间距宜取2.0m,直径12~14mm。

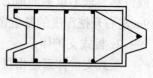

图5-3 矩形截面板桩

3)钻孔灌注排桩的混凝土设计强度等级不应小于C20,主筋混凝土保护层厚度不宜小于50mm。

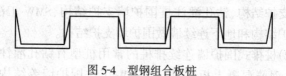

图5-4 型钢组合板桩

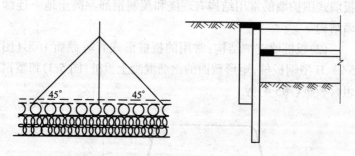

图5-5 钻孔灌注桩围护墙支护形式

4)钻孔灌注排桩的外侧应设置防渗帷幕。防渗帷幕应贴近围护桩,其净距离不宜大于150mm。防渗帷幕的深度按坑底垂直抗渗流稳定性验算确定,其底部宜进入不透水土层。

5)灌注桩外侧的防渗帷幕宜采用连续搭接的水泥土搅拌

桩,其搭接长度不宜小于200mm。防渗帷幕厚度根据基坑开挖深度、土层条件、环境保护要求等综合考虑确定,顶部宜设置厚度不小于150mm的混凝土面层,并与桩顶圈梁整浇成一体。当土层渗透性大或环境保护要求较严时,宜在搅拌桩与灌注桩之间注浆,浅部地层有较厚的砂土或粉性土等,可采用灌注桩套打在搅拌桩里的措施,提高成桩质量和防渗性能。

6)钻孔灌注排桩的桩顶宜设置钢筋混凝土圈梁并兼作支撑围檩。桩内主筋锚入圈梁长度由计算确定。

(4)SMW工法围护墙支护结构:

SMW工法是在水泥土搅拌桩施工后水泥尚未结硬前,插入H型钢或其他形式的型钢,作为应力加强材,直至水泥硬化,共同工作。它利用水泥土搅拌桩形成的挡墙本身具有良好的抗渗性、刚度,与高强度材料相结合,形成能承受较大的土压力和水压力的围护墙(图5-6)。它具有对周围环境影响较小,止水性好,工期较短,无须泥浆处理等优点。

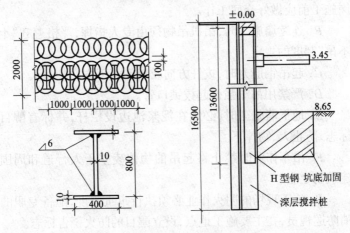

图5-6 SMW工法围护墙支护结构

(5)地下连续墙做围护墙的支护结构：

1)地下连续墙做围护墙，内设支撑体系所形成的支护结构是常见的一种基坑支护形式。

2)地下连续墙单元槽段的平面形状，有一字形、L型、T型以及多边形等。单元槽段的平面形状和成槽长度，根据墙段的结构受力特性、槽壁稳定性、环境条件和施工条件等因素，由计算确定。现浇钢筋混凝土一字形槽段的成槽长度通常为6~8m。

3)现浇钢筋混凝土的常用墙厚为600~800mm，预制钢筋混凝土的墙厚不宜大于500mm。

4)地下连续墙围护结构的墙顶通常设置钢筋混凝土顶圈梁，围檩可采用钢筋混凝土或型钢结构。顶圈梁和围檩必须与地下连续墙可靠固定。

5)地下连续墙施工作业的安全要求：

A.各工种必须严格遵守本工种的安全操作规程，每日上岗施工前应做好交底工作。

B.连续墙施工时，吊机吊物须由专人指挥，严格遵守"十不吊"制度的规定。

C.起吊钢筋笼时，拔杆方向及钢筋笼下方严禁站人。

D.严禁用吊车强行起拔锁口管。

E.地下墙施工时，必须在泥浆池边设栏杆，并标有醒目标志，防止人、物掉下。

F.吊车作业时禁止将起吊的物体凌空于人行道和周围建筑物上空。

G.施工现场的明火作业必须执行审批制度，配备专职的消防巡视员，在主要施工地点，设立醒目的防火警告标志。

3.多层地下室结构逆作法基坑支护

(1)多层地下室结构施工时,利用地下连续墙作基坑的围护墙,围护墙与主体地下室结构的外墙相结合,并利用主体地下室结构的梁板作为围护结构的内支撑,主体地下室结构采用逆作法施工(图5-7)。

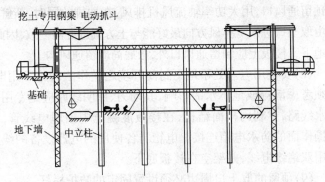

图5-7 多层地下室结构逆作法基坑支护

(2)逆作法施工应严格按照设计要求,编制详细的施工组织设计,作为围护墙支撑与围檩体系的地下主体结构的内墙和楼层梁板,应待混凝土达到设计强度后,才能进行其下部的土方开挖。

(3)施工程序和施工工况应与设计工况相一致。土方开挖应严格按照均匀、分层的原则进行,严禁超挖。当与地面主体结构平行施工时,应均衡协调,主体结构与立柱的受力和沉降应符合设计要求。

(4)按设计要求合理确定土方开挖和运输方式。当采用机械下坑开挖时,严禁机械碰撞立柱。当设置临时施工栈桥和平台时,应进行专门的设计。

(5)混凝土向下逆作施工构件的底模,应具有足够的强度和刚度,防止构件施工时的变形和裂缝。

(6)施工期间使用的竖向支撑立柱,应在主体地下结构形成整体,待地下主体结构的受力符合设计要求后才能拆除。

(7)地下作业环境的处理。逆作法施工是在封闭的环境中进行,挖土后所产生的空间的空气不流通,同时有可能出现有害气体,因此必须采取有效的通风措施。在各层地下室楼板上预留通风口,用大功率轴流风机排风,在抽排的同时,新鲜空气由取土口进入。排风方向最好能与土方掘进方向一致,因此,除地下室楼板上应预留通风口外,板底尚应留通风沟。

(8)安全用电。处于地下封闭环境之逆作法的施工用电,必须考虑潮湿或地下水的影响,其动力、照明线路应是专用的防水线路,并利用楼面结构,在楼板混凝土中预埋电线管,再与操作面的防水电箱连接。电箱与各使用的电器设备的线路采用双绝缘电线,并架空在楼板底下。

(9)预留的取土口周边必须设置固定的防护栏杆。

4. 结构中心岛法基坑支护

结构中心岛法是在施工完围护墙后,采用盆式挖土和留置反压土,使围护墙在自立(悬臂状态)的状况下保持稳定,为中心岛部分的土方开挖和结构施工创造条件,待中心岛结构完成后,再利用中心岛结构作为传力体(或作支承点),用某种形式的传力结构将围护墙所受的土压力、水压力传递到对边围护墙上(或传递到中心岛结构上),最后采用正筑法或半逆作法施工完其余部分(非中心岛结构)的基础结构(图5-8)。

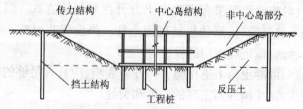

图5-8 中心岛法基坑支护

(1)中心岛法中的围护墙宜采用地下连续墙。当选用地下连续墙做围护墙时,宜与主体地下结构的外墙合二为一考虑。此时中心岛法基坑支护设计应与主体工程设计密切配合。

(2)中心岛结构范围的确定应符合以下要求:

1)中心岛结构是主体地下结构中的一部分。先行施工完毕的这部分结构必须能临时独立存在,又不影响它在原主体地下结构设计中的受力状态。

2)留设的施工缝必须符合规范要求和设计要求,并且要采取必要的保证质量措施,确保以后地下主体结构的整体性。对有防水要求的部位,其施工缝处必须采取可靠的止水措施,通常设置1~2道止水带。

3)保证反压土边坡有足够的范围。

(3)中心岛部分的土方开挖必须待围护墙的强度达到设计要求后才能进行。

(4)中心岛法施工的安全措施:

1)基坑周边必须设置固定的防护栏杆。

2)基坑内必须合理设置上下行人扶梯,扶梯结构宜尽可能采用平稳的踏步式。

3)基坑内照明必须使用36V以下安全电压,线路必须有组织架设,不得使用老化的或接头多的旧电线。

4)中心岛结构与坑外地面间须设置可靠的过人栈桥。

5.4 降低地下水位

降低地下水位是基坑工程施工技术中一项非常重要的技术措施。降低地下水位的目的:一是为了疏干坑内土体,改善土方施工条件;二是可固结基坑底土体,有利于提高支护结构的安全度。根据施工及测试结果表明,降水效果好的基坑,其土的黏聚力 c 和内摩擦角 φ 值可提高 25%～30%左右。

一、基坑降水的一般原则

(1)黏性土地基中,基坑开挖深度小于 3m 时,可采用重力排水,开挖深度超过 3m 时,宜采用井点降水。

(2)砂性土地基中,基坑开挖深度超过 2.5m,宜采用井点降水。

(3)降水深度超过 6m 时,宜采用多级轻型井点或喷射井点降水,也可采用深井井点降水,或在深井井点中加设真空泵的综合降水方法。

(4)放坡开挖或无隔水帷幕围护的基坑,降水井点宜设置在基坑外,有隔水帷幕围护的基坑,降水井点宜设置在基坑内。降水深度应不大于隔水帷幕的设置深度。

(5)基坑内降水,其降水深度应在基坑底以下 0.5～1.0m 之间,且宜设置在透水性较好的土层中。

(6)井点降水应确保砂滤层施工质量,以保证抽水效果,且做到出水常清。

(7)坑外降水,为减少井点降水对周围环境的影响,可在降水管与受保护对象之间设置回灌井点或回灌砂井、砂沟。

二、主要降水方法

1. 真空井点❶ 降水

真空井点是将直径较细的井点管沉入坑底的蓄水层内,井点管上部与总管连接,通过总管利用抽水设备的工作所产生的真空作用,将地下水从井点管内不断抽水,使原有的地下水位降低到坑底以下。真空井点降水深度一般可达 7m

---

❶ 即轻型井点。

(图5-9)。

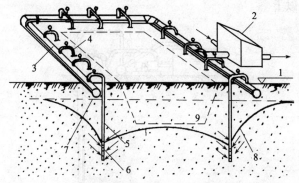

图5-9 真空井点降低地下水位全貌
1—地面；2—水泵房；3—总管；4—弯联管；5—井点管；
6—滤管；7—原有地下水位线；8—降低后地下水位线；9—基坑

常用真空井点的成孔孔径应根据土质条件和成孔深度确定，孔径常用$\phi 250 \sim 300$mm，间距$1.2 \sim 2.0$m。冲孔深度应超过滤管管底0.5m。

2.喷射井点降水

喷射井点由喷射井管、高压水泵和管线系统组成，其降水深度一般为$8 \sim 20$m(图5-10)。

3.深井井点降水

深井井点若利用真空原理，综合形成真空深井井点，则其降水效果更佳。自控真空深井井点就是当深井打设安装完毕后，由改造后的真空泵对全封闭的管井井点施加真空，以加快孔内透水速度。当水位达到设定的水位控制电极处时，水泵自动开泵抽水，直至水位落到原处，水泵自停，如此反复，以达到降水的目的。

深井井点的降水深度大于10m。

深井井点的间距为 14～18m,深井泵吸水口宜高于井底 1.0m 以上。

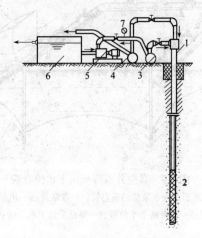

图 5-10 喷射井点降水全貌
1—喷射井管;2—滤管;
3—进水总管;4—排水总管;
5—高压水泵;6—集水池;7—压力表

三、降水过程中应注意的问题

(1)土方开挖前,必须保证一定的预抽水时间,一般真空井点不少于 7～10d,喷射井点或真空深井井点不少于 20d。

(2)井点降水设备的排水口应与坑边保持一定距离,防止排出的水回渗入坑内。

(3)降水过程必须与坑外水位观测密切配合,注意可能由于隔水帷幕渗漏在降水时影响周围环境。

(4)坑外降水,为减少井点降水对周围环境的影响,应采取在降水管与受保护对象之间设置回灌井点或回灌砂井、砂沟等措施。

(5)拔除井点管后的孔洞,应立即用砂土(或其他代用材料)填实。对于穿过不透水层进入承压含水层的井管,拔除后应用黏土球填衬封死,杜绝井管位置发生管涌。

5.5 基坑工程土方开挖

基坑土方开挖是基础工程中的重要分项工程,也是基坑工程设计的主要内容之一。当有支护结构时,一般情况下,支护结构设计先行完成,而对土方开挖方案提出一些限制条件。也有些情况,土方开挖方案会影响支护结构设计的工况,是支护结构设计应考虑的条件。但无论何种情况,一旦支护结构设计确定并已施工,土方开挖必须符合支护结构设计的工况要求。

1. 放坡开挖

(1)开挖深度不超过4.0m的基坑,当场地条件允许,并经验算能保证土坡稳定性时,可采用放坡开挖。

(2)开挖深度超过4.0m的基坑,有条件采用放坡开挖时,宜设置多级平台分层开挖,每级平台的宽度不宜小于1.5m。

(3)放坡开挖的基坑尚应符合下列要求:

1)坡顶或坑边不宜堆土或堆载,遇有不可避免的附加荷载时,稳定性验算应计入附加荷载的影响。

2)基坑边坡必须经过验算,保证边坡稳定。

3)土方开挖应在降水达到要求后,采用分层开挖的方法施工,分层厚度不宜超过2.5m。

4)土质较差且施工期较长的基坑,边坡宜采用钢丝网水泥或其他材料进行护坡。

5)放坡开挖应采取有效措施降低坑内水位和排除地表

水,严禁地表水或基坑排出的水倒流回渗入基坑。

2. 有支护结构的基坑开挖

(1)土方开挖的顺序、方法必须与设计工况相一致,并遵循"开槽支撑、先撑后挖、分层开挖、严禁超挖"的原则。

(2)除设计允许外,挖土机械和车辆不得直接在支撑上行走操作。

(3)采用机械挖土方式时,严禁挖土机械碰撞支撑、立柱、井点管、围护墙和工程桩。

(4)应尽量缩短基坑无支撑暴露时间。对一、二级基坑,每一工况下挖至设计标高后,钢支撑的安装周期不宜超过一昼夜,钢筋混凝土支撑的完成时间不宜超过两昼夜。

(5)采用机械挖土,坑底应保留200~300mm厚基土,用人工挖除整平,并防止坑底土体扰动。

(6)对面积较大的一级基坑,土方宜采用分块、分区对称开挖和分区安装支撑的施工方法,土方挖至设计标高后,立即浇筑垫层。

(7)基坑中有局部加深的电梯井、水池等,土方开挖前应对其边坡作必要的加固处理。

3. 基坑开挖的安全措施

(1)在施工组织设计中,要有单项土方工程施工方案,对施工准备、开挖方法、放坡、排水、边坡支护应根据有关规范要求进行设计,边坡支护要有设计计算书。

(2)人工挖基坑时,操作人员之间要保持安全距离,一般大于2.5m;多台机械开挖,挖土机间距应大于10m,挖土要自上而下,逐层进行,严禁先挖坡脚的危险作业。

(3)挖土方前对周围环境要认真检查,不能在危险岩石或建筑物下面进行作业。

(4)深基坑四周设防护栏杆,人员上下要有专用爬梯。

(5)运土道路的坡度、转弯半径要符合有关安全规定。

(6)施工机械进场前必须经过验收,合格后方能使用。

(7)机械挖土,应严格控制开挖面坡度和分层厚度,防止边坡和挖土机下的土体滑动。挖土机作业半径内不得有人进入。司机必须持证作业。

(8)弃土应及时运出,如需要临时堆土,或留作回填土,堆土坡脚至坑边距离应按挖坑深度、边坡坡度和土的类别确定,在边坡支护设计时应考虑堆土附加的侧压力。

(9)为防止基坑底的土被扰动,基坑挖好后要尽量减少暴露时间,及时进行下一道工序的施工。如不能立即进行下一道工序,要预留15~30cm厚覆盖土层,待基础施工时再挖去。

5.6 基础施工的其他安全问题

1. 基坑周边的安全

基坑周边安全除支护结构设计时应充分考虑外,施工中也要特别注意。尤其是工程处于闹市中心的较多,且房地产开发商追求较高的效益,尽量利用建设基地开发地下空间,使基坑周边留给施工用的空地较少,建筑材料(如钢筋等)的进场堆放非常困难,这时更要特别注意基坑周边的堆载,千万不能超过基坑工程设计时所考虑的允许附加荷载,大型机械设备若要行至坑边或停放在坑边,必须征得基坑工程设计者的同意,否则是不允许的。

深度超过2m的基坑周边还应设置不低于1.2m高的固定防护栏杆。

2. 行人支撑上的护栏

由于工程建设规模越来越大，基坑面积也越来越大。为图方便，不少操作者或行人往往在支撑上行走。若支撑上无任何措施，容易发生事故。因此，应合理选择部分支撑，采取一定的防护措施，作为坑内架空便道。其他支撑上一律不得行人，并采取措施将其封堵。

3. 基坑内扶梯的合理设置

为方便施工，保证施工人员的安全，有利于特殊情况下采取应急措施，基坑内必须合理设置上、下行人扶梯或其他形式的通道，其平面应考虑不同位置的作业人员上下方便。扶梯结构应尽可能是平稳的踏步式，这种形式有利于作业人员随身携带工具或少量材料。

4. 大体积混凝土施工措施中的防火安全

由于高层或超高层建筑基础底板厚度多数大于1.0m，使基础底板多属于大体积混凝土施工。为避免大体积混凝土产生温差裂缝，在所采取的技术措施中，有一项措施就是用蓄热法来使混凝土表面与中心的温差控制在25°C范围内，也就是通常采用的混凝土表面先铺盖一层塑料薄膜，再覆盖2~3层干草包。因此，要特别注意对大面积干草包的防火工作，不得用碘钨灯烘烤混凝土表面，同时周围严禁烟火，并配备一定数量的灭火器材。

5. 钢筋混凝土支撑爆破时的安全措施

在基坑工程支护结构设计中，不少设计采用钢筋混凝土支撑。钢筋混凝土支撑固然有它的不少优越性，但它的最大缺点是形成有效受力体系速度较慢及拆除时费时费工。因而不少工程的钢筋混凝土支撑采用爆破的方法拆除。钢筋混凝土支撑的爆破施工必须由取得消防主管部门批准的资质的企业承担，其爆破拆除方案必须经消防主管部门的审批。爆破

施工除按有关规范执行外,施工现场必须采取一定的防护措施,这些措施主要有:

(1)支撑量大时,要合理分块分批施爆,以减少一次爆破时使用的药量,减小噪声和振动。

(2)在所要爆破的支撑范围内搭设防护棚。

(3)在所要爆破的支撑三面覆盖几层湿草包或湿麻袋。

(4)必要时在基坑周边搭设防护挡板。

(5)选择适当的爆破时间,减轻其噪声对周围居民或过往行人的影响。

6 施工现场临时用电安全

6.1 电工常识

一、电路基础

(一)直流电路

1. 基本概念

(1)电荷：

指组成物质的带电粒子，它分为正、负电荷两种。同性电荷相斥，异性电荷相吸。带有同性电荷的物体称为带电体。

(2)电场：

带电体周围具有特殊性质的空间称为电场。当一个物体带有电荷时，它就具有一定的电位，通常把大地的电位当作零电位。

(3)电压：

任何两个带电体之间(或电场中某两点之间)所具有的电位差，就叫该两带电体(或电场中某两点)之间的电压。电位差越大，电压越高。

电压用字母 U 表示，它的单位是伏特(V)、千伏(kV)、毫伏(mV)等，电压的方向由高电位指向低电位，或说从正极(+极)指向负极(-极)。

(4)电源：

把化学能或机械能等其他形态的能量转换为电能的设备

叫电源,如干电池、蓄电池等。

电源内部的分离电荷,使其两端分别聚集正电荷和负电荷,维护电位差,不断向外供电的能力叫电动势,用字母 E 表示,单位也是伏特(V),它总是针对电源的内部而言。规定电流流出的哪一端为正极,反之为负极,E 的方向规定在电源内部从负极指向正极。

(5)负载:

将电能转换为其他形式能量的装置,如电灯、电动机等。

(6)电阻:

电流在物体中流动时遇到的阻力称电阻。常用 R 表示,它的单位是欧姆(Ω)、千欧($k\Omega$)、兆欧($M\Omega$)等。

(7)导体、半导体和绝缘体:

能很好传导电流的物体叫导体,例如铜、铝、铁等一般金属,此外溶有盐类的水也可以导电。导体的电阻大小与其长度成正比,与其横截面成反比,并与导体的材料导电性能有关。

基本上不能传导电流的物体为绝缘体,常见的有橡胶、陶瓷、玻璃、棉纱、塑料及干燥的木材、空气等。

半导体的特性介于导体和绝缘体之间,常见的有硅、锗、氧化铜等。

三者之间没有绝对界限,在一定条件下才具上述性能。如果条件改变,其性能可能转化。特别是湿度、温度等外界条件和自然老化会使绝缘体的绝缘性能大大降低。

(8)电路:

电荷流动经过的路径称为电路。

最基本的电路由电源、导线、负载和控制器组成,如图6-1所示。

控制器在电路中起开断的控制作用,导线把电流输送给负载,电源内部叫内电路,外部叫外电路。

一般电路可能具有通路、断路和短路三种工作状态。短路是由于某种原因使电源的正负极直接接通的情况,可能会引起火灾、烧毁电器设备、人员触电等事故,为此通常在电路中需串联熔断器做为保护装置。

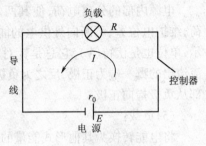

图6-1 最基本的电路

(9)电流:

导体中电荷的定向移动形成电流,通常用 I 表示。规定正电荷的移动方向为电流方向。电流的强弱以单位时间内通过导体横截面的电量(电荷的数量)来计算,其单位为安培(A)。

(10)电功:

电流所做的功叫电功,用 W 表示。电流通过负载时,负载把电能转变为光能、热能和机械能等。电能的单位是焦耳(J),千瓦·小时(kW·h)等,千瓦·小时也称度,1kW·h = 3.6MJ。

电能的计算公式为: $W = UIt$。这里 W 为电功,单位:焦(J);U 为电压,单位:伏特(V);I 为电流,单位:安培(A);t 为时间,单位:小时(h)。

(11)电功率:

电源在单位时间内对负载做的功称为电功率,用 P 表示。电功率的单位是瓦特(W)、千瓦(kW)、毫瓦(mW)等。

电功率的计算公式为 $P = UI$。

2. 欧姆定律

欧姆定律反映了电路中电压、电流和电阻之间的关系,是电路最基本的定律。

(1)一段线路的欧姆定律:

设一个电阻 R 上的端电压降(简称电压)为 U,其中流过的电流为 I,则各量之间的关系为:

$$U = IR \text{ 或 } I = \frac{U}{R}。$$

(2)全电路欧姆定律:

对于全电路,即既包括外电路,又包括内电路的闭合回路,设电源电动势为 E,内电阻为 r_0、外电阻为 R,则:

$$I = \frac{E}{R + r_0}$$

3.电阻(负载)的串并联

(1)电阻的串联电路:

图 6-2,n 个电阻依次首尾相接,称为串联。

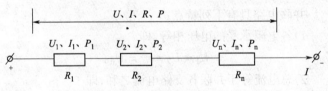

图 6-2 电阻的串联

串联电路具有下列特点:

1)电路中电流强度处处相等,即

$$I = I_1 = I_2 = \cdots = I_n。$$

2)总电压等于各电阻电压的代数和,即

$$U = U_1 + U_2 + \cdots + U_n。$$

3)各电阻分得的电压与其电阻值成正比,即

$$U_1 : U_2 : \cdots : U_n = R_1 : R_2 : \cdots : R_n。$$

4)总电阻(等效电阻)等于各电阻的代数和,即

$$R = R_1 + R_2 + \cdots + R_n。$$

5)总消耗功率等于各电阻消耗功率之和,即
$$P = P_1 + P_2 + \cdots + P_n。$$
(2)电阻的并联电路:

图6-3,n个电阻分别连接在两个公共的节点之间,称并联。

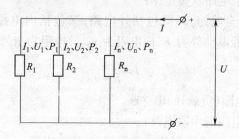

图6-3 电阻的并联

并联电路具有下列特点:

1)各电阻承受的电压相等,即
$$U_1 = U_2 = \cdots = U_n。$$

2)总电流等于并联各支路电流之和,即
$$I = I_1 + I_2 + \cdots + I_n。$$

3)各支路分得的电流与支路电阻的倒数成正比,即
$$I_1 : I_2 : \cdots : I_n = \frac{1}{R_1} : \frac{1}{R_2} : \cdots : \frac{1}{R_n}。$$

4)总电阻(等效电阻)比每个电阻都小,其倒数等于各电阻的倒数之和,即
$$\frac{1}{R} = \frac{1}{R_1} + \frac{1}{R_2} + \cdots + \frac{1}{R_n}。$$

5)总消耗功率等于各电阻消耗功率之和,即
$$P = P_1 + P_2 + \cdots + P_n。$$

(3)混联电路:

电阻既有串联,又有并联,称为混联电路。可以通过电路图的改化,分清串、并联关系,再分别用串联或并联分步进行计算。

4. 电源的串并联

电源也可以串、并联使用。把几个电源正向串联起来能提高电源电动势,同时内阻也加大了,总内阻等于各电源内阻之和。电源并联使用时能增加输出电流,此时总内阻减小,等于各电源内阻的并联值。注意:不要把电动势不同、内阻不同的电源并联使用。把几个旧电源串联起来虽然能提高电动势,但电路一闭合,电源的输出电压(即负载电压)值比电动势值小得多。这是因为旧电源的内阻比新电源大得多。

(二)交流电源

大小和方向随时间作周期性变化的电压或电流分别称为交流电压或交流电流,统称为交流电。以交流电的形式产生电能或供给电能的设备,称为交流电源。如发电厂的发电机、施工现场的配电设备、配电箱内的电源刀闸、室内的电源插座都是交流电源。用交流电源供电的电路称为交流电路。交流电与直流电最根本的区别是:直流电的方向不随时间变化而变化,交流电的方向则随时间变化而改变。

大多数用电场合都使用交流电,有些场合使用的直流电也是从交流电变换(整流)来的,这是因为交流电有一系列的好处,如电路计算简便,便于远距离输电,发电设备和用电设备构造简单、性能良好等。交流电分单相交流电和三相交流电。

目前电能的产生、输送和分配,绝大多数都是采用三相制;在用电设备方面,三相交流电动机最为普遍;此外,需要大功率直流电的厂矿企业,也大多采用三相整流。三相交流电之所以得到广泛应用,是因为:

1)三相发电机的铁芯和电枢磁场能得到充分利用,与同

功率的单相发电机比较,具有体积小、节约原材料的优点;

2)三相输电比较经济,如果在相同的距离内以相同的电压输送相同的功率,三相输电线路比单相输电线路所用的材料少;

3)三相交流电动机具有结构简单,性能良好,工作可靠,价格低廉等优点;

4)三相交流电经整流以后,其输出波形较为平直,比较接近于理想的直流。

二、电气设备和电气材料

(一)几个基本概念

1. 高压、低压和安全电压

1kV 以上的电压称为高压,以下者为低压。一般建筑工地是把 6kV 或 10kV 的高压降低为 380/220V 的低压使用。对人身安全危害不大的电压称安全电压,我国规定的安全电压等级有 36V、24V 和 12V。

2. 电弧

电弧是伴随火焰的高温电子、离子流。开关和接触器等电器的触头分离时,其动、静触头之间会出现电弧,熔丝熔断时也会出现电弧,被分断的电流越大电弧越严重。电弧能危害人体,烧毁电器,使电路不能切断,甚至造成线间短路。所以电器的分断电流部分都要考虑灭弧问题。

常采用的灭弧方法有以下几种:

(1)拉长电弧　电弧被拉长后能迅速冷却而熄灭,常用的闸刀开关就采用了这种方法。

(2)用冷却介质灭弧　有的熔断器熔丝的周围填满了石英砂,有的开关触头浸在绝缘油中,石英砂和绝缘油能迅速吸收电弧热量而使电弧熄灭。

(3)气体灭弧　有的熔断器熔断时能产生高压气体,高压气体能迅速将电弧吹灭。

(4)灭弧栅片灭弧　在灭弧装置中设置栅片,电弧经过栅片时被切成许多段,结果迅速冷却而熄灭。

(5)利用双断点触头灭弧　常用接触器、继电器的触头就是双断点触头。这种触头分离时两个动触头同时动作,使电路产生较大缺口。这样,产生的电弧小,电弧熄灭得快。

还有磁吹灭弧和纵缝灭弧等灭弧方法。实际的灭弧装置常同时采用多种灭弧方法。

3. 过压保护

当电源电压超过额定值一定程度时,保护装置能在一定时间之后将电源切断,以免造成设备绝缘击穿和过流损坏,这种保护称过压保护。

4. 过流保护

当负载的实际电流超过额定电流一定程度时,保护装置能在一定时间以后将电源切断,以防止设备因长时间过流运行而损坏。这种保护称过流或过载保护。

5. 短路保护

当供电线路或用电设备发生短路时,短路电流往往非常大。保护装置应能在极短的时间(如不超过 1 秒)内将电源切断,时间稍长会造成严重事故。这种保护称短路保护。

6. 欠压保护

有些电气设备(如电动机)不允许欠压运行(在电源电压低于额定电压的状态下运行),保护装置应能在欠压超过一定程度、并经过一定时间之后把电源切断。这种保护称欠压保护。

7. 失压保护

电源意外断电称失压。有些使用场合要求失压后恢复供电时电气设备不得自动投入运行,否则可能造成事故。满足这种要求的保护称失压保护。

8. 缺相保护

有的三相用电设备不允许缺相运行(在电源一相断开的情况下运行),电动机缺相运行时一方面造成自身过载,另一方面破坏了电网的平衡。这时要求保护装置能迅速切断电源。满足上述要求的保护称缺相保护。

9. 隔离开关

只能用来切断电压,不能用来切断电流的开关。这种开关的灭弧能力很差,若用来切断电流会造成事故。

10. 负荷开关

具有一定的灭弧能力,用来切断正常工作电流的开关。

11. 断路开关

具有较强的灭弧能力,既能用来切断工作电流又能用来切断短路故障电流的开关。

(二)变压器

变压器是变换交流电压的电气设备,它用来把某一电压的交流电变换成同频率的另一种电压的交流电,可以升压也可以降压。变压器是给建筑工地供电的主要电气设备,建筑工地上使用的变压器一般是降压变压器,它把电网送来的高压通常降低为380/220V的低压,供工地使用。建筑施工用的安全电压为36V、24V或12V,也需要通过变压器获得。

(三)高压电器设备

中小型建筑工地供电用到的主要高压电器有高压隔离开关、高压熔断器、高压负荷开关、高压断路器和高压避雷器、高压互感器。

1. 高压隔离开关

高压隔离开关的功能主要是隔离高压电源,以保证其他电气设备(包括线路)的安全检修。高压隔离开关断开后有明显可见的断开间隙,而且断开间隙的绝缘及相间绝缘都是足够可靠的,能够充分保证人身和设备的安全。但是隔离开关没有专门的灭弧装置,因此不允许带负荷操作。

2. 高压熔断器

它用于小功率输配电线路和配电变压器的短路、过载保护。分为户内式、户外式;固定式、自动跌落式;有限流作用式、无限流作用式。

3. 高压负荷开关

高压负荷开关具有简单的灭弧装置,因而能通断一定的负荷电流和过负荷电流,但它不能断开短路电流,因此它必须与高压熔断器串联使用,以借助熔断器来切断短路故障。负荷开关断开后,与隔离开关一样具有明显可见的断开间隙,因此它也具有隔离电源、保证安全检修的功能。

4. 高压断路器

高压断路器的功能是,不仅能通断正常负荷电流,而且能接通和承受一定时间的短路电流,并能在保护装置作用下自动跳闸,切除短路故障。高压断路器按其采用的灭弧介质分,有油断路器、六氟化硫(SF_6)断路器、真空断路器以及压缩空气断路器、磁吹断路器等,油断路器的使用最为广泛。

5. 高压开关柜

高压开关柜是按一定的线路方案将有关一、二次设备组装而成的一种高压成套配电装置,在发电厂和变配电所中作为控制和保护发电机、变压器和高压线路之用,也可作为大型高压交流电动机的启动和保护之用,其中安装有高压开关设备、保护电器、监测仪表和母线、绝缘子等。

(四)低压电器设备

现代生产中各种机械设备包括建筑机械广泛采用电动机拖动。为了保证安全、可靠和高效率的工作,以及实现远距离操纵和自动化,必须用各种电器组成的控制系统对电动机实行可靠的控制和保护。

凡是用来对低压配电线路和用电设备进行控制和保护的电器设备,统称为低压电器。

1. 低压电器的种类和基本要求

(1)低压电器的种类:

根据动作性质分,有非自动和自动两大类。非自动类主要有插头、插座、刀开关、组合开关、按钮、铁壳开关、倒顺开关等。自动类主要有交流接触器、继电器等。

按作用来分,可分为四类:

1)控制电器。用来使电动机、用电器的接通、分断或改变电路连接状态。

2)保护电器。用来保护电源、电动机或其他电气设备、机械设备。

3)执行电器。用来完成或执行某些机械动作。

4)辅助电器。为保证电路正常工作,用来确定电路的工作参数、指示电路工作状态。

(2)低压电路的基本要求:

安全、可靠和动作准确,并能按预定的要求进行控制或保护。

2. 插头和插座

插头和插座有2眼、3眼和4眼三种。2眼和3眼用于单相交流电源,3眼的其中一眼供接地(或接零)保护用。4眼用于三相交流电源,其中的一极供接地(或接零)保护用。圆柱形电极的插头、插座正在被淘汰,现在广泛采用扁片形

(安全形)电极的插头、插座。

常用插头、插座的额定电压为500V、380V,额定电流为8、10、15A。插头和插座一般用来引入电源,不要兼作用电器的开关。

3. 开关

(1)刀开关:

刀开关分带熔断器式和不带熔断器式两种。建筑上常用的刀开关有胶盖开关和铁壳开关,二者均为带熔断器式。

(2)万能转换开关:

万能转换开关的触头容量较小,常用来控制接触器;有时可直接控制小型电动机。

(3)凸轮控制器:

凸轮控制器是一种档位较多,触头数量较多的一种手动电器。常用来控制小型电动机的启动、制动、调速和反转,尤其是小型绕线式电动机应用较多。

(4)按钮:

按钮也是一种手动控制电器,它的特点是发布命令控制其他电器动作,所以它属于主令电器。它的容量(额定电流)很小,不能直接接入大电流电路中,只能接在控制电路中。

按钮发布的指令用来控制磁力启动器的接通、分断和接触器、继电器的动作,实现远距离控制。按钮也可以实现点动或微动控制。

(5)自动开关(自动空气断路器):

它属于能自动切断故障电路的一种控制兼保护用的电器。它既能带负荷通断电器,又能在短路、过负荷和失压时自动跳闸。

自动开关在正常情况下,可以操作使其"分闸"或"合闸";

在电路出现短路或过载时,它又能自动切断电路,有效地保护串接在它后面的电气设备。它的动作值可调整,而且动作后一般不需要更换零部件。加上它的分断能力较高,所以应用极为广泛,是低压配电网络中非常重要的一种保护电器,也可作为操作不频繁电路中的控制电器。

4．熔断器

熔断器就是大家通常所说的"保险",它是一种用于过流和短路保护的电器,由于结构简单、使用维护方便、体积小、重量轻、价格低等优点,应用广泛。

(五)电线电缆

1．电线和电缆的分类

常用电线和电缆分为裸线、电磁线、绝缘电线电缆和通信电缆等等。

(1)裸线。是没有绝缘层的电线,包括铜、铝平线,架空绞线,各种型材如型线、母线、铜排、铝排等。它主要用于户外架空、作室内汇流排和开关箱。

(2)绝缘电线电缆。包括各种电力电缆、控制信号电缆、照明用线和各种安装连续用线。它外面有绝缘层和保护层。线芯按使用要求可分硬型,软型,特软型和移动式电缆四种结构。

绝缘层的作用是防止漏电和放电。它是包覆在导电的线芯外的一层橡皮、塑料或油纸等绝缘物。

保护层的作用是保护绝缘层。它有金属护层和非金属护层两种,固定敷设的电缆多采用金属护层,移动电缆多采用非金属护层。金属护层大多采用铅套、铝套、绉绞金属套和金属编织套等,在它的外面还有外被层,以保护金属护层免受机械和腐蚀等损伤。非金属护层多采用橡皮、塑料。

(3)电磁线。也是一种绝缘线。它的绝缘层是涂漆或包缠纤维的。

(4)通信电缆。包括电信系统的各种通信电缆、电话线和广播线。

2. 电力电缆和控制电缆

在电力系统中,最常用的是电力电缆和控制电缆。

(1)电力电缆。是用来输送和分配大功率电能,按其所采用的绝缘材料可分为纸绝缘、橡皮绝缘、聚氯乙烯绝缘、聚乙烯绝缘和交联聚乙烯绝缘电力电缆。

电力电缆的保护层分内护层和外护层两部分。内护层主要是保护电缆统包绝缘不受潮湿和防止电缆浸渍剂外流以及轻度机械损伤,所用材料有铅包、铝包、橡皮套、聚氯乙烯套和聚乙烯套等。外护层是用来保护内护层的,防止内护层受机械损伤或化学腐蚀等,包括铠装层和外被层两部分。所用材料,一般铠装层为钢带或钢丝,外被层有纤维绕包、聚氯乙烯护套和聚乙烯护套。

(2)控制电缆。是在配电装置中传输操作电流、连接电气仪表、继电保护和自动控制等回路用的,它属于低压电缆。运行电压一般在交流 500V 或直流 1000V 以下,电流不大,而且是间断性负荷,所以导电线芯截面较小,一般为 $1.5 \sim 10 mm^2$,均为多芯电缆,芯数从 4 芯到 37 芯。控制电缆的绝缘层材料及规格型号的表示与电力电缆基本相同。

三、电气照明装置

(一)热辐射光源

是利用物体加热时辐射发光的原理所制成的光源,如白炽灯、卤钨灯等。

1. 白炽灯

白炽灯由玻璃壳、灯丝、灯头三部分组成。灯丝由熔点高、在高温下不易挥发的钨制成,钨丝通过电流燃至白炽而发光。灯泡的灯头分插口式和螺口式两种,功率300W及以上的灯泡,一般都采用螺口式灯头。白炽灯结构简单,价格低廉,使用方便,而且显色性好,但它的发光效率较低,使用寿命也短,且不耐振。我们在安装白炽灯时,灯泡的工作电压必须与线路的电压一致。

2. 卤钨灯

卤钨灯是一种新型的热辐射电光源。它是在白炽灯的基础上改进而得,与白炽灯相比,它有以下的特点:体积小、光通量稳定、光效高、光色好、寿命长,但耐振性差。

(二)气体放电光源

是利用气体放电时发光的原理所制成的光源,如荧光灯、高压汞灯、高压钠灯、金属卤化物灯、氙灯等。

1. 荧光灯

荧光灯俗称日光灯,它是照明中用电最经济的一种,其发光效率比白炽灯高3倍以上,使用寿命也比白炽灯高1倍以上,在电气照明中已得到广泛采用。

2. 高压汞灯

高压汞灯又称高压水银荧光灯。它是上述荧光灯的改进产品,属于高气压的汞蒸气放电光源。它不需启辉器来预热灯丝,但它必须与相应功率的镇流器串联使用。

它是利用高压汞蒸气、白炽体和荧光粉三种发光物质同时发光的复合光源。高压汞灯的光效高,寿命长,但启动时间长,显色性较差。

3. 高压钠灯

高压钠灯利用高气压(压强可达10^4Pa)的钠蒸气放电发

光,其辐射光谱集中在人眼较为敏感的区间,所以它的光效比高压汞灯还高1倍,且寿命长,但显色性也较差,启动时间也较长。

其他还有金属卤化物灯和氙灯等。前者是在高压汞灯基础上为改善光色而发展起来的一种新型光源,后者是一种充有高气压氙气的高功率(可达100kW)的气体放电灯(俗称"人造小太阳")。

四、触电危险与触电急救

1. 触电的危险

电流通过人体,能使肌肉收缩产生运动,造成机械性损伤,其热效应和化学反应也可引起一系列急剧的病理变化,使肌体遭受严重伤害。特别是电流流经心脏,对心脏的损坏极为严重,极小的电流(50mA)可引起心室纤维颤动,使心脏起不到有力压缩血液的泵浦作用,不能使新鲜血液及时输送到大脑,几秒种内可使人休克而很快造成死亡。从医学上讲50mA以上即可造成死亡(用狗做实验无一幸免),人即使侥幸抢救过来,也极可能造成因大脑缺氧而留下严重后遗症。

根据电流公式 $I = P/U$ 可知这致人死命的50mA电流,只是一只普通的100W电灯流过电流的1/9,即:$I = 100W/220V = 450mA$。

由于电的特殊性,人一旦触电,其身体就成为一个带电体,因此要求抢救时切不能盲目用手直接去拉人,否则必将造成接二连三的多人伤亡事故。

为此,要求末级漏电保护开关的动作电流不大于30mA,动作时间不大于0.1s,而家用插座的漏电保护开关为保护小孩应为6mA。

2. 触电急救

据国内外一些统计资料表明,触电后 1min 开始救治者,90%有良好的效果;触电后 6min 开始救治者,50%可能复苏;但若在触电后 12min 再开始救治,很少有存活的。因此,就地进行及时、正确、有效的抢救是触电急救成败的关键。所以,当发现有人触电时,应首先立即切断电源(不能盲目用手拉伤者,应先关开关,或用绝缘材料挑开电线等),其次迅速诊断与急救。

(1)查有无呼吸(用脸贴近其口鼻处,因脸部感觉比较灵敏)。

(2)查有无心跳(用手搭其颈动脉或股动脉),接着立即进行抢救。如无心跳用脑外心脏挤压法(见图 6-4),需用力下压,使胸骨下段和使其相连的肋骨下陷 3~4cm,成人每分钟约 60 次。如无呼吸,用口对口人工呼吸(见图 6-5),先清除口内杂物,每分钟约 12 次。如呼吸心跳均无,用两法同时进行,注意必须抢救至医务人员来接替为止,不能半途而废,否则易造成后遗症或抢救失败。

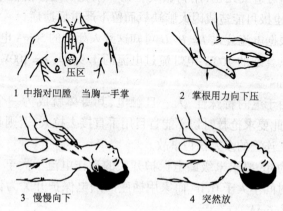

图 6-4 用心脏挤压法

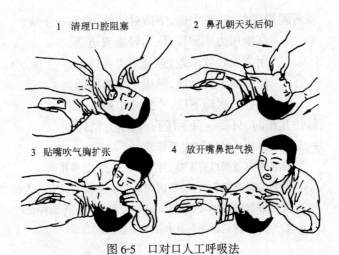

图 6-5 口对口人工呼吸法

3．现场触电抢救方法要诀

(1)立即解脱电源。

1)用绝缘物隔断电源。

2)防止加重伤害。

3)防止扩大触电范围。

(2)根据诊断分别采取不同的急救方法。即口对口人工呼吸法和胸外心脏挤压法。

1)没有呼吸,但有心跳的,用口对口(鼻)人工呼吸法：

  病人仰卧平地上,松开领扣解衣裳。

  清理口腔防阻塞,鼻孔朝天头后仰。

  捏紧鼻子托头颈,贴嘴吹气胸扩张。

  吹气量要看对象,大人小孩要适量。

  吹二秒来停三秒,五秒一次最恰当。

2)有呼吸,但无心跳的,用胸外心脏挤压法：

  病人仰卧硬地上,松开领扣解衣裳。

救者跪跨腰两旁,双手迭,中指对凹膛,当胸一手掌。

掌根用力压胸膛,压力轻重要适当。

用力太轻效果差,过分用力会压伤。

慢慢压下突然放,掌根不要离胸膛。

一秒一次向下压,寸到寸半最适当。

救护儿童时,只要一只手压胸膛,用力稍轻。

注:① 对小孩吹气时,不要捏紧鼻子。

② 如果触电者张口有困难,可用嘴吹鼻孔,效果相同。

③ 呼吸心跳都没有的,两法同时进行。急救者只有一人时,可先吹二次气,立即进行剂压15次,反复进行,不能停止。

④ 群众抢救直到医务人员来接替抢救为止。

6.2 施工现场用电管理

一、施工组织设计

施工现场临时用电施工组织设计是施工现场临时用电安装、架设、使用、维修和管理的重要依据,指导和帮助供、用电人员准确按照用电施工组织设计的具体要求和措施执行,确保施工现场临时用电的安全性和科学性。

按照《施工现场临时用电安全技术规范》(JGJ46—88)的规定:"临时用电设备在5台及5台以上或用电设备总容量在50kW及50kW以上者,应编制临时用电施工组织设计。"

(1)临时用电施工组织设计的重要内容:

1)现场勘测;

2)确定电源进线,变电所、配电室、总配电箱、分配电箱等的位置及线路走向;

3)进行负荷计算;

4)选择变压器容量、导线截面和电器的类型、规格;
5)绘制电气平面图、立面图和接线系统图;
6)制定安全用电技术措施和电气防火措施。

(2)临时用电施工组织设计必须由电气工程技术人员编制,技术负责人审核,经主管部门批准后方能实施。

(3)施工现场的临时用电布置必须按施工组织设计的要求完成,并经上级主管部门验收后方可使用。

二、临时用电的档案管理

(1)单独编制的施工现场临时用电施工组织设计及相关的审批手续。

(2)技术交底资料:包括电气工程技术人员向安装、维修临时用电工程的电工和各种设备的用电人员分别进行的交底的文字内容,交底内容必须有针对性和完整性,并有交底双方人员的签名及日期。

(3)安全验收和检查资料:包括临时用电工程的验收表;电器设备的调试、测试和检验资料(主要是设备绝缘和性能完好情况);接地电阻值定期测试记录;定期检查表等。

(4)电工维修记录:应注明日期、部位、维修内容、技术措施、处理结果等。

三、临时用电的人员管理

1. 对现场电工的要求

(1)现场电工必须经过培训,经有关部门考核合格后,方能上岗。

(2)现场电工的等级应同工程的难易程度和技术复杂性相适应。

(3)安装、维修和拆除临时用电工程,必须由现场电工完成。

2. 对各类用电人员的要求

(1)掌握安全用电的基本知识和所用设备的性能。

(2)使用设备前必须按规定穿戴和设备相应的劳动保护用品,检查安全装置和防护设施是否完好,严禁设备带"病"运转。

(3)停用的设备必须拉闸断电锁好开关箱。

(4)负责保护所用的开关箱、负载线和保护零线,发现问题及时报告解决。

(5)搬迁或移动电器设备必须经电工切断电源,并做妥善处理后进行。

6.3 外电防护及接地、接零、防雷的一般要求

一、外电防护

1. 在建工程不得在高、低压线路下方施工,高、低压线路下方不得搭设作业棚,建造生活设施,或堆放构件、架具、材料及其他物品。

2. 操作安全距离:即在建工程(含脚手架具)的外侧边缘与外电架空线路的边线之间必须保持的距离,具体要求按JGJ46—88规范的要求选择。

3. 防护措施:

当操作距离达不到规范要求时,必须采取防护措施:

(1)增设屏障、遮栏或保护网,并悬挂醒目的警告标志。

(2)防护设施必须使用非导电材料,并考虑到防护棚本身的安全(防风、防大雨、防雪等)。

(3)特殊情况下无法采用防护设施,则应与有关部门协商,采取停电、迁移外电线路或改变工程位置等措施。

(4)当架空线路在塔吊等起重机的作业半径范围内时,其线路的上方也应有防护措施,搭设成门型,其顶部可用5cm厚木板或相当5cm木板强度的材料盖严。为警示起重机作业,可在防护架上端间断设置小彩旗,夜间施工应有彩泡(或红色灯泡),其电源电压应为36V。

二、接地与接零

1. 接地

即将电气设备的某一可导电部分与大地之间用导体作电气联接,简单地说,是设备与大地作金属性联接。

接地主要有四种类别:

(1)工作接地:在电力系统中,因运行需要的接地(例如三相供电系统中,电源中性点的接地)称为工作接地,阻值应小于4Ω。

(2)保护接地:因漏电保护需要,将电气设备正常情况下不带电的金属外壳和机械设备的金属构架(件)接地,称为保护接地,可以保护人体接触设备漏电时的安全,防止触电。阻值也应小于4Ω。

(3)重复接地:在中性点直接接地的电力系统中,为了保证接地的作用和效果,除在中性点处直接接地外,在中性线上的一处或多处再作接地,称为重复接地。在一个施工现场中,重复接地不能少于三处(始端、中间、末端)。阻值应小于10Ω。

在设备比较集中的地方如搅拌机棚、钢筋作业区等,应做一组重复接地;在高大设备处,如塔吊、外用电梯、物料提升机等也要作重复接地。

(4)防雷接地:防雷装置(避雷针、避雷器等)的接地,称为防雷接地。作防雷接地的电气设备,必须同时作重复接地。阻值应小于30Ω。

2. 接零

即电气设备与零线连接。

接零又可分为:

(1)工作接零:电气设备因运行需要而与工作零线连接,称为工作接零。

(2)保护接零:电气设备正常情况不带电的金属外壳和机械设备的金属构架与保护零线连接,称为保护接零。城防、人防、隧道等潮湿或条件特别恶劣施工现场的电气设备必须采用保护接零。

(3)当施工现场与外电线路共用同一供电系统时,不得一部分设备作保护接零,另一部分作保护接地。

三、接地与接零保护系统

1. 接地保护(TT系统)

如图6-6设备无接地保护,则万一设备漏电(如电线碰壳、绝缘损坏、电线老化时),人触及设备外壳或使用手持工具时,电流只有流经人体的一条通道,其电流达270mA,人必死无疑。

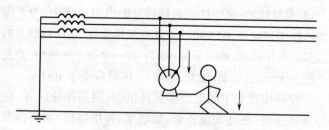

图6-6 设备无接地保护(TT系统)

$$I_人 = U/(R_人 + r_0) = 220V/(800 + 4)\Omega = 0.27A$$
$$= 270mA >> 50mA$$

如设备有了保护接地(图 6-7)。即设备预先做好 4Ω 的接地保护,则人与接地体接地电阻为 800 比 4,即绝大部分电流经接地体流入大地,流经人体的电流将大大减少。同时:

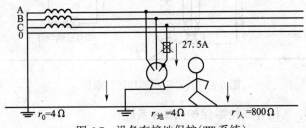

图 6-7　设备有接地保护(TT 系统)

$I_{地} = U/(r_{地} + r_0) = 220V/(4 + 4)\Omega = 27.5A$,即可熔断 27.5A 以下的保险丝,当保险丝熔断后,则保险丝下桩头以下即无电,不会造成人身触电事故。

2. 三相四线接零保护(TN-C 系统)

设备外壳与零线(中性线)连接(图 6-8),这样一旦设备漏电,立即形成相对地的短路,迅速将熔丝烧断。由于导线必须大于熔丝,所以可保证熔丝以下不带电,起到了保护设备和人身安全。

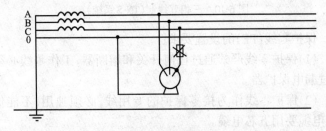

图 6-8　三相四线接零保护(TN-C 系统)

但以上情况要求中性线(零线)不能断,否则在正常使用情况下将造成事故(如图6-9),因此零线不可接保险丝。

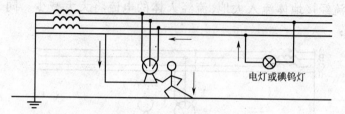

图6-9 TN-C三相四线制的隐患

3. 三相五线接零保护(TN-S系统)

为避免TN-C系统的缺陷,必须将连接电气设备金属外壳的保护零线(0)与保护零线(PE)区分开来(如图6-10)。JGJ46—88规范中明确指出:施工现场必须采用TN-S三相五线的接零保护系统。

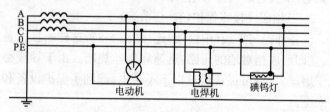

图6-10 三相五线制(TN-S系统)

保护零线(PE)的设置要求:

(1)保护零线严禁通过任何开关和熔断器,工作零线必须穿过漏电保护器。

(2)保护零线作为接零保护的专用线,必须独用,不能他用,电缆要用五芯电缆。

(3)保护零线除了从工作接地线(变压器)或总配电箱电源侧从零线引出外,在任何地方不得与工作零线有电气连接,特别注意电箱中应防止经过铁质箱壳形成电气连接。

(4)保护零线的截面积应不小于工作零线的截面积,同时必须满足机械强度的要求。保护零线架空敷设的间距大于12m时,保护零线必须选择不小于 $10mm^2$ 的绝缘铜线或不小于 $16mm^2$ 的绝缘铝线。与电气设备相连接的保护零线应为截面不小于 $2.5mm^2$ 的绝缘多股铜线。

(5)保护零线的统一标志为黄/绿双色线,在任何情况下不能将其作负荷线用,在架空线中的排列一定要按标准进行。面向负荷从左侧起为 A、O(N)、B、C、O_b(PE);动力照明两个横担上分别架设时,上层 A、B、C;下层 A(B、C)、O(N)、O_b(PE)。在两个横挡上架设时最下层面向负荷,最右边的导线为保护零线 O_b(PE)。

(6)重复接地必须接在保护零线上。工作零线不能加重复接地(因为工作零线加了重复接地,漏电保护器就无法使用)。

(7)保护零线除必须在配电室或总配电箱处作重复接地外,还必须在配电线路的中间处及末端做重复接地,配电线路越长,重复接地的作用越明显,为使接地电阻更小,可适当多打重复接地。

四、防雷

1. 各机械设备的防雷引下线可利用该设备的金属结构体,但应保证电气连接。

2. 施工现场内的起重机、井字架及龙门架等机械设备应安装防雷设备。若最高机械设备上的避雷针,其保护范围按60°计算能够保护其他设备,且最后退场,则其他设备可不设防雷装置。

3. 机械设备上的避雷针长度应为 1~2m。

6.4 配电系统

一、配电线路

施工现场的配电线路一般可分为室外和室内配电线路。室外配电线路又可分为架空配电线路和电缆配电线路。

1. 导线截面

(1)导线中的负荷电流不大于其允许载流量。

(2)线路的末端电压降不应超过5%。

(3)满足机械强度,架空绝缘铝线不小于16mm^2,绝缘铜线不小于10mm^2,跨越铁路、公路、河流、电力线等绝缘铝线不小于35mm^2,绝缘铜线不小于16mm^2。

(4)单相回路中的中性线(零线)截面与相线截面相同,三相四线制的中性线(零线)截面和专用保护零线(五线制)的截面不小于相线截面的50%。

(5)长期连续负荷的电线电缆其截面应按电力负荷的计算电流及国家有关规定条件选择。

(6)室内配线所用导线截面,应根据计算确定,但绝缘铝线不小于2.5mm^2,绝缘铜线不小于1.5mm^2。

(7)应满足长期运行温升的要求。

2. 架空线路的敷设

(1)架空线必须设在专用电杆上,宜采用混凝土杆或木杆。混凝土杆不得有露筋、环向裂纹和扭曲;木杆不得腐朽,其梢径应不小于130mm。

(2)电杆埋深为杆长的1/10加0.6m。但在松软土质处应适当加大埋设深度或采用卡盘等加固。

(3)架空线路的档距不得大于35m,线间距离不得小于

0.3m。

(4)横担间的最小垂直距离、绝缘子、拉线、撑杆等均应符合规范要求。架空线路与邻近线路或设施的距离除应符合规范要求外,同时还应考虑施工现场以后的变化,如场内地坪可能垫高,所造建筑物的变化等。

(5)考虑施工情况,防止先架设的架空线,与后施工的外脚手、结构挑檐、外墙装饰等距离太近而达不到要求。

(6)架空线路应设置短路保护和过负荷保护。

3.电缆线路的敷设

(1)埋地敷设

1)电缆在室外直接埋地敷设的深度应不小于0.6m,并应在电缆上下均匀铺设不少于60mm厚的细砂,然后覆盖砖等硬质保护层。

2)电缆穿越建筑物、构筑物、道路、易受机械损伤的场所及引出地面从2m高度至地下0.2m处,必须加设保护套管。保护套管内径应大于电缆外径的1.5倍。

3)施工现场埋设电缆时,应尽量避免碰到下列场地:经常积、存水的地方,地下埋设物较复杂的地方,时常挖掘的地方,预定建设建筑物的地方,散发腐蚀性气体或溶液的地方,以及制造和贮存易燃易爆或燃烧的危险物质场所。

4)埋地敷设的电缆接头应设在地面上的接线盒内,接线盒应能防水、防尘、防机械损伤,应远离易燃、易爆、易腐蚀场所。

5)电缆线路与其附近热力管道的平行间距不得小于2m,交叉间距不得小于1m。

(2)架空敷设

1)橡皮电缆架空敷设时,应沿墙或电杆设置,并用绝缘子固定,严禁使用金属裸线作绑线。

2)架空电缆的档距应保证电缆能承受自重所带来的荷载。

3)架空电缆的最大弧垂点距地不得小于2.5m。

(3)高层建筑的临时用电,用电缆配电方式埋设后再引入到楼层内,也有直接架空引入室内。电缆的垂直敷设,应充分利用在建工程的竖井、垂直的管笼孔洞等,并应靠近负荷中心处,电缆在每个楼层设一处固定点。当电缆水平敷设沿墙或门口固定,最大弧垂距地不得小于1.8m。

(4)电缆接头应牢固可靠,并作绝缘包扎,不得承受张力。

(5)电缆线路不得沿地面明设,并应避免机械损伤和介质腐蚀。

4.室内配电线路

(1)室内配线必须采用绝缘导线。采用瓷瓶、瓷夹等敷设,距地高度不小于2.5m。

(2)进户线过墙应穿管保护,距地高不小于2.5m,并有防雨措施。其室外端应用绝缘子固定。

(3)潮湿场所或埋地非电缆配线必须穿管敷设,管口应密封。用金属管敷设时须作保护接零。

二、配电箱与开关箱

1.三级配电、两级保护

(1)三级配电:指总配电箱(间)、分配电箱(工地大的可分几级分配)及开关箱。

(2)两级保护:指分配电箱和开关箱均必须经漏电保护开关保护。

第一级漏电保护:设置在总配电箱内各回路开关电器的末级,对总配电箱的对应回路出线、分配电箱及分配电箱的回路出线形成总保护,其漏电动作电流在30~100mA之间,漏电动作时间不大于0.1s。

第二级(末级)漏电保护:设置在开关箱内各回路隔离开关的负荷侧,对用电设备及开关箱对应回路出线,与第一级漏电保护配合,形成分级选择性保护,其漏电动作电流不大于30mA,漏电动作时间不大于0.1s。

图6-11系统地表示出施工现场电气设备的TN-S系统(三相五线)与两级漏电开关综合应用供电原理图。

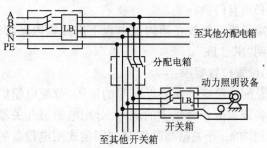

图6-11 三相五线制与两级漏电开关的综合应用

LB_1、LB_2——第一、二级漏电开关。

2. 一机、一闸、一漏、一箱

新的《建筑施工安全检查标准》JGJ59—99检查标准中对"一机、一闸、一漏、一箱"的开关箱配置重新提出要求,由于每台设备有各自专用的开关箱,工人停机切断电源后锁好开关箱,从而提高了临时用电的本质安全。

3. 配电箱及开关箱装设的电气技术要求

(1)材质要求:

1)配电箱、开关箱应采用铁板或优质绝缘材料制作,铁板的厚度应大于1.5mm。

2)配电箱内的电器应安装在金属或非木质的绝缘电器安装

板上。金属板与配电箱箱体应电气连接。

3)施工现场不宜采用木质材料制作配电箱、开关箱、配电板安装电器。因木质电箱干燥时不防水、下雨时不防雨、潮湿时不防电、经不起冲击、容易腐朽、损坏、使用寿命短。

(2)制作要求：

1)配电箱、开关箱必须防雨、防尘，箱体应严密、端正，箱门开、关松紧适当，便于开关。

2)必须有门锁。

3)端子板一般放在箱内配电板下部或箱内底侧边，并应分别标明"N"、"PE"。

(3)设置位置要求：

1)总配电箱应设在靠近电源的地区，分配电箱应装设在用电设备或负荷相对集中的地区，分配电箱与开关箱的距离不得超过30m，开关箱与其控制的固定式用电设备的水平距离应小于30m。

2)动力配电箱和照明配电箱宜分别设置，若设置在同一配电箱内，动力和照明线路应分路设置。

3)应设置在干燥、通风及常温场所。

4)电箱周围应有足够两人同时工作的空间和通道，不得堆物。

(4)内部开关电器安装要求：

1)箱内电器安装常规是左大右小，大容量的控制开关、熔断器在左面，右面安装小容量的开关电器。

2)箱内所有的开关电器应安装端正、牢固，不得有任何的松动、歪斜。

3)内部设置电器元件之间的距离和与箱体之间的距离应符合电气规范。

4)配电箱、开关箱及其内部开关电器的所有正常不带电的金属部件均应作可靠的保护接零。保护零线必须采用标准的黄/绿双色线,并通过专用接线端子板连接,与工作零线区别。

(5)配电箱、开关箱导线进出口处要求:

1)对于配电箱、开关箱的电源导线进出为下进下出,不能设在上面、后面、侧面,更不应当从箱门缝隙中引进和引出导线。

2)在导线的进、出口处加强绝缘,并将导线卡固。

(6)配电箱、开关箱内接连导线要求:

1)配电箱、开关箱内应采用绝缘导线其性能要良好,接头不得松动,不得有外露导电部分。

2)配电箱、开关箱内尽量采用铜线。铝线接头万一松动,造成接触不良产生电火花和高温,使接头绝缘烧毁,导致对地短路故障。为了保证可靠的电气连接,保护零线应采用绝缘铜线。

4.配电箱、开关箱的使用和维修

(1)所有配电箱均应标明名称、用途,并作出分路标记,有专人管理。

(2)所有配电箱、开关箱应每月检查和维修一次。检查维修时必须断电,并悬挂停电标志牌。

(3)施工现场停止作业 1h 以上时,应将动力开关箱断电上锁。

(4)配电箱、开关箱内不得搭接其他临时用电设备。

三、电器装置

(一)漏电保护器

1.作用

(1)当人员触电时尚未达到受伤害的电流和时间即跳闸

断电。

（2）设备线路漏电故障发生时，人虽未触及即先跳闸，避免设备长期存在带电隐患，以便及时发现并排除故障（因未排除故障无法合闸送电）。

（3）可以防止因漏电而引起的火灾或损坏设备等事故。

2. 原理

是依靠检测漏电或人体触电时的电源导线上的电流在剩余电流互感器上产生不平衡磁通，当漏电电流或人体触电电流达到某动作额定值时，其开关触头分断，切断电源，实现触电保护（图6-12）。

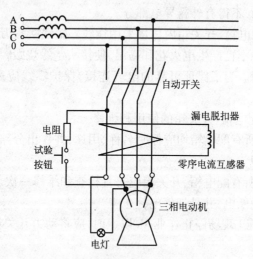

图6-12 漏电保护开关原理

3. 漏电保护器的接连方法

（1）施工现场所有用电设备，除保护零线外，必须在设备负荷线的首端处设置漏电保护器。

(2)漏电保护器后面的工作零线不能重复接地。

(3)采用分级漏电保护系统和分支漏电保护的线路,每一分支线路必须有自己的工作零线;下一级漏电保护器的额定漏电动作电流值必须小于上一级漏电保护器的额定漏电动作电流值,否则会造成上一级漏电保护器的误动作。

4. 漏电保护器的选用

(1)开关箱内的漏电保护器,其额定漏电动作电流应不大于30mA,额定漏电动作时间不大于0.1s。

(2)使用于潮湿和有腐蚀介质场所的漏电保护器应采用防溅型产品。防溅型漏电保护器的额定漏电动作电流应不大于15mA,额定漏电动作时间不大于0.1s。

(3)Ⅱ类手持电动工具应装设防溅型漏电保护器。

5. 漏电保护器的测试

测试内容分两项,第一项测试联锁机构的灵敏度,其测试方法为按动漏电保护器的试验按钮三次,带负荷分、合开关三次,均不应有误动作;第二项测试特性参数,测试内容为:漏电动作电流、漏电不动作电流和分断时间,其测试方法应用专用的漏电保护器测试仪进行。以上测试应该在安装后和使用前进行,漏电保护器投入运行后定期(每月)进行,雷雨季节应增加次数。

(二)熔断器

熔断器主要用作电路的短路保护,亦可作为电源隔离开关使用。熔断器选择的主要内容是:熔断器的形式、熔体的额定电流、熔体动作选择性配合,确定熔断器额定电压和额定电流的等级。

1. 熔断器形式的确定

熔断器的主要形式有 RT 型熔断器、RM 型熔断器、RL 型螺旋式熔断器、RC型插入式熔断器。熔断器形式的选择主要是依据使用场合，电流、电压等级和周围环境确定。工地中配电箱、开关箱内常选用RC型、RM型熔断器。RC_1系列插入式熔断器已淘汰，目前以RC_1A系列代替。RC_1A插入式熔断器具有结构简单、使用方便、价格便宜的特点。

用RC_1A插入式熔丝注意必须上进下出，垂直安装，不准水平安装，更不准下进上出（检查时也有发现此严重违章装法）。用RL_1螺旋式熔丝安装应注意，底座中心进，边缘螺旋出。

2. 熔断器熔体额定电流的确定

(1)熔体额定电流应不小于线路计算电流，以使熔体在线路正常运行时不致熔断。

(2)熔体额定电流还应躲过线路的尖峰电流，以使熔体在线路出现正常的尖峰电流时也不致熔断。对于尖峰电流的考虑，在单台电动机回路里熔体额定电流应该取电动机的启动电流。在多台电动机回路里，线路计算电流的尖峰电流一般应取容量最大一台电动机的启动电流与其余各台电动机的额定电流之和。

但应该说明的是：由于熔体是为了对线路进行过负荷和短路保护的，所以选择熔体额定电流不小于线路计算电流就行，不是越大越好，应该是等于或稍大即可以。如果熔体额定电流选择过大就起不到保护作用了。因此，熔体额定电流的选择，既要能够在线路过负荷时或短路时起到保护作用（熔断），又要在线路正常工作状态（包括正常的尖峰电流）下不动作（不熔断）。

3. 熔断器熔体熔断时间与启动设备动作时间的配合

为了可靠地分断短路电流，特别是当短路电流超过启动设备的极限遮断电流时,要求熔断器熔断时间小于启动设备的释放动作时间。

(1)熔断器与熔断器之间的配合。为保证前、后级熔断器动作的选择性,一般要求前级熔断器的熔体额定电流为后级的额定电流的2~3倍。

(2)熔断器与电缆、导线截面的配合。为保证熔断器对线路的保护作用,熔断器熔体的额定电流应小于电缆、导线的安全载流量。

4.熔断器额定电压与额定电流等级的确定

(1)熔断器的额定电压,应按线路的额定电压选择,即熔断器的额定电压大于线路的额定电压。

(2)熔断器的额定电流等级应按熔体的额定电流确定,在确定熔断器的额定电流等级时,还应考虑到熔断器的最大分断电流,熔断器的最大分断电流应大于线路上的冲击电流有效值。

5.保险丝不宜过大,够用即可。

6.插入式保险丝中要用标准的易熔铜片,上有额定电流值,尤其60A、100A、200A,必须使用此易熔铜片保险丝。30A以下用软铅,也要注意不要太大,尤其一些1.5kW、2.5kW的三相小马达用家用保险丝即可。

(三)常用开关

(1)一般机器均须配有随机开关,在维修更换时要注意按原型号、容量调换,不要随便替代,尤其不能以小代大,防止容量太小而出电器事故。如普通的瓷底胶盖开关,只宜作60A以下的照明、电热电路,且不频繁的通断及短路保护用。凡所有金属开关的外壳,必须作可靠的保护接地或保护接零。

(2)配电箱、开关箱内常用电器:

1)总配电箱内应装设总隔离开关、分路隔离开关、总熔断器、分路熔断器(或总自动开关和分路自动开关),以及漏电保护器,若漏电保护器同时具备过负荷和短路保护功能,则可不设分路熔断器或分路自动开关。总开关电器的额定值、动作整定值应与分路开关电器的额定值、动作整定值相适应。

总配电箱应装设电压表、总电流表、总电度表及其他仪表。

2)分配电箱内应装设总隔离开关和分路隔离开关以及总熔断器和分路熔断器(或总自动开关和分路自动开关)。总开关电器的额定值、动作整定值应与分路开关电器的额定值、动作整定值相适应。

3)开关箱应装设隔离开关和熔断器,或者装设塑料外壳式自动开关、铁壳开关或瓷底胶盖刀开关等负荷开关;必须装设漏电保护器,且额定漏电动作电流应不大于30mA,额定漏电动作时间应小于0.1s(36V及36V以下的用电设备如工作环境干燥可免装漏电保护器)。开关箱内的开关电器必须能在任何情况下,都可以使用电设备实行电源隔离,还可根据需要装设其他启动、保护电器。

如果所装漏电保护器同时具备过负荷和短路保护功能,并且其脱扣器整定电流值与所控制的电动机相适应,则可不装设熔断器。对于一些不经常启动的用电设备,可以考虑只装设漏电保护器控制。

四、变配电装置

(1)配电间一般不小于9m²,开关柜前空间单列不小于1.5m,双列不小于2m,开关柜后维修通道不小于0.8m。

(2)配电间内导线尽量用绝缘导线,如用裸露材料,必须严格按规范采取防护措施。地坪上应铺设绝缘脚垫,配备绝缘用具和用品。

(3)作到"五防一通",即防火、防雨、防雪、防汛、防小动物,通风良好。

(4)门向外开,上锁。金属门要做接地或接零的保护。

(5)开关柜下设专用的接零和接地端子排,以便检查和维修。

(6)各开关统一编号,标明使用方位或较大设备,有停电标志牌,并严格执行工作票制度。

(7)室内照明应从总开关上端引出,防止拉闸灭灯。

(8)灭火机用干粉、CO_2 等绝缘灭火器,不得用清水泡沫导电灭火器,灭火器挂于门外便于使用,不要放在配电间内。

6.5 现场照明

一、室外照明

施工现场的一般场所宜选用额定电压为 220V 的照明器。为便于作业和活动,在一个工作场所内,不得装设局部照明。停电时,应有自备电源的应急照明。

1. 照明器使用的环境条件

(1)正常湿度时,选用开启式照明器。

(2)在潮湿或特别潮湿的场所,选用密闭型防水防尘照明器或配有防水灯头的开启式照明器。

(3)含有大量尘埃但无爆炸和火灾危险的场所,采用防尘型照明器。

(4)对有爆炸和火灾危险的场所,必须按危险场所等级选择相应的照明器。

(5)在振动较大的场所,应选用防振型照明器。

(6)对有酸碱等强腐蚀的场所,应采用耐酸碱型照明器。

2. 特殊场合照明器应使用安全电压

(1)隧道、人防工程,有高温、导电灰尘和灯具离地面高度低于2.4m等场所的照明,电源电压应不大于36V。

(2)在潮湿和易触及带电体场所的照明电源电压不得大于24V。

(3)在特别潮湿的场所、导电良好的地面、锅炉或金属容器内工作的照明电源电压不得大于12V。

3. 行灯使用要求

(1)电源电压不得超过36V。

(2)灯体与手柄应坚固、绝缘良好并耐热耐潮湿。

(3)灯头与灯体结合牢固,灯头上无开关。

(4)灯泡外面有金属保护网。

(5)金属网、反光罩、悬挂吊钩固定在灯罩的绝缘部位上。

4. 照明线路

施工现场照明线路的引出处,一般从总配电箱处单独设置照明配电箱。为了保证三相平衡,照明干线应采用三相线与工作零线同时引出的方式。也可以根据当地供电部门的要求和工地具体情况,照明线路也可从配电箱内引出,但必须装设照明分路开关,并注意各分配电箱引出的单相照明应分相接设,尽量作到三相平衡。

5. 照明系统中的每一单相回路中,灯具和插座的数量不宜超过25个,并应装设熔断电流为15A及15A以下的熔断器保护。

6. 室外照明装置

(1)照明灯具的金属外壳必须作保护接零。单相回路的照明开关箱(板)内必须装设漏电保护器。

(2)室外灯具距地面不得低于3m,钠、铊、铟等金属卤化物灯具的安装高度应在离地面5m以上;灯线应固定在接线柱上,不得靠灯具表面;灯具内接线必须牢固。

(3)路灯的每个灯具应单独装设熔断器保护。灯头线应做防水弯。

(4)投光灯的底座应安装牢固,按需要的光轴方向将枢轴拧紧固定。

(5)施工现场夜间影响飞机或车辆通行的在建工程设备(塔式起重机等高突设备),必须安装醒目的红色信号灯,其电源线应设在电源总开关的前侧。这主要是保护夜间不因工地其他停电而红灯熄灭。

二、室内照明

(1)室内灯具装设不得低于2.4m,否则应采用36V安全电压。

(2)室内螺口灯头的接线:相线接在与中心触头相连的一端,零线接在与螺纹口相连接的一端;灯头的绝缘外壳不得有破损和漏电。

(3)在室内的水磨石、抹灰现场,食堂、浴室等潮湿场所的灯头及吊盒应使用瓷质防水型,并应配置瓷质防水拉线开关。

(4)任何电器、灯具的相线必须经开关控制,不得将相线直接引入灯具、电器。

(5)在用易燃材料作顶棚的临时工棚或防护棚内安装照明灯具时,灯具应有阻燃底座,或加阻燃垫,并使灯具与可燃顶棚保持一定距离,防止引起火灾。

油库、油漆仓库除通风良好外,其灯具必须为防爆型,拉线开关应安装于库门外。

(6)工地上使用的单相220V生活用电器如食堂内的鼓风

机、电风扇、电冰箱应使用专用漏电保护器控制,并设有专用保护零线。电源线应采用三芯的橡皮电缆线,固定式应穿管保护,管子要固定。

临时宿舍内照明宜采用36V安全电压照明器,防止民工私拉、挂接电炊具或违章使用电炉。

6.6 电动建筑机械和手持电动工具

施工现场的电动建筑机械和手持电动工具主要有塔式起重机、混凝土搅拌机、水泵、打夯机、水磨石机、手电钻等,这些用电设备在使用过程中容易发生导致人体触电的事故:

(1)用电设备(如塔吊、打夯机等)触碰配电线路,造成配电线路漏电或断路。

(2)用电设备上的电气设备(如电动机、变压器等)的绝缘老化、破损、受潮、受腐蚀等,造成其金属机座、外壳等漏电。

(3)移动式用电设备(如手电钻、水磨石机等)的电源线松脱,造成其金属外壳带电。

一、对电动机械和电动工具的要求

(1)进入建筑施工现场的电动机械和手持电动工具及其附属电气装置(如开关箱及其中的漏电保护器、插座、开关电器等)必须符合产品的国家标准、专业标准和安全技术规程,并通过有关主管部门鉴定。

(2)手持电动工具按防触电的要求可分为Ⅰ、Ⅱ、Ⅲ类工具。Ⅱ类和Ⅲ类工具可不做保护零,但Ⅰ类工具必须作保护接零。

二、用电安全要求

1. 起重机械

(1)塔式起重机的重复接地,应在轨道两端各设一组接地装置，作环形电气连接。道轨的接头处，应做电气连接。对较长的轨道，每隔30m应加一组接地装置。

（2）需夜间工作的塔式起重机，应设置正对工作面的投光灯，塔身高于30m时，应在塔顶和臂架端部装设防撞红色信号灯。

2．桩工机械

（1）潜水机的负荷线应采用YHS型潜水电机用防水橡皮护套电缆，长度应不小于1.5m，不得承受外力。

（2）潜水式钻孔机应装设防溅型漏电保护器。

3．夯土机械

（1）应装设防溅型漏电保护器。

（2）负荷线应采用耐气候的橡皮护套铜芯软电缆。

（3）电缆长度应不大于50m，严禁电缆缠绕、扭结和被夯土机械跨越。

（4）夯土机械的操作扶手必须有绝缘措施。

4．焊接机械

电焊机一次侧电源线长度不大于5m，进线处须设置防护。二次侧电源线应不大于30m，采用YH型橡皮护套铜芯多股软电缆。

5．手持电动工具

（1）一般场所应用Ⅱ类手持电动工具，并装防溅型漏电保护器。若用Ⅰ类，必须作保护接零。

（2）在露天、潮湿场所或在金属构架上操作时，必须用Ⅱ类手持电动工具，严禁用Ⅰ类手持电动工具。

（3）狭窄场所（锅炉、金属容器、地沟、管道内等），宜选用带隔离变压器的Ⅲ类手持电动工具。

（4）手持电动工具的负荷线必须采用耐气候型的橡皮护套铜芯软电缆，并不得有接头。

7 模板脚手架及高处作业安全防护

7.1 脚手架工程安全技术

一、脚手架的种类

脚手架是建筑工程施工不可缺少的供工人操作、堆放材料用的辅助设施,随建筑施工技术的不断发展,各种类型的脚手架层出不穷,分类也越来越多。例如,按搭设的部位不同可分为外脚手架和里脚手架;按用途不同可分为砌筑脚手架和装修脚手架;按封闭情况不同可分为敞开式脚手架、局部封闭式脚手架和全封闭脚手架;按搭设形式不同可分为普通脚手架和特殊脚手架;按立杆排数不同,可分为单排脚手架、双排脚手架和满堂脚手架;按脚手架主要受力杆件的材料不同可分为竹脚手架、木脚手架、金属脚手架(包括扣件式钢管脚手架、门式脚手架、碗扣式脚手架),等等。

脚手架作为施工用临时设施,其设计和搭设的质量好坏将直接影响操作人员的人身安全以及工程的进度和质量。

二、有关脚手架的技术规范和文件

建设部在1993年8月1日发布了JG5027—92《高处作业吊篮安全规则》;在1994年1月1日发布了JG/T5032—93《高处作业吊篮》;在1999年3月30日发布了JGJ59—99《建筑施工安全检查标准》,对脚手架提出了有关的检查标准;在2000年10月11日正式发布有关门式钢管脚手架的专业技术标准

JGJ128—2000《建筑施工门式钢管脚手架安全技术规范》;在2000年10月16日发布有关附着式脚手架的暂行规定(建建[2000]230号)《建筑施工附着升降脚手架管理暂行规定》;在2001年2月9日正式发布有关扣件式钢管脚手架的专业技术标准JGJ130—2001《建筑施工扣件式钢管脚手架安全技术规范》;近期有关木脚手架的安全技术规范也将由专家论证定稿。上海市建委在1983年和1987年发布了《高层建筑双排钢管脚手架施工规定》和《建筑施工普通脚手架安全技术规定》两个试行稿;1999年发布了DGJ08—905—99《建筑施工附着升降脚手架安全技术规程》;脚手架的钢管、扣件国家也颁布了相关标准。

三、脚手架的施工荷载和设计计算方法

(一)施工荷载

作用于脚手架上的荷载可分为恒载和活载。恒载为脚手架结构件(立杆、纵横向水平杆等)自重;活载为脚手架附属构件(脚手板、防护材料等)自重、施工荷载和风荷载。其中施工荷载:砌筑脚手取 $3kN/m^2$(考虑两步同时作业);装修脚手取 $2kN/m^2$(考虑三步同时作业);工具式脚手取 $1kN/m^2$(包括挂脚手、吊篮脚手等)。在脚手架设计时,如果脚手架的设计荷载低于以上规定,则脚手架施工方案设计人应在安全技术交底时予以明确,脚手架使用时应在架体上挂上限载牌。

(二)设计计算方法

脚手架的设计计算方法有极限状态设计计算法和容许应力法两种。

1. 极限状态计算法要求进行两种极限状态,即承载能力和正常使用两种极限状态的计算。当按承载能力的极限状态计算时应采用荷载的设计值;当按正常使用的极限状态计算

时应采用荷载的标准值。荷载的设计值等于荷载的标准值乘以荷载的分项系数。其中恒载的分项系数为1.2,活载的分项系数为1.4。

2. 容许应力法在设计计算时,考虑一个总的安全系数,习惯上取 $K=3$。

四、脚手架工程的基本要求

(一)材料

1. 扣件式钢管脚手架材料

(1)钢管

钢管应采用外径48mm,壁厚3.5mm的《直缝电焊钢管》(GB/T13793)或《低压流体输送用焊接钢管》(GB/T3092)中规定的3号普通钢管,其质量符合现行国家标准《碳素结构钢》(GB/T700)Q235—A级钢的规定。钢管外表平直光滑、没有裂纹、分层、变形扭曲、截口以及锈蚀程度达0.5mm的钢管。此外钢管两端截面应平直,切斜偏差不大于1.7mm。严禁有毛口、卷口和斜口等现象,钢管上严禁打孔。所使用的钢管还应经过防锈处理,且必须具有生产许可证、质保书、检测报告或租赁单位相关的质量保证证明。

(2)扣件

扣件是专门用来对钢管脚手架杆件进行连接的,有旋转(万向)、直角(十字)和对接(一字)三种形式(见图7-1)。扣件应采用可锻铸铁制成,其材质应符合现行国家标准(GB15831)要求;螺栓螺帽采用3号钢,其技术要求应符合(GB5—86)和(GB41—66)的规定;铆钉采用20、25号铆钉钢。所使用的扣件还应具有出厂合格证明或租赁单位的质量保证证明。

有裂缝、变形的扣件严禁使用,出现滑丝的螺栓必须更换。在使用时,直角扣件和旋转扣件不允许沿轴心方向承受拉力;直角扣件不允许沿十字轴方向承受扭力;对接扣件不宜承受拉力,当用于竖向节点时只允许承受压力。扣件螺栓的紧固力矩应控制在 40~65N·m 之间。使用直角和旋转扣件紧固时,钢管端部应伸出扣件盖板边缘不小于 100mm。在设计计算时,扣件抗滑力设计值按每个对接扣件 3.2kN,每个直角或旋转扣件 8.0kN 取值。

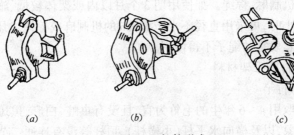

图 7-1 扣件形式
(a)直角扣件;(b)旋转扣件;(c)对接扣件

2. 木脚手架材料

(1)木杆

一般采用剥皮杉木、落叶松或其他坚韧的硬杂木,其材质应符合现行国家标准《木结构设计规范》(GBJ5)中有关规定。不得采用杨木、柳木、桦木、椴木、油松等材质松脆的树种。重复使用中,凡腐朽、折裂、枯节等有疵残现象的杆件,应认真剔除,不宜采用。

用作立杆的梢径不应小于 70mm,大头直径不应大于 180mm,长度不宜小于 6m。

用作纵向水平杆(大横杆)杉木梢径不应小于 80mm;红松、落叶松梢径不应小于 70mm,长度不宜小于 6m。

用作横向水平杆(小横杆)杉木梢径最小不应小于 80mm;

硬木梢径最小不应小于70mm,长度宜为2.1~2.3m。

(2)绑扎材料

1)镀锌钢丝或回火钢丝。立杆连接必须选择8号镀锌钢丝或回火钢丝;纵横向水平杆(大小横杆)接头可以选择10号镀锌钢丝或回火钢丝。严禁绑扎钢丝重复使用,且不得有锈蚀斑痕。

2)机制麻、棕绳。如使用期3个月以内或架体较低、施工荷载较小时,可采用直径不小于12mm的机制麻或棕绳。凡受潮、变质、发霉的绳子不得使用。

3. 竹脚手架材料

(1)竹竿

应取用4~6年生的毛竹为宜,且没有虫蛀、白麻、黑斑和枯脆现象,以及横向水平杆(小横杆)、顶杆等没有连通二节以上的纵向裂纹;立杆、纵向水平杆(大横杆)等没有连通四节以上的纵向裂纹。

用作立杆、纵向水平杆(大横杆)、斜杆等的小头有效直径不小于75mm;(脚手架总高度20m以下取60mm)。用作横向水平杆(小横杆)的小头有效直径不小于90mm;(脚手架总高度20m以下取75mm)。用作防护栏杆的小头有效直径不小于50mm。

(2)绑扎材料

1)竹篾。应选用新鲜竹子劈成的片条,厚度0.6~0.8mm、宽度5mm左右、长度约2.6m,且无断腰、霉点、枯脆和有六节疤或受过腐蚀的篾料。每个节点应使用2~3根进行绑扎,使用前应隔天用水浸泡。

竹篾主要有两种:一种为广东产的叫广篾,强度大,韧性好,有效期一般为6个月;一种多为浙江产的叫小青篾,厚薄不匀,宽窄不一,有效期一般为3个月。使用到一个月应对脚手架的绑扎节点进行检查保养。

2)镀锌铁丝。一般选用18号以上的规格,如使用18号镀锌铁丝应双根并联进行绑扎,每个节点应缠绕五圈以上。

3)塑篾。随着建材市场的不断拓展和新科技、新材料的应用,目前很多地区已采用塑篾替代竹篾。但是,在选用塑篾时,应注意必须有出厂质量保证书或相应达到节点强度检测报告书为依据,方可投入使用,否则极易发生安全事故。

4.脚手板

脚手板可采用钢、木、竹材料制作,每块重量不宜大于30kg。

(1)钢脚手板。一般由2mm厚钢板压制而成,也可用型钢、钢筋组合焊接而成,其板面平直度偏差应控制在12~16mm以内,端部应设卡口。当由钢板压制时,板面应有防滑措施,如为减轻板的自重而在板上冲孔时,孔径不应大于25mm。板的外形尺寸一般长为2~4m、宽为250mm、厚为50mm。不得使用裂纹、凹陷变形或锈蚀严重的钢脚手板。

(2)木脚手板。应使用厚度不小于50mm的杉木或松木板,板宽应为200~300mm,板长一般为3~6m,端部还应用10~14号钢丝绑扎,以防开裂。不得使用腐朽、虫蛀、扭曲、破裂和有大横透节的木板。

(3)竹脚手板。可分为竹笆脚手板和竹串片脚手板:竹笆脚手板是用平放带竹青的竹片纵横编织而成,每根竹片宽度不小于30mm,厚度不小于8mm,横筋一正一反,边缘处纵横筋相交点用钢丝扎紧,板长一般2~2.5m,宽为0.8~1.2m;竹串片脚手板是用螺栓将侧立的竹片并列连接而成,螺栓直径8~10mm,间距500~600mm,首只螺栓离板端200~250mm,板长一般为 2~2.5m,宽为 250mm,板厚一般不小于 50mm,凡虫蛀、枯脆、松散的竹脚手板不得使用。

5.安全网

(1)密目式安全立网。每 10cm×10cm=100cm² 的面积上,有 2000 个以上网目;做耐贯穿试验将网与地面成 30 度夹角,在其中心上方 3m 每处,用 5kg 的钢管垂直自由落下,不穿透;材料应具有阻燃性能。

(2)安全平网。应采用锦纶、维纶、涤纶、尼龙等材料制成;网眼规格应为 2.5cm×2.5cm。

(二)防护

1.施工操作层及以下连续三步应铺设脚手板和 180mm 高的挡脚板。脚手板必须满铺且固定,挡脚板应与立杆固定。

2.施工操作层以下每隔 10m 应用平网或其他措施封闭隔离。

3.施工操作层脚手架部分与建筑物之间应用平网或竹笆等实施封闭,当脚手架里立杆与建筑物之间的距离大于 200mm 时,还应自上而下做到四步一隔离。

4.脚手架搭至两步及以上时,必须在脚手架外立杆内侧设置 1.2m 高的防护栏杆。

5.架体外侧必须用密目式安全网封闭,网体与操作层不应有大于 10mm 的缝隙;网间不应有 25mm 的缝隙。

(三)斜道和挂梯

为保证施工人员安全上下脚手架,在施工组织时要安排好上下通道,并做好标识,以免工人违章翻爬脚手架。一般情况下落地式脚手架应按规定搭设斜道、挂梯;斜道坡度(水平长度与垂直高度之比)走人时取不大于 1:3;运料时取不大于

1:4,一般取1:6;坡面应每300mm等距离设置绑扎牢固的防滑条,防滑条一般应采用木方或螺纹钢,不能使用无防滑作用的竹条等材料。在构造上,当架体高度小于6m时可采用"一"字形斜道,当架体高度大于6m时应采用"之"字形斜道,斜道的杆件应单独设置。挂梯可用钢筋预制,其位置不应在脚手通道的中间,也不应垂直贯通。

(四)检查验收

脚手架构配件进场后应按规定进行质量和数量方面的检查和验收,并及时收集相关证明资料:产品质量合格证;法定检测单位的质量检验、测试报告;生产许可证等。

脚手架搭设安装前,应先对基础等架体承重部位进行验收;搭设安装后应进行分段验收以及总体验收;遇有六级大风与大雨、停用超过一个月、由结构转向装饰施工阶段时,对脚手架应重新验收,并办好相关手续。挑、挂、吊特殊脚手架须由企业技术部门会同安全施工管理部门验收合格后才能使用。验收要定量与定性相结合,验收合格后应在架体上悬挂合格牌、限载牌、操作规程牌,并应写明使用单位、监护管理单位和责任人。

脚手架通常应每月进行一次专项检查,内容包括杆件的设置和连续、地基、扣件、架体的垂直度、安全防护措施等是否符合相关规定要求。

(五)安全管理

从事架体搭设人员必须是经过按现行国家标准《特种作业人员安全技术考核管理规则》(GB5036)考核合格的专业架子工,且取得政府有关监督管理部门核发的特殊工种操作证;当参与附着式升降脚手架安装、升降、拆卸操作时,还必须持建设行政管理部门核发的升降脚手上岗证。上岗人员应定期体检,合格后方可持证上岗,凡患有不适合高处作业病症的不准参加高空作业。架子工作业时必须戴好安全帽、安全带和穿防滑鞋。

作业层上的施工荷载应符合设计要求,不得超载。不得将模板支架、缆风绳、泵送混凝土和砂浆的输送管等固定在脚手架上;脚手架不得与其他设施如井架和施工升降机运料平台、落地操作平台、防护棚等相连;严禁悬挂起重设备。

在脚手架使用期间,严禁拆除主节点处的纵横向水平杆和扫地杆、连墙件。其他各种杆件及安全防护设施也不能随意拆除。如因施工确需拆除,应事先办理拆除申请手续。有关拆除加固方案应经工程技术负责人和原脚手架工程安全技术措施审批人书面同意后,方可实施。

在脚手架上进行电、气焊作业时,必须有防火措施和专人监护。

工地临时用电线路的架设及脚手架接地、避雷措施等,应按《施工现场临时用电安全技术规范》(JGJ46)的有关规定执行。

(六)脚手架的拆除

脚手架拆除应在统一指挥下作业,拆除必须由上而下按先搭后拆的顺序逐层进行,严禁上下同时作业。地面应设围栏和警戒标志,严禁非操作人员入内,并派专人监护和做好监控记录。

拆除连墙件、剪刀撑等,必须在脚手架拆到相关部位方可拆除,严禁先将连墙件整层或数层拆除后再拆脚手架;分段拆除高差不应大于两步。工人必须站在固定牢靠的脚手板上进行拆除作业,并按规定使用安全防护用品。拆除时,各构配件严禁抛掷至地面。

五、多立杆脚手架的构造

（一）立杆基础

扣件式钢管脚手架,当地基土质良好时,可用厚8mm、直径或边长为150mm的钢板做成底板,外径57mm、壁厚3.5mm、长150mm焊接管做成的套筒焊接而成的立杆底座(见图7-2),直接放置于夯实的原土上;当地基土质较差或为夯实的回填土时,应在底座下加上宽不小于200mm、厚50~60mm,且面积不小于底座面积三倍的木垫板;如果立杆无

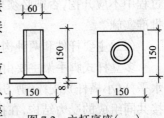

图7-2 立杆底座(mm)

底座则应在平整夯实的地面上铺设厚度不小于120mm,且面积不小于底座面积三倍的混凝土垫块。高层脚手架当立杆有底座时,在地面平整夯实后,上铺100~200mm厚道碴,做好排水,再放置厚度不小于120mm,面积不小于400mm×400mm的混凝土垫块,底座放置于混凝土垫块之上;当立杆无底座时,应在混凝土垫块上纵向仰铺统长12~16号槽钢,立杆再放置于槽钢上(见图7-3)。

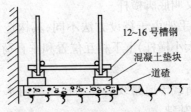

图7-3 高层脚手架立杆铺设

木、竹脚手架的立杆与剪刀撑的底脚应挖潭埋置,埋深300~500mm。立杆应设扫地杆。

立杆基础是脚手架的整体承压部位,为使立杆基础坚实,其基本要求为:一般脚手架搭设范围内地基土应夯实找平,并做好排水。架体一经搭设,在其下部或附近不得随意进行挖掘作业。当脚手架基础下有设备基础、管沟时,在脚手架使用过程中不应开挖,否则必须采取加固措施,并报技术主管部门批准实施。

(二)主要杆件和两种构造形式

多立杆式脚手架主要由立杆、纵向水平杆(大横杆)、横向水平杆(小横杆)、支撑(剪刀撑、斜撑、抛撑)、脚手板和附墙拉接共同组成的受力结构,在搭设使用中又可分为单排架、双排架和满堂架等。其主要杆件有:

立杆:又叫立柱、冲天杆、竖杆、站杆等。

纵向水平杆:又叫大横杆、牵杠、顺水杆等。

横向水平杆:又叫小横杆、横楞、横担、楞木、排木、六尺杆等。

剪刀撑:又叫十字撑、十字盖。

斜撑:又叫斜杆、之字撑。

抛撑:又叫支撑、压栏子。

扫地杆:又叫底脚横杆。

多立杆脚手架由于搭设方法不同,其构造形式通常按纵横向水平杆(大小横杆)上下相互位置和垂直荷载传递路线的不同分为两种:

第一种:荷载传递路线为脚手板→纵向水平杆→横向水平杆→立杆→基础。

第二种:荷载传递路线为脚手板→横向水平杆→纵向水平杆→立杆→基础。

由于上海等南方地区常选用竹笆作为脚手板,而北方地区多选用木板作为脚手板,同时考虑脚手板铺设的平顺严密,南方地区常见的是第一种构造形式,即横向水平杆在纵向水平杆之下;北方地区常见的是第二种构造形式,即横向水平杆在纵向水平杆之上。

(三)单排脚手架的设置要求

1．适用范围

(1)单排扣件式钢管脚手架搭设高度不得超过24m。

(2)单排木脚手架搭设高度不宜超过20m。

(3)竹脚手架、角钢脚手架不准搭设单排。

2．构造要求

(1)单排扣件式钢管脚手架、木脚手架一般不得用于半砖墙、厚180mm及以下的墙体、土坯墙、轻质空斗墙、砌筑砂浆强度在M10以下以及建筑物高度超过24m等墙体施工。

空斗墙上留置脚手眼时,横向水平杆下必须实砌两皮砖。

(2)不得在下列部位留置架眼：

1)砖过梁上与梁呈60°角的三角形范围内。

2)砖柱或宽度小于740mm(木脚手架)的窗间墙。

3)梁和梁垫下及其左右各370mm的范围内。

4)门窗洞口两侧240mm和转角处420mm(木脚手架)范围内。

5)设计图纸上规定不允许留洞眼的部位。

六、普通落地脚手架

(一)扣件式钢管脚手架

1．适用范围

(1)双排扣件式钢管脚手架单立杆搭设高度不得超过30m。(纵距取1.8m)

(2)采用双并立杆或缩小立杆间距搭设高度不宜超过

50m。且≤24m 时称为一般脚手架；>24m 时称为高层脚手架。

(3)满堂扣件式钢管脚手架搭设高度不宜超过 30m。

2．构造参数与搭设要求

(1)构造参数(见表 7-1，表 7-2)

常用敞开式双排脚手架的设计尺寸(m)　　表 7-1

连墙件设置	立杆横距 l_b	步距 h	下列荷载时的立杆纵距 l_a(m)				脚手架允许搭设高度 [H]
			2+4×0.35 (kN/m²)	2+2+4×0.35 (kN/m²)	3+4×0.35 (kN/m²)	3+2+4×0.35 (kN/m²)	
二步三跨	1.05	1.20~1.35	2.0	1.8	1.5	1.5	50
		1.80	2.0	1.8	1.5	1.5	50
	1.30	1.20~1.35	1.8	1.5	1.5	1.5	50
		1.80	1.8	1.5	1.5	1.2	50
	1.55	1.20~1.35	1.8	1.5	1.5	1.5	50
		1.80	1.8	1.5	1.5	1.2	37
三步三跨	1.05	1.20~1.35	2.0	1.8	1.5	1.5	50
		1.80	2.0	1.5	1.5	1.5	34
	1.30	1.20~1.35	1.8	1.5	1.5	1.5	50
		1.80	1.8	1.5	1.5	1.2	30

常用敞开式单排脚手架的设计尺寸(m)　　表 7-2

连墙件设置	立杆横距 l_b	步距 h	下列荷载时的立杆纵距 l_a(m)		脚手架允许搭设高度 [H]
			2+2×0.35 (kN/m²)	3+2×0.35 (kN/m²)	
二步三跨 三步三跨	1.20	1.20~1.35	2.0	1.8	24
		1.80	2.0	1.8	24
	1.40	1.20~1.35	1.8	1.5	24
		1.80	1.8	1.5	24

(2)搭设要求

扣件式钢管脚手架施工前应按规定编制专项施工组织设计或方案。

立杆的接长除在顶层顶步时可采用搭接形式外,其余各层各步接头必须采用对接扣件连接。对接时扣件相互应交错布置,也就是相邻两立杆的连接点不应设在同步同跨上,相邻两立杆的连接点在高度方向应错开不小于 500mm,且连接点距离纵横向水平杆(大小横杆)不大于步距的 1/3(见图 7-4)。搭接时应采用不少于两个旋转扣件固定,搭接长度不小于 1m。

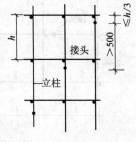

图 7-4　立杆的连接

立杆垂直度偏差:

当架高≤30m 时:

纵向不大于 $H/200$,且不大于 100mm。

横向不大于 $H/400$,且不大于 50mm。

当架高>30m 时:

纵向不大于 $H/400$,且不大于 100mm。

横向不大于 $H/600$,且不大于 50mm。

纵向水平杆(大横杆与搁栅)的连接,对接时连接点应交错布置,里外纵向水平杆的连接点应相互错开,水平距离不小于 500mm,且距离立杆的水平距离不大于 1/3 的跨距,也即对接连接点不应处在跨中部分(见图 7-5)。纵向水平杆的连接一般情况下不采用搭接,若采用搭接形式则搭接长度不小于 1m,且用三个扣件等距紧固。

纵向水平杆的水平偏差:

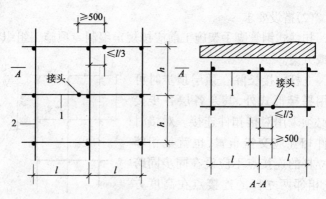

图 7-5 纵向水平杆的连接

不大于总长度的 1/300,且不大于 50mm。

横向水平杆的设置,在主节点处必须设置一根横向水平杆,用直角扣件扣接且严禁拆除。

扫地杆的设置,无论单、双排脚手架必须设置纵、横向扫地杆。纵向扫地杆应采用直角扣件固定在距底座上皮不大于 200mm 处的立杆上。横向扫地杆亦应采用直角扣件固定在紧靠纵向扫地杆下方的立杆上。当立杆基础不在同一高度上时,必须将高处的纵向扫地杆向低处延长两跨与立杆固定,高低差不应大于 1m。靠边坡上方的立杆轴线到边坡的距离不应小于 500mm(见图 7-6)。

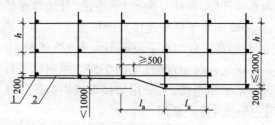

图 7-6 纵横向扫地杆的构造

剪刀撑钢管的连接应采用搭接形式,搭接长度应不小于1m,且用不少于两个旋转扣件紧固,当采用对接形式时,应双管并联使用,且一付剪刀撑的双管连接点不能同时处在同步同跨内。

当架高≤24m时,单、双排脚手架,均必须在外侧立面的两端各设一道剪刀撑,并应由底至顶连续设置;中间各道剪刀撑之间净距不应大于15m。

当架高大于24m时,必须沿外侧立面整个长度和高度上连续设置剪刀撑。每付剪刀撑宽度应不小于6m,且不大于9m;剪刀撑与地面夹角应为45°~60°。

剪刀撑、横向斜撑搭设应随立杆、纵向和横向水平杆等同步搭设。

附墙拉接的作用主要是抵抗风荷载及垂直荷载的偏心影响,以及减小立杆的长细比。拉接是防止脚手架变形失稳的重要措施,其数量的多少及布置形式间距大小对架体的承载能力有很大的影响。

拉接分为软拉接(柔性连墙件)和硬拉接(刚性连墙件),连墙件必须采用可承受拉力和压力的构造。

一字型、开口型脚手架两端必须设置横向斜撑和连墙件,连墙件的垂直间距不应大于建筑物的层高,并不大于4m(两步)。

一般情况下脚手架高度≤24m时,可采用拉筋和顶撑配合使用的软拉接;对高度在24m以上的双排脚手架,必须采用刚性连墙件与建筑物可靠连接,并应经过设计、计算。

通常情况下,拉接沿垂直方向的间距不大于4m,水平方向的间距不大于6m,攀拉脚手架的部位应该是立杆与纵横向水平杆(大小横杆)交叉点的上下左右200mm范围内,在架体的断开处和架体的顶部拉接点应适当加密。根据以上要求，上海地区的脚手架，通常应沿垂直方向每二步(3.6m)，水平方向每三跨(5.4m)设置一处拉接。

当采用密目网对架体进行封闭防护时，拉接点必须加密，一般将水平方向每三跨改为每二跨(3.6m)设置一处拉接。

拉接点的排列形式有梅花形和井字形两种，据有关理论分析，在同等条件下梅花形排列比井字形排列的架体临界荷载可提高10.6%。因此，拉接点的排列形式应提倡梅花形排列(见图7-7)。

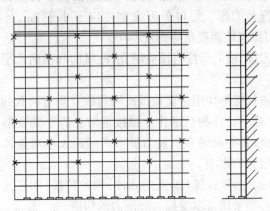

图 7-7 拉接点的排列形式(梅花形)

每个拉接点处的拉接件，强度应不小于8.0kN，构造上除拉接件应与墙体垂直设置外，还应符合以下要求：

1) 软拉接

在结构内预埋钢筋环，用小横杆顶住墙面，并在立杆与小横杆交叉点附近，用 $\phi 4mm$ 镀锌钢丝或 $\phi 8 \sim 10mm$ 圆钢筋，绕住立杆，与钢筋环绑牢形成一支一拉。此时镀锌钢丝或钢筋承受拉力，横向水平杆承受压力，因软拉接刚度较差，在使用上受到限制，一般仅能用于高度不大于24m的敞开式脚手架。

当脚手架采取密目式安全网进行全封闭时,架体附墙拉筋应按下列要求选择:

连墙体间距		
二步三跨	用钢丝(一般用途热镀锌低碳钢丝)φ4×3根/双股;	用钢筋 φ10。
二步二跨	用钢丝(一般用途热镀锌低碳钢丝)φ4×2根/双股;	用钢筋 φ10。
一步二跨或二步一跨	用钢丝(一般用途热镀锌低碳钢丝)φ4×2根/双股;	用钢筋 φ8。

在设置时还应注意,镀锌钢丝或钢筋只能在结点处缠绕,结点之间应减少缠绕,以免造成镀锌钢丝或钢筋强度的损失。此外,拉撑点要尽量靠近,间距不能过大(见图7-8)。

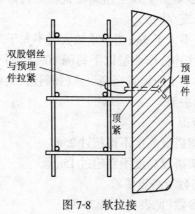

图7-8 软拉接

2)硬拉接

当用钢管扣件组成时,由于扣件的承载能力远低于钢管的承载能力,所以在设计计算时,拉接的承载力取一个扣件的抗滑移值(8.0kN),当水平荷载较大时应增加扣件数,以通过提高扣件的抗滑移力来提高拉接的承载力。当用钢管螺栓组成时,螺栓直径不小于12mm,所用的承压连接钢板厚不小于4mm(见图7-9)。

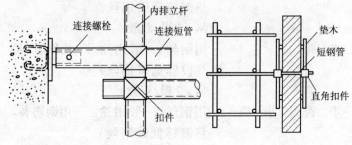

图7-9　硬拉接

满堂脚手架的四角必须设置抱角斜撑,四周外立杆必须设剪刀撑,中间每隔四排立杆必须沿纵长方向设一道剪刀撑,斜撑、剪刀撑必须从下到上连续设置。上料口及周圈应设置安全防护栏杆或立网。

立杆间距不大于2m,当承重较大时不大于1.5m。作业层的脚手板必须满铺,作业层以下每隔10m应用平网或其他措施封闭。架体上下应设置登高设施(如斜道、爬梯)。

(二)木脚手架

1．适用范围

(1)双排架搭设高度不得超过25m。

(2)满堂架搭设高度不宜超过15m。

2．构造参数及搭设要求

(1)构造参数(见表7-3、表7-4)

(2)搭设要求

搭设木脚手架前,先根据建筑物的平面形状,长宽尺寸和搭设高度等,确定搭设形式,并制订施工组织设计或方案。

单、双排木脚手架的构造参数(m)　　表 7-3

用途	构造形式	内立杆轴线至墙面距离	立杆间距 横距	立杆间距 纵距	作业层横向水平杆间距	纵向水平杆竖向间距	横向水平杆靠墙方向的悬臂长	备注
结构架	单排	——	≤1.2	≤1.5	L≤0.75	1.2~1.5		不宜用竹笆
结构架	双排	0.5	≤1.2	≤1.5	L≤0.75	1.2~1.5	0.35~0.45	
装修架	单排	——	≤1.2	≤1.5	L≤1.0	≤1.8		不宜用竹笆
装修架	双排	0.5	≤1.2	≤1.5	L≤1.0	≤1.8	0.35~0.45	

注:脚手架上不走运输车辆时,可采用竹笆。

满堂木脚手架的构造参数(m)　　表 7-4

用途	控制荷载	立杆纵横间距	横杆竖向间距	纵向平拉杆设置	作业层支撑杆间距	靠墙立杆离开墙面距离	脚手板铺设 架高5m以内	脚手板铺设 架高大于5m
结构架	3 kN/m	不大于1.5	1.4	两侧每步一道 中间每两步一道	0.75	根据需要而定	满铺	满铺
装修架	2 kN/m²	不大于1.2	1.8	两侧每步一道 中间每两步一道	1.0	0.5~0.6	板间空隙不大于0.2	满铺

搭设时,应清除场地内的障碍物,根据需要和杆件特征选好立杆、水平杆等;应把根大、梢小的杆子作为立杆,直径匀称的作为水平杆,稍有弯曲的作为斜杆,然后按所确定的立杆距离放线挖坑,深度 300~500mm。埋杆前应先将坑底夯实,并于底部垫以木块等,以防下沉,埋杆后用石块卡紧分层夯实。杆身沿纵向垂直允许偏差为架高的 1/1000,且不得大于 100mm,并不得外倾。立杆根部地表面必须加设扫地杆。

立杆接长,其搭接长度不应小于 1.5m,绑扎不少于 3 道,每道间距 600~750mm。为保证脚手架的稳定性,相邻立杆的接头应互相错开一个步距或跨距。为保证重心在一直线上,如果第一次接头在左边,第二次则在右边,第三次又在左边,依此类推。接杆时应大头朝下,小头朝上,上下垂直。立杆搭接到建筑物顶时,里排立杆要低于檐口 100~500mm,外排立杆则要高于檐口:平屋顶 1.2m;坡屋顶 ≥1.5m,以便绑扎防护栏杆。最后一根立杆的接头应大头朝上,且将杆子的多余部分下错,俗称封顶。

纵向水平杆一般绑扎在立杆里侧,为使杆件表面保持水平,其接头应大小头搭接,小头放在大头的上面,搭接要求与立杆相同,接头位置要上下里外错开,同一步架内,两根大横杆的接头,不应在同一跨内。

当横向水平杆绑扎在纵向水平杆之上时,单排架横向水平杆大头应朝里;双排架大头应朝外。靠立杆的横向水平杆应与立杆绑扎,上下相邻的横向水平杆应分别绑在立杆的不同侧面,以使立杆能中心受荷,横向水平杆伸出纵向水平杆的长度不应小于 200mm。

二步以上的脚手架,每步应绑扎 1.2m 的防护栏杆,并设 180mm 的挡脚板。

脚手架在搭到 3 步以上时,必须设置斜撑(架长 15m 以内)、剪刀撑(架长 15m 及以上)、抛撑。

单、双排脚手架,30m 以上均应在建筑物尽端、转角和中间每隔 15m 的地方,沿纵向设置间隔式剪刀撑;架长 30m 以内沿纵向设置连续式剪刀撑。剪刀撑与立杆、纵向水平杆的交叉点应全部绑扎牢固,纵向剪刀撑应从上到下设置到顶。上下两道剪刀撑的端部应交接,并绑扎在立杆上,每付剪刀撑的大头应置于下面,最下面剪刀撑的底脚,应距立杆 700mm,并埋入土中 300mm 以上。

斜撑、剪刀撑与地面夹角为 45°~60°,剪刀撑宽度应不小于 6m 且不大于 9m。

抛撑其间距不得大于 7 根立杆,底脚应埋入土中至少

200mm。

架高大于 7m 时,必须设连墙件与建筑物牢固连接,连接点除首步必须按规定设置外,竖向应每隔三步三跨(双排结构架)或两步三跨(双排装修架)设置一个;结构或装修单排架应两步两跨设置一个。连墙点的做法:可在墙体内预埋钢筋环或在墙体内侧放置短木棍,用 8 号镀锌钢丝或回火钢丝穿过钢筋环或捆牢短木棍以拉紧架子的立杆,同时将横向水平杆顶住墙面。拉接点未经许可严禁任何人擅自拆除。连墙件做法(见图 7-10):

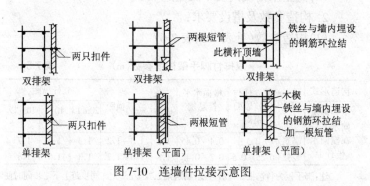

图 7-10 连墙件拉接示意图

满堂脚手架的四角必须设置抱角斜撑,四周外排立杆必须设剪刀撑,中间每隔四排立杆必须沿纵长方向设一道剪刀撑,斜撑、剪刀撑(装修架高大于 5m)必须连续设置。上料口及周圈应设置安全防护栏杆或立网。

脚手板的铺设:双排架在墙与里排立杆之间,一般铺两块,宽度 400~500mm,里外立杆之间应满铺。接头为搭接时,必须搭在横向水平杆上,板端头超出横向水平杆的长度不应小于 200mm,搭接方向应符合运输方向。对接时接头下面应设两根横向水平杆,并使板端距横向水平杆不大于 200mm。

脚手板如有不平之处,禁止用砖块、瓦片等易碎物垫塞,须用木块垫好,并用绳子绑牢。同时,每隔三层或不大于10m要保留一步架的脚手板,门口或通道口上方的脚手板应保留,以防高空坠落物伤人;满堂架脚手板铺好后立杆不应露头,且作业层四角的脚手板应与纵向水平杆绑扎牢固。

(三)竹脚手架

1. 适用范围

(1)双排架搭设高度不宜超过20m。

(2)满堂架搭设高度不宜超过15m。

2. 构造参数及搭设要求:

(1)构造参数(见表7-5、表7-6)

双排竹脚手架构造参数(m)　　　　表7-5

构造形式	用途	里立杆与建筑墙面距离	横向水平杆悬挑长度	垂直步距	立杆横距	立杆纵距		
						20m以上	10~20m	10m以下
第一种纵向水平杆在横向水平杆上	砌筑	0.5	0.4~0.45	1.8	1.0~1.2	1.3	1.5	1.7
	装修	0.25~0.5	0.2~0.45	1.8	1.0~1.2	1.3	1.5	1.8

注:脚手板为竹笆板。荷载控制:砌筑架2.7kN/m²,允许同步跨上下二步同时使用;装修架2.0kN/m²,允许同步跨上下三步同时使用。

双排竹脚手架构造参数(m)　　　　表7-6

构造形式	用途	里立杆与建筑墙面距离	横向水平杆悬挑长度	操作层横向水平杆间距	垂直步距	立杆横距	立杆纵距		
							20m以上	10m~20m	10m以下
第二种纵向水平杆在横向水平杆下	砌筑	0.5	0.4~0.45	≤0.75	1.2(底部1.8)	1.0~1.2	1.3	1.5	1.7
	装修	0.25~0.5	0.2~0.45	≤1.0	1.5~1.8	1.0~1.2	1.3	1.5	1.8

注:脚手板为木板或竹片板。荷载控制:砌筑架2.7kN/m²,允许同步跨上下二步同时使用;装修架2.0kN/m²,允许同步跨上下三步同时使用。

(2)搭设要求

搭设竹脚手架时,在立杆旁必须加设顶撑,顶住横向水平杆。顶撑必须采用竹子中段以下部分,每道顶撑扎箍三道或与立杆绑牢,底层顶撑下端应设垫块,以免下沉。

立杆的接长,其搭接长度应不小于1.8m或一个步距,垂直偏差不大于1/200且不得超过100mm;纵向水平杆的接长的搭接的长度应不小于1.8m,水平偏差不大于1/300且不得超过50mm,挠度不大于1/150。每一搭接处绑扎不少于5道,间距300mm。剪刀撑、斜撑、抛撑的设置,以及立杆、抛撑、剪刀撑底脚的埋设深度,与木脚手架的要求相同。

竹脚手架各杆件的绑扎主要采取斜线法,凡绑扎一个部位称为一道亦称为"户",其方法有:

1)翘户——上翘或下翘(见图7-11)。横向水平杆与立杆绑扎先扎里立杆,绑扎时,一头略向上抬高或下垂进行绑扎收紧,然后复位与立杆成90°,再扎外立杆。横向水平杆一般取大头朝里,满足悬挑刚度。需要注意的是,实施翘户的相邻部位,其斜线绑扎件的方向必须相反(俗称"倒八字"或"顺八字")。否则同向后,会引起同步层的架体朝一个方向倾侧。

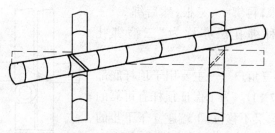

图7-11 横向水平杆上翘绑扎法

2)落户——纵横向水平杆之间的连接。落户也可采用水平翘户的方法,如纵向水平杆根接根时,因其中一根除了与横向水平杆连接外,还要与立杆连接,而另外一根只能与横向水平杆作单道绑扎。为了提高纵向水平杆的紧密度,与横向水平杆也可以作水平翘户的连接方法。

3)封户——两根同方向杆件的连接(见图7-12)。如顶杆与立杆的绑扎;纵向水平杆梢接梢的绑扎。

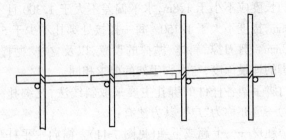

图7-12 纵向水平杆封户绑扎法

4)串户——两根同方向杆件相交于第三根不同方向的杆件,为了达到杆杆紧、道道紧的效果,第三根杆件必须与前两根杆件独立连接绑扎。如斜杆与立杆、顶杆,环圆的上杆与下杆,三根杆子相交处,不能同时绑三根,应每两根一绑,即先绑一、二根,再绑一、三根,然后绑二、三根,这种绑扎法亦称为"三箍绑扎法"。

5)三角户——主要用于顶杆底部(见图7-13)。为了保证顶杆有可靠的支承度,又不移位,下端座立于下步的横向水平杆面上紧靠里侧纵向水平杆,采用立杆、纵向水平杆与顶杆底部作三角绑扎,这种方法叫"三角

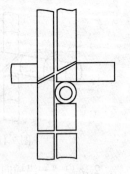

图7-13 三角户绑扎法

户"。

竹脚手架应使用竹脚手板或木脚手板,不宜使用钢脚手板。木脚手板、竹串片脚手板的铺设与木脚手架相同,但采用竹笆板时,在里外纵向水平杆中间应加设不少于两根的搁栅。

七、工具式脚手架

(一)门式(或门型、框式)钢管脚手架

1. 适用范围

(1)结构架搭设高度不宜超过45m。

(2)装饰架搭设高度不宜超过60m。

(3)满堂架搭设高度不宜超过10m。

2. 构造参数及搭设要求

(1)构造参数(见表7-7、表7-8、表7-9)

脚手架操作层均布荷载标准值 Q_k(kN/m²)　　表7-7

脚手架用途	结　构	装　修
均布施工荷载	3.0	2.0

注:架高在40~45m范围内可两层同时操作,架高19~38m范围内可三层同时操作,架高17m以下可同时四层操作。但在一个跨距内各操作层的施工均布荷载标准值总和不得超过5.0kN/m²。架上不宜走手推车。

脚手架连墙件间距　　表7-8

搭设高度(m)	基本风压 w_0(kN/m²)	连墙件间距(m)	
		竖向	水平向
≤45	≤0.55	≤6.0	≤8.0
	>0.55	≤4.0	≤6.0
>45	—		

脚手架地基基础要求　　表 7-9

搭设高度 (m)	地基土质		
	中低压缩性且压缩性均匀	回填土	高压缩性或压缩性不均匀
≤25	夯实原土,干重力密度要求 15.5kN/m²。立杆底座置于面积不小于 0.075m² 的混凝土垫块或垫木上	土夹石或灰土回填土夯实,立杆底座置于面积不小于 0.1m² 的混凝土垫块或垫木上	夯实原土,铺设宽度不小于 200mm 的通长槽钢或垫木
26~35	混凝土垫块或垫木面积不小于 0.1m²,其余同上	砂夹石回填土夯实,其余同上	夯实原土,铺厚不小于 200mm 的砂垫层,其余同上
36~60	混凝土垫块或垫木面积不小于 0.15m² 或铺通长槽钢或垫木,其余同上	砂夹石回填土夯实,混凝土垫块或垫木面积不小于 0.15m² 或铺通长槽钢或木板	夯实原土,铺 150mm 厚道渣夯实,再铺通长槽钢或垫木,其余同上

(2)搭设要求

搭设脚手架的场地必须平整严实,并做好排水,回填土必须分层回填,逐层夯实。

门式脚手架的钢管应平直,平直度允许偏差为管长的 1/500;两端应平整,不得有斜口、毛口;严禁使用有硬伤(硬弯、砸扁等)及严重锈蚀的钢管。

门式脚手架基本结构包括门架(见图 7-14)、交叉支撑、连接棒、挂扣式脚手板、或水平架、锁臂、托座与底座等。门式脚手架之间的连接,在垂直方向使用连接棒和锁臂;在脚手架纵向使用交叉支撑,在架顶水平面使用水平架或脚手板,三者构成基本组合

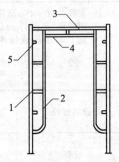

图 7-14 门架
1—立杆;2—立杆加强杆;
3—横杆;4—横杆加强杆;
5—锁销

单元。再设置水平加固杆、剪刀撑、扫地杆、封口杆将基本单元相互连接起来,并增加梯子、栏杆等部件,采用连墙件与建筑物主体结构相连构成整片脚手架(见图7-15)。

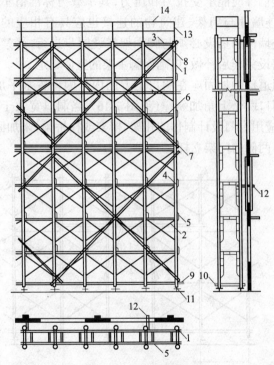

图7-15 门式脚手架的组成
1—门架;2—交叉支撑;3—脚手板;4—连接棒;5—锁臂;
6—水平架;7—水平加固杆;8—剪刀撑;9—扫地杆;
10—封口杆;11—底座;12—连墙件;13—栏杆;14—扶手

底座有三种:可调节底座,能调高200~550mm;简易底座无调高功能;带脚轮底座多用于操作平台。

脚手板一般为钢脚手板,两端搁置在门架横梁上用挂扣扣紧,这是加强脚手架水平刚度的主要构件,应每隔3~5层设置一层脚手板。

连墙件应能承受拉力和压力,其承载力标准值不应小于10kN;连墙件与门架、建筑物的连接也应具有相应的连接强度。连墙件的搭设必须与脚手架搭设同步进行,严禁滞后设置或搭设完毕后补做,以确保脚手架的整体稳定。

通道口的加固应在洞口上方的内外侧设置水平加固杆,并在洞口两个上角加斜撑(见图7-16);当洞口宽大于两个跨距时,应用专门设计制作的托架(桁架或栈桥梁)来加固,并加强洞口两侧的门架立杆。

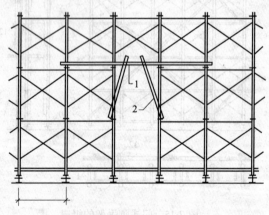

图7-16 通道口加固示意图
1—水平加固杆;2—斜撑杆

斜梯应采用挂扣式钢梯,并应采用"之"字形分别扣挂在上下两层门架的横梁上。梯段不宜上下垂直贯通。

安装时应严格控制首层门式架的垂直度和水平度,一定要使门架竖杆在两个方向的垂直偏差均在 2mm 以内,顶部水平偏差控制在 5mm 以内。

安装门架时,上下榀门架的组装必须设置连接棒及锁臂,连接棒直径应小于立杆内径的 1~2mm,竖杆之间要对齐,对中偏差不应大于 3mm,并相应调整门架的垂直度和水平度。水平架在脚手架的顶层门架上部、连墙件设置层、防护棚设置处必须设置。

门架与门架之间的交叉支撑和水平梁架或脚手板应紧随门架的安装及时设置,连接门架与配件的锁臂、搭钩必须处于锁住状态。如作业需要拆除里侧交叉支撑时,必须事先提出申请,并制订加固方案,经技术负责人批准后方可实施,否则严禁拆除。

脚手架底部内外侧要设通长的扫地杆、封口杆。

脚手架超过 20m 时,应在脚手架外侧每隔 4 步设置一道连续闭合的纵向水平加固杆,以及设置连续剪刀撑,剪刀撑与地面夹角 45°~60°,宽度宜为 4~8m,以加强整片脚手架的稳定性。

扫地杆、封口杆、加固杆、剪刀撑必须与脚手架同步搭设,并应用扣件钢管与门架立杆扣紧。

(二)碗扣式钢管脚手架

碗扣接头是由上、下碗扣和限位销按 600mm 间距设置在钢管立杆上,其中下碗扣和限位销是直接焊在立杆上,而上碗扣只要将其缺口对准限位销后,就能沿立杆向上滑动,待把横杆接头插入下碗扣圆槽内(可同时插四根横杆),随后将上碗扣沿限位销滑下,用锤子沿顺时针方向敲击几下扣紧横杆接头(见图 7-17)。

它的主要构配件有立杆、顶杆、横杆、斜杆和支座五种。

辅助构配件用于作业面的有搭边横杆、间横杆、搭边间横杆、挑梁和搭边挑梁五种;用于整体连接的有立杆连接销,连墙撑和直角撑三种;脚手板和梯步有脚手板、斜脚手板和踏步梯(爬梯)三种;用于其他脚手架的有爬升挑梁(用来构成挑架),安全网支架和提升滑轮(用其提升小件物料)三种。

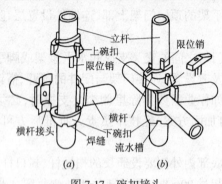

图 7-17 碗扣接头
(a)连接前;(b)连接后

根据不同使用要求,装修一般用轻型架;普通架作为砌筑架;重型架用于荷载较大的情况。

碗扣式钢管脚手架其组合方法有:

1. 曲线布置组合,按曲率的要求使用不同长度的横杆进行组合,但曲率半径不能小于 2.4m。

2. 直角交叉构造,采用直角拼接或用直角撑实现任意部位的直角交叉。

斜撑的网格应与架子的尺寸相适应,一般情况应尽量与脚手架的节点相连,但也可错节布置。且应注意,当脚手架高度低于 30m 时,斜撑杆的布置密度应为整架面积的 1/2～1/4;架高大于 30m 时,应为整架面积的 1/2～1/3,且必须双侧对称布置,并应分布均匀。脚手架横向斜杆的布置应与连墙点相对应,进行作业时可暂时拆去,作业完成后应立即装上,以确保脚手架的横向稳定。

连墙件与结构的连接方法同门型脚手架,双排脚手架在 $15\sim20m^2$ 范围内设置一个(即大致水平间隔 3～4 根立杆,垂直相隔 3 步)连墙点,架高超过 30m 时,底部应适当加密;单排架可按 3 根立杆和 3 步设一个连墙点。

钢脚手板的挂钩应完全落在横杆上,木脚手板的两端头应落在搭边横杆的翼边上,不得浮搁,同时在作业层的外侧应加设护栏杆和挡脚板。

斜脚手板只限定在 1.8m 纵距的脚手架使用,坡度为 1:3,并需在图 7-18 所示的 A、B、C 点上增设横杆。

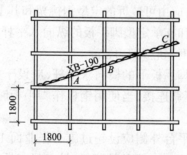

图 7-18 斜脚手板的布置

搭设时对地基的要求同扣件式钢管脚手架,立杆底座同样应用钉钉牢在垫木上。

立杆的接长应错开,即第一层应用长 1.8m 和 3.6m 的立杆错开布置,往上则采用 3.6m 的立杆,至顶再用 1.8m 的立杆找平,内立杆离墙面为 350～450mm,立杆的垂直度控制:30m 以下 1/200,30m 以上 1/400～1/600,且全高不得大于 100mm。立杆底部扫地杆做法与扣件式钢管脚手架相同。

脚手架拼装到3~5步时,应用经纬仪检查横杆的水平度和立杆的垂直度。

剪刀撑与连墙件应随搭设高度及时加上,并固定拉接牢靠紧密。

(三)桥式脚手架

桥架的最大跨度一般不超过12m,起拱高度一般为跨长的3/1000,桥体结构截面高和宽不能小于650mm×800mm,桁架宜采用等节间的空间抗扭杆件体系,当用于24m高及其以下的建筑物时,桥架柱断面宜为方形或矩形,其边长不应小于500mm;桥体结构宜做成分段组合体,两桥体间,除做一般结构构造连接处理外,每侧下弦连接螺栓不得少于2个。

桥体挑台,应由可装拆的定型钢挑架和其上部工作台(包括定型脚手板和支承定型脚手板的纵向水平杆)组成,定型钢挑架的悬挑跨度不应大于1.2m。

桥体平台脚手板下的横向水平杆,应设于桥体桁架节点上,并与桥体可靠连接,当使用钢板作脚手板时,要做防滑处理。

桥体工作平台外侧应设超过施工作业面1.5m以上的护身栏和不小于180mm高的挡脚板,护身栏与桥体应有牢固的连接,护身栏作法同吊篮。

桥架立柱应与建筑物刚性拉接,拉接的垂直间距不大于4m,转角处两立柱之间也应在相应的高度相互固定;桥架立柱节与节之间,应用M12螺栓进行上下连接,每边应不少于2个。

桥架必须设有两套防坠落的安全装置,其中一套为自动保险应急装置,具有防断绳、脱钩的功能。

搭设时桥架立柱基础必须按设计规定做好,基础标高误差不得大于20mm。

组装搭设时,桥架、立柱、支撑等构件,必须按设计要求将螺栓全部拧紧,不得漏装或随意改变规格,安装时不许自行扩孔。

桥架的立柱安装要垂直,每节立柱对垂直轴线的偏差不得大于每节高度的1/500,同时每根立柱总高垂直轴线偏差也不得大于20mm;桥架立柱应分节安装,严禁多节一次安装,安装时可用起重机械就位,人工安装第一节立柱时,要在两个方向同时用临时支撑固定。继续安装时,须将已安装好的立柱与建筑物固定牢靠后方可进行,桥体以上只允许有一节不与建筑物固定,在特殊情况下做不到时,应采取其他措施保证立柱的稳定。

桥体升层时,应用倒链手动提升,禁止采用起重机提升。

八、特殊挑、挂、吊脚手架

(一)挑脚手架

挑脚手架是一种利用悬挑在建筑物上支承结构搭设的脚手架,架体的荷载通过悬挑支承结构传递到主体结构上,上部搭设脚手架的方式与普通脚手架相同,其纵距一般不宜大于1.5m,步距为1.8m,须按要求设置连墙点,进行硬拉接,且架体高度不得超过25m。当架体较高时,应分段设置悬挑支承结构。悬挑支承结构作为挑脚手架的关键部分,必须具有一定的强度、刚度和稳定性。

悬挑支承结构的形式一般均为三角形桁架,根据所用杆件的种类不同可分成两类,即钢管支承结构和型钢支承结构。

1. 钢管支承结构

钢管支承结构是由普通脚手钢管组成的三角形桁架(见图7-19)。斜撑杆下端支在下层的边梁或其他可靠的支托物上,具有相应的固定措施。当斜撑杆较长时,可采用双杆或在中间设置连接点。因钢管支承结构的节点连接以扣件为主,而扣件又以紧固摩擦来传递荷载,故钢管支承结构承载力较小,通过设计计算,支承结构一般仅能搭设4～8步脚手架,当高层施工时,通常以2～4层为一段进行分段搭设。钢管支承结构搭拆属于高空作业,搭拆施工前要研究各杆件间关系,明确搭拆顺序,避免造成杆件传力不合理,留下安全隐患。因钢管支承结构的悬挑脚手架在搭设和使用时,存在诸多不安全因素,故不提倡搭设此类脚手架。

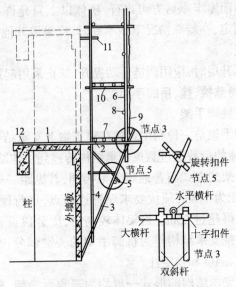

图7-19 钢管支撑结构

1—水平横杆;2—大横杆;3—双斜杆;
4—内立杆;5—加强短杆;6—外立杆;
7—竹笆脚手板;8—栏杆;9—安全网;10—小横杆;
11—短钢管与结构拉接;12—水平横杆与预埋环焊接

2.型钢支承结构

型钢支承结构的结构形式主要分为斜拉式、下撑式和悬臂式三种。

(1)悬臂式

悬臂式是仅用型钢作悬挑梁外挑,其悬臂长度与搁置长度之比不得小于1:2。型钢采用预埋圆钢环箍或用电焊进行固定。悬臂式挑脚手架搭设高度不宜超过10m(见图7-20)。

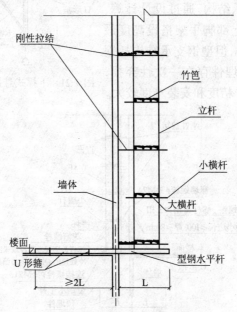

图7-20 悬臂式悬挑脚手架

(2)下撑式

下撑式是用型钢焊接成三角形桁架,其三角斜撑为压杆。桁架的上下支点与建筑物相连形成悬挑支承结构(见图7-21)。

(3)斜拉式

斜拉式是用型钢作悬挑梁外挑,再在悬挑端用可调节长度的无缝钢管或圆钢拉杆与建筑物作斜拉,形成悬挑支承结构(见图7-22)。

型钢支承结构的承载力远大于钢管支承结构,通过设计计算,支承结构上部脚手架搭设高度最高可达25m,但型钢支承结构耗钢量较大,预埋件存在一次性弃损,且现场制作精度和安装难度较大。

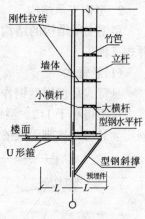

图7-21 下撑式悬挑脚手架

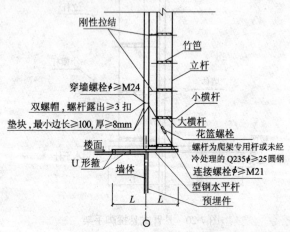

图7-22 斜拉式悬挑脚手架

3.挑脚手架的防护及管理

挑脚手架在施工作业前除须有设计计算书外,还应有含具体搭设方法的施工方案。设计施工荷载应不大于常规取值,即:按三层作业、每层 2.0kN/m²;或按二层作业、每层 3.0kN/m²。施工荷载除应在安全技术交底中明确外,还必须在架体上挂限载牌以及操作规程牌。

挑脚手架应实施分段验收,对支承结构必须实行专项验收,并应附上隐蔽工程验收单、混凝土试块强度报告。

架体外立杆内侧必须设置 1.2m 高的扶手栏杆,施工层及以下连续三步应设置 180mm 高的挡脚板,架体外侧应用密目式安全网封闭。在架体进行高空组装作业时,除要求操作人员使用安全带外,还应有必要的防止人、物坠落的措施。

(二)挂脚手架

挂脚手架是在用型钢制成的承力架上设置操作平台,并悬挂于建筑物主体结构上,以供施工作业和安全围护之用。挂脚手架的设计和使用关键是悬挂点,悬挂点按建筑物主体结构不同而分成两种。一种为当主体结构为剪刀墙时,用预埋 φ20~φ22 型钢筋环,也可用特别的预埋件或穿墙螺栓作为悬挂点(见图 7-23)。另一种为当主体结构为框架时,则在框架柱上设置卡箍,并在卡箍上焊上挂环作为悬挂点(见图 7-24)。悬挂点要认真进行设计计算,一般情况下悬挂点水平间距不大于 2m,由于挂脚手架的附加荷载对主体结构有一定的影响,因此还必须对主体结构进行验算和加固。使用时严格控制施工荷载和作业人数,一般施工荷载不超过 1.0kN/m²,每跨同时操作人数不超过 2 人。

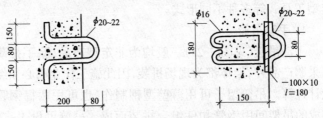

图 7-23 柱内预埋钢筋环

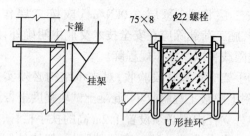

图 7-24 柱上设大卡箍

挂脚手架应在地面上组装,然后利用起重机械进行挂装。挂脚手架正式投入使用前,必须经过荷载试验,试验时载荷至少持续 4h,以检验悬挂点和架体的强度和制作质量。

挂脚手架施工层除设置 1.2m 高的防护栏杆和 180mm 高的踢脚板外,架体外侧必须用密目网实施全封闭,架体底部必须封闭隔离。

(三)吊脚手架

吊脚手架也称吊篮,一般用于高层建筑的外装修施工,也可用于滑模外墙装饰的配套作业。它是利用固定在建筑物顶部的悬挑梁作为吊篮的悬挂点,通过吊篮上的提升机械,使吊篮升降,以满足施工的需要。其主要组成部分为:吊篮、支承设施(挑梁和挑架)、吊索和升降装置等。

吊脚手架有手动和电动、钢丝绳式和链杆式以及自制和定型工具式等多种不同形式。

1. 手动吊篮

手动吊篮(见图 7-25)一般均为非定型产品,除手拉葫芦属采购产品外,架体都为现场拼装,因此施工作业前必须经过设计计算。吊篮架子可用薄壁型钢制作,也可用两榀钢管焊接成的吊架间用钢管扣件组合拼装而成。吊篮可设 1～2 层工作平台,每层高度不大于1.8m,架子一般宽为0.8~1.2m,长不大于8m;当用钢管扣件拼装时,立杆间距不大于2m,吊篮底板应选用厚度不小于50mm的木板。

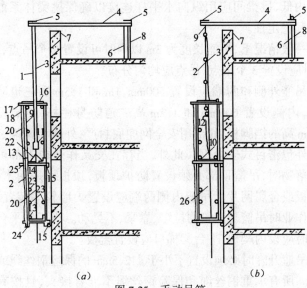

图7-25 手动吊篮

1—钢丝绳;2—链杆式链条;3—安全绳;4—挑梁;5—连接挑梁水平杆;
6—挑梁与建筑物固定立杆;7—垫木;8—临时支柱;
9—固定链杆式链条钢丝绳;10—固定吊篮与安全绳的短钢丝绳;
11—手扳葫芦;12—手拉葫芦;13—挡脚板;14—工作平台;15—护墙轮;
16—护头棚;17、25—横向水平杆;18、24—纵向水平杆;19—立杆;
20—正面斜撑;21—安全网;22—吊篮吊钩;23—护身栏;26—吊篮

吊篮的悬挂吊点,可用工字钢、槽钢作为悬挑梁,挑出建筑物作为吊点,挑出长度除不宜大于挑梁全长的1/4.5外,还应以不影响吊篮升降、且吊篮内侧距建筑物不大于20mm以及使吊绳或环扣链垂直于地面而确定。挑出长度常取0.6~

0.8m,此外设计时还应满足抵抗力矩大于3倍的倾覆力矩。挑梁外侧应设有吊点限位,防止吊绳、吊链滑脱,挑梁内侧必须与建筑结构连接牢固,且外侧比内侧高出50~100mm,形成外高内低,挑梁间应用纵向水平杆连接以确保挑梁体系的整体性和稳定性。

一般情况下,吊篮长度为3m以内时可设置2个吊点,3~8m时应设置3个吊点,吊点应均匀分布。

吊篮外侧和两端应设置500mm、1m和1.5m高三道防护栏杆,内侧设置600mm和1.2m高二道防身栏杆,四周设置180mm高的挡脚板,底部用安全网兜底封严,外侧和两端三面必须外包密目式安全网。此外,当存在交叉作业或上部可能有坠落物时,吊篮顶部必须设置防护顶板,顶板可采用木板、薄钢板或金属网片。吊篮内侧两端应设置护墙轮等装置,以确保作业时吊篮与建筑物拉牢、靠紧、不晃动。当工作平台为二层时应设内爬梯,平台爬梯口应设置盖板。

吊篮升降时必须设置不小于 φ12.5mm 的保险钢丝绳或安全锁。所有承重钢丝绳和保险钢丝绳不准有接头,且按有关规定紧固。

2. 电动吊篮

电动吊篮(见图7-26)一般均为定型产品,由作业吊篮、电动提升机构、悬挂机构、安全锁及行程限位等组成。

(1)作业吊篮

作业吊篮一般采用型钢或铝合金型材制成。四周设有能够承受1kN水平移动的集中载荷、高度为1.2m的护栏和180mm的挡脚板;其宽一般为0.7m;标准节长度一般有2m、2.5m和3m三种,可按使用说明书拼装成不同长度。篮体上应设有工作人员安全带和工具的钩挂装置以及导轮或缓冲装置。

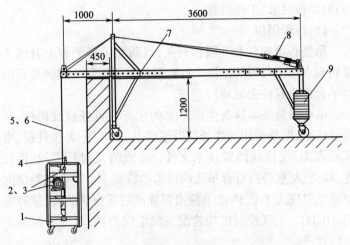

图 7-26 电动吊篮
1—吊篮体;2—提升机;3—安全锁;4—限位开关;
5、6—主、辅钢丝绳;7—台车;8—花篮螺丝;9—配重块

(2)电动提升机构

电动提升机构由电动机、减速器、制动器以及压绳机构组成。

(3)悬挂机构

悬挂机构由悬挑梁、支架、配重及配重架组成,一般均为现场装配,悬挑长度可调节,其安装应严格按照使用说明书要求。

(4)安全锁

安全锁的作用是当吊篮发生意外坠落时,能自动将吊篮锁在保险钢丝绳上。

安全锁的使用应具备以下条件,即:1)要在有效的标定期限内;2)具有完整有效的铅封或漆封;3)使用符合规定的钢丝绳;4)动作灵敏,工作可靠。

(5)行程限位

吊篮必须安装上下限位开关,以防止吊篮平台上升或下降到端点超出行程的范围。行程限位装置安装方式须是以吊篮平台自身直接去触动。

电动吊篮必须具备生产厂家的生产许可证或准用证、产品合格证、安装使用和维修保养说明书、安装图、易损件图、电气原理图、交接线图等技术文件。吊篮的几何长度、悬挑长度、载荷、配重等应符合吊篮的技术参数要求。其电气系统的绝缘电阻应大于 $0.5MΩ$,并应有可靠的接零保护装置,接零电阻$≤0.1Ω$。电气控制机构应配备漏电保护器,电气控制柜应有门加锁。

电动吊篮应设有超载保护装置和防倾斜装置。

3. 吊篮的使用和管理

吊篮安装后应进行荷载试验和试运行验收,确保操纵系统、上下限位、提升机、手动滑降、安全锁的手动锁绳灵活可靠。使用前必须经建设行政主管部门委托的检测机构检测,合格后方可投入使用。

吊篮升降就位后应与建筑物拉牢、固定后才允许人员出入吊篮或传递物品。吊篮使用时必须遵循设备保险系统与人身保险系统分开的原则,即操作人员安全带必须扣在单独设置的保险绳上。严禁吊篮连体升降,且两篮间距不大于200mm,严禁将吊篮作为运送材料和人员的垂直运输设备使用。严格控制施工荷载,不超载。

吊篮必须在醒目处挂设安全操作规程牌和限载牌,升降交付使用前必须履行验收手续。

吊篮操作人员应相对固定,经特种作业人员培训合格后持证上岗,每次升降前应进行安全技术交底。作业时应戴好安全帽、系好安全带。

吊篮的安装、施工区域应设置警戒区,并应派专人监护和做好监控记录。

九、附着升降脚手架

(一)分类

随着升降脚手架又称爬架,是指采用各种形式的架体结构及附着结构,依靠设置于架体上或建筑结构上的专用升降设备实现升降的施工用脚手架。

附着升降脚手架按爬升构造方式分类时有:套管式(见图7-27)、挑梁式(见图7-28)、悬挂式、互爬式和导轨式等;按组架方式分类时有:单片式、多片式和整体式;按提升设备分类时有:手动式、电动式和液压式等。

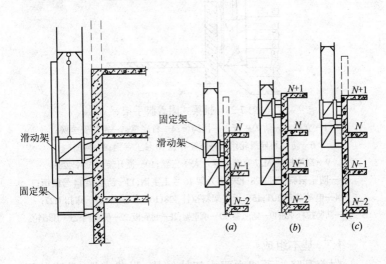

图 7-27 套管式附着脚手架

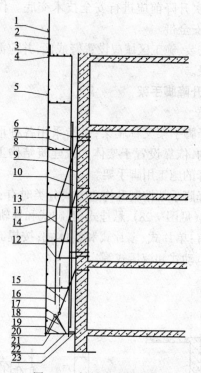

图 7-28 挑梁式附着脚手架

1—立杆;2—防护栏杆;3—挡脚板;4—竹底笆;5—密目安全网;
6—防倾斜导滑轮组;7—防倾导轨 10 号工字钢;8—搁栅;
9—穿墙螺栓 M27 双螺帽露牙大于三丝;10—提升架斜拉杆 $\phi28$;
11—防坠架斜拉杆 $\phi28$;12—提升架 16 号工字钢;13—防坠架 14 号槽钢;
14—电动葫芦 10T;15—承重架斜拉杆 $\phi28$;16—传感器;17—卸扣 M27;
18—防坠拉杆 $\phi28$;19—防坠器;20—承重架;21—封底板;22—兜底网;23—顶墙轮

(二)基本组成

附着升降脚手架主要由架体结构、附着支撑、升降装置、安全装置等组成。

1. 架体结构

(1)架体板

架体板由扣件式钢管脚手架或碗扣式钢管脚手架组成(单片式或多片式),整体式必须采用型钢组合而成。主要构件有立杆、纵横向水平杆(大小横杆)、斜杆、脚手板和安全网,按一般落地式脚手架要求进行搭设,设置剪刀撑和连墙杆。

(2)水平支承桁架和竖向主框架

水平支承桁架是承受架体板及其传来的竖向荷载,并将竖向荷载传至竖向主框架和附着支撑的传力结构。竖向主框架是用以构造附着升降脚手架的架体部分,并与附着支撑连接,承受和传递竖向和水平荷载。水平支承桁架和竖向主框架必须是采用焊接或螺栓连接的定型框架,不允许采用钢管、扣件搭设,在与架体板连接时,架体板的里外立杆应与水平支承桁架上弦相连接,不允许悬空,且与桁架中的竖杆呈一直线,并确保架体的里外立杆传来的力分别与水平支承桁架的里外两榀桁架成为平面承力体系。竖向主框架作为水平支承桁架的支承支座,直接附着于建筑结构上,因此刚度较大。

2. 附着支撑

附着支撑是附着升降脚手架的主要承、传力构件,它与建筑结构附着,并与架体结构连接,使主框架上的荷载可靠地传到建筑结构上,确保了架体在升降和使用过程中的稳定。因此附着支撑要满足架体的提升、防倾、防坠和抗下坠冲击的要求。附着支撑的设置应符合以下防坠要求:

(1)附着支撑与建筑结构中架体范围内的每个楼层都应有可靠的连接点,且在任何工况下每榀竖向主框架与建筑结构的附着不少于两处。

当附着支撑使用螺栓与建筑结构连接时,应采用双螺母,且螺杆露出螺母不少于3牙,螺栓宜采用穿墙螺栓,若采用预埋螺栓时,则预埋长度与构造应满足承载力的要求。螺栓钢垫板应根据混凝土墙、梁的抗冲切强度进行设计确定,且不得小于100mm×100mm×8mm;垫板与混凝土表面应接触良好,垫板边缘与建筑结构构件边缘(如窗孔等)的距离应大于构件的有效厚度,否则应采取在构件中设置加强钢筋等加固措施。

(2)附着支撑与建筑结构附着处的混凝土强度应严格按设计要求确定,实际施工时以混凝土强度报告为依据,且不得小于C10。

3. 升降设备

升降设备主要是指动力设备和同步升降控制系统。

(1)动力设备一般有手动环链葫芦、电动环链葫芦、卷扬机、升板机和液压干斤顶等。其中手动环链葫芦因无法实现多个同步工作,故只能用于单跨架体的升降。

架体布置时,动力设备应与架体的竖向主框架对应布置。

(2)同步升降控制系统可控制架体平稳升降,不发生意外超载。主要分为电控系统和液压系统。

电控系统由控制柜和电缆组成,液压系统由液压源、液压管路和液压控制台组成。目前大多数同步升降控制系统是通过控制吊点实际荷载来控制各机位的升降差,故又称同步及限载控制系统。它应具备超载报警停机、失载报警停机等功能,并还能与相应的保险机构实施联动,此外还应有能自动显示每个机位的设置荷载值、即时荷载值以及机位状态等功能。

4. 安全装置

为保证架体在升降过程中不发生倾斜、晃动和坠落,附着升降脚手架必须设置防倾和防坠装置。

(1)防倾装置

架体无论在使用还是升降状态,都有前后及左右倾斜和晃动的可能,尤其是在升降状态,架体与升降机构间处于相对运动状态,与建筑结构间的约束较少,故需用防倾装置来保证架体的正常运行。防倾装置应有足够的刚度,在升降状态中,除对架体有垂直导向作用外,还能对架体始终保持前后和左右的水平约束,防坠装置的导向间隙应小于5mm。

目前常用的防倾装置有:

导轨+导轮。导轨与导轮分别固定在建筑物和架体上,通过导轨对上下导轮组的约束来实现防倾的目的。

套管+钢管。套管与钢管分别固定在建筑物和架体上,通过套管对钢管的约束来实现防倾目的。

(2)防坠装置

防坠装置的作用是当架体发生意外下坠时能及时将架体固定住,阻止架体的坠落。

目前用得较多的是限载联动防坠装置,它是由限载联动装置和锁紧装置组成。限载联动装置是利用弹簧钢板的弹性变形与荷载对应呈线性关系,利用限位开关的控制距离,将提升力的变化直接转换成限位开关的信号变化,并反馈到架体升降控制系统,进行显示、报警及关机。当动力失效架体发生坠落时,利用弹簧钢板因突然失载而发生的反弹,通过杠杆作用启动锁紧装置,将架体吊杆锁住,同时自动关机,起到了双重防坠的目的。

防坠装置不能设在附着支撑即钢挑梁上,而且还应能保证通过两处以上的附着支撑向建筑结构传力。在架体平面布置时,每个动力机位处都应配置一套防坠装置。在技术要求上防坠装置的制动时间和制动距离:当整体式时不得大于

0.2s 和 80mm；当单片式时不得大于 0.5s 和 150mm。此外防坠装置必须要在有效标定期限内使用，有效标定期限目前规定为一个单体工程的使用周期，且最长不超过 30 个月。

5. 主要尺寸和构造

(1)单片式附着升降脚手架：

1)架体的高度不大于建筑层高的 4 倍(层高取 2.8m；步高取 1.8m)。

2)架体宽度不大于 1.2m。

3)当架体为扣件、钢管组装时，架体跨度不大于 3m，悬挑长度不大于 1/4 相邻跨的跨度；当架体跨度大于 3m 时，架体结构中必须设置水平支承结构(水平桁架或水平框架形式)，且最大跨度不得大于 6m。

4)架体的悬臂高度在使用或升降工况下均不得大于 4.5m 或 1/3 架高。

5)相邻两个机位必须直线布置。

6)架体全高和支承跨度的乘积不大于 110m²。

(2)整体附着升降脚手架：

1)架体的高度不大于建筑层高的 4.5 倍(层高取 2.8m；步高取 1.8m)。

2)架体宽度不大于 1.2m。

3)当直线布置时架体跨度不大于 8m，折线或曲线布置时架体跨度不大于 5m，且必须进行力矩平衡设计计算或进行整体模型试验。悬挑长度不得大于 1/4 相邻跨的跨度和 2m。

4)架体的悬臂高度在使用或升降工况下均不得大于 4.5m 或 1/3 架高。

5)架体全高和支承跨度的乘积不大于 110m²。

6. 架体防护

(1)架体外侧用密目网、架体底部用小眼网加密目网实施全封闭。

(2)每一作业层外侧设置 1.2m、0.6m 高两道防护栏杆以及 180mm 高的挡脚板。

(3)使用工况下架体底部与建筑结构外表面之间包括单片架体之间的空隙必须封闭。

(4)升降工况下架体的开口和敞开处必须有防护措施。

(5)物料平台等可能增大架体外倾力矩的设施,必须单独设置、单独升降,严禁附着在架体上。

(6)架体应设置必要的消防设施和防雷击措施。

(三)使用条件和管理

1. 使用条件

附着升降脚手架除经建设部鉴定外,其生产经营企业必须经当地的建设行政主管部门,依据相应的技术规程和有关规定进行审定后,持脚手架的《施工专业资质证书》才能从事作业。施工使用中不得违背技术性能规定,扩大使用范围。

每个单位工程必须根据工程实际情况,编制专项施工组织设计,经审批后报工程安全监督机构备案。架体安装完毕必须经建设行政主管部门委托的检测机构检测,合格后方可投入使用。

参与架体安装、升降、拆除的操作人员,必须经过有关部门安全技术专业培训考试合格后持证上岗。

2. 安全管理

(1)根据施工组织设计要求,落实现场施工人员和组织机构,并在装拆和每次升降作业前对操作人员进行安全技术交底。

(2)架体安装后必须先经企业技术、安全职能部门验收合格后,方可办理申请检测的手续。

(3)每次升降应配备必要的监护人员,规范指令、统一指挥。升降到位后实施检查验收,并形成书面记录,合格后方可交付使用。

架体由提升转为下降时,应制订专项的升降转换安全技术措施,并进行转换阶段的检查验收。

(4)架体装拆和升降,凡操作区域和可能坠落范围应设置安全警戒,并派专人监控和做好记录。

(5)遇6级及以上大风或大雨、大雪、浓雾等恶劣天气时,停止一切作业,并采取相应的加固和应急措施;事后按规定内容进行专项检查,并做好记录,检查合格才能恢复使用;夜间禁止升降作业。

(6)同一架体所使用的多台升降动力设备、同步及限载控制系统、防坠装置等应采用同一厂家、同一规格型号的产品,并应编号以便管理和使用。

(7)动力、控制设备、防坠装置等应有防雨、防尘、防污染等措施,对较敏感的电子设备还应有防晒、防潮和防电磁干扰等方面的措施。

(8)整体式附着升降脚手架的施工现场应配备必要的通讯工具,架体的控制中心应有专人负责管理。

(9)架体每月按规定内容进行专项检查。在空中悬挂时间超过30个月或连续停用时间超过10个月,架体必须予以拆除。

7.2 模板工程安全技术

一、模板的种类

模板根据其型式,可分为整体式模板、定型模板、工具式模板、翻转模板、滑动模板、胎模等。按材料不同又可分为木模板、钢模板、钢木模板、竹模板、铝合金模板、塑料模板、玻璃钢模板等。目前在各大城市已大量推广组合式定型钢模板及钢木模板。

近年来,由于高层和超高层建筑的蓬勃发展,现浇结构数量愈来愈大,相应模板工程所产生的伤亡事故中模板支撑系统坍塌倒塌事故比例增大,主要原因有:模板工程施工无专项组织设计或方案;现浇混凝土模板支撑未经过设计计算,支撑系统强度、刚度不足,在浇筑混凝土过程中,造成整体失稳坍塌;楼板拆模时,混凝土未达到设计强度;在模板上堆物过多,使模板超过允许荷载;使用伪劣的钢管、扣件造成支撑系统的钢管变形或扣件崩裂以致发生坍塌事故,现已被建设部列入多发事故项,必须实行专项治理。

二、模板的材质

(一)钢模板材质要求

1. 钢材应符合《普通碳素钢钢号和一般技术条件》(GB/T700)中的 Q235 钢标准。

2. 焊条应与被焊接的钢材相适应。

3. 定型钢模板必须具有出厂检验合格证。

4. 对成批的新钢模板使用前应进行荷载试验,符合要求后方可使用。

(二)木模板材质要求

1. 木材应符合《木结构工程施工质量验收规范》(GB50206)中的承重结构选材标准,材质不宜低于Ⅲ等材。

2. 木料上有节疤、缺口等疵病的部位,应放在模板的背面或者截去。

3. 钉子长度应为模板厚度的 2~2.5 倍。

三、模板工程施工前的要求

(一)编制专项施工组织设计或方案

1. 模板支撑设计：

(1)模板支撑设计应根据荷载、支撑高度、使用面积进行。荷载按现行国家标准《混凝土结构工程施工质量验收规范》(GB50204)和模板有关技术规定取值，并进行荷载组合。

(2)木模板及其支撑的设计应符合《木结构设计规范》(GB50005)的规定，当木材含水率小于25%时，强度设计值可提高30%。荷载设计值要乘以0.9的折减系数，但材质不宜低于Ⅲ等材，严禁使用脆性、过分潮湿、易于变形和弯扭不直的木材。

(3)钢模板及其支撑的设计应符合《钢结构设计规范》(GBJ17)的规定，其设计荷载值应乘以0.85的折减系数；采用冷弯薄壁型钢应符合《冷弯薄壁型钢结构技术规范》(GBJ18)的规定，其设计荷载值不予折减；采用组合钢模板其荷载应根据《组合钢模板技术规范》(GBJ214)有关技术规定取值。

(4)细部构造的大样图，选用材料的规格、尺寸、材质以及连接方法。

(5)支撑排架的立杆基础、间距、扫地杆、纵横向水平联系杆、剪刀撑设置要详细注明。

(6)模板及其支撑设计时应考虑便于安装和拆除，同时还要考虑安装钢筋，浇捣混凝土方便，并在此基础上编制模板及其支撑的制作，安装及拆除等施工程序、方法。

(7)编制安装、拆除安全技术措施。

2. 模板支撑的计算：

(1)支撑设计计算书。

(2)验算模板及其支撑的刚度时，其变形值不得超过下列数值：

1)结构使用时表面外露者,模板的变形值不得超过其跨度的1/400。

2)结构使用时有顶棚隐蔽者,模板的变形值不得超过其跨度的1/250。

3)支架的压缩变形值或弹性挠度,为相应结构计算跨度的1/1000。

4)木模板受压杆件的长细比不得超过150;钢模板受压柱和桁架的长细比不得超过150,受拉时不得超过250。

5)整体式钢筋混凝土梁,当跨度等于大于4m时,安装模板时应起拱,如无设计要求时宜为跨度的1/1000～3/1000。

6)设计模板时应首先采用桁架支模、架空支模、工具式支模等先进的施工方法,以便加速模板的周转。

7)大模板、滑升模板等的设计、制作和施工尚应符合《大模板多层住宅结构设计与施工规程》(JGJ20)、《液压滑动模板施工技术规范》(GBJ113)、《液压滑动模板施工安全技术规程》(JGJ65)等标准的相应规定。

(二)审批

编制的专项施工组织设计或方案,必须经上一级技术、安全等部门审核,并经技术主管负责人批准后方可实施。

(三)技术交底

由方案编制人进行专项技术交底和施工负责人进行安全技术交底。

四、现浇整体式模板工程的施工

(一)有关规定

1.普通模板工程的施工必须按专项施工方案和规定的作业程序进行,模板未固定牢靠前不得进行下一道工序。严禁在连接件和支撑件上攀登上下,并严禁在上下同一垂直面安装、拆除模板。

2. 结构复杂的以及特殊的模板工程,安装、拆除应严格按照专项施工组织设计进行,严禁任意变动。

3. 模板在荷载作用下,应具有必要的强度、刚度和稳定性。并应保证结构的各部分形状,尺寸和位置的正确性。模板接缝应严密不得漏浆,并应保证单体构件连接处具有必要的紧密性和可靠性。

4. 整体式的多层房屋和构筑物安装上层模板及其支撑时,应符合下列规定:

(1)下层楼板结构的强度,当达到能承受上层模板、支撑和新浇混凝土的重量时,方可进行。否则下层楼板结构的支撑系统不能拆除,同时上下支柱应在同一垂直线上。

(2)如采用悬吊模板,桁架支模方法,其支撑结构必须要有足够的强度和刚度。

5. 当层间高度大于 5m 时,若采用多层支架支模,则在两层支架立柱间应铺设垫板,且应平整,上下层支柱要垂直,并应在同一垂直线上。

6. 模板及其支撑系统在安装过程中,必须设置临时固定设施,严防倾覆。

7. 采用分节脱模时,底模的支点应按设计要求设置。

8. 承重焊接钢筋骨架和模板一起安装时应符合下列规定:

(1)模板必须固定在承重焊接钢筋骨架的节点上。

(2)安装钢筋模板组合体时,吊索应按模板设计的吊点位置绑扎。

9. 组合钢模板采取预拼装用整体吊装方法时,应注意以下要点:

(1)拼装完毕的大块模板或整体模板,吊装前应确定吊点位置,先进行试吊,确认无误后,方可正式吊运安装。

(2)安装整块柱模板时,不得将其支在柱子钢筋上代替临时支撑。

10. 模板支撑高处作业应遵守:

(1)支设高度在3m以上的柱模板,四周应设斜撑,并应设立操作平台,低于3m的可用马凳操作。

(2)支设悬挑形式的模板时,应有稳定的立足点。支设临空构筑物模板时,应搭设支架。模板上有预留洞时,应在安装后将洞盖没。

(3)在支模时,操作人员不得站在支撑上,而应设置立人板,以便操作人员站立。立人板应用木质50mm×200mm中板为宜,并适当绑扎固定。不得用钢模板、"50mm×100mm"的木板。

(4)在模板上施工时,堆物(钢筋、模板、木方等)不宜过多,不准集中在一处堆放。

(5)支模过程中,如需中途停歇,应将支撑搭头、柱头板、平台板等固定牢靠。

(6)特殊情况下在临边、洞口作业时,如无可靠的安全设施,必须系好安全带并扣好保险钩。

(二)扣件式钢管支撑结构模板工程的施工

1. 一般要求

(1)钢管宜采用外径48mm,壁厚3.5mm的《直缝电焊钢管》(GB/T13793)或《低压流体输送用焊接钢管》(GB/T3092)中规定的3号普通钢管,其质量符合现行国家标准《碳素结构钢》(GB/T700)Q235—A级钢的规定。钢管外表平直光滑、没有裂纹、分层、变形扭曲、截口以及锈蚀程度达0.5mm。此外钢管两端截面应平直,切斜偏差不大于 1.7mm。严禁有毛口、卷口和斜口等现象,钢管上严禁打孔。所使用的钢管还应经过防锈处理,且必须具有生产许可证、质保书、检测报告或租赁单位相关的质量保证证明。

(2)扣件应采用可锻铸铁制成,其材质应符合现行国家标准《GB15831》要求;螺栓螺帽采用 3 号钢,其技术要求应符合《GB5—86》和《GB41—66》的规定;铆钉采用 20、25 号铆钉钢。扣件有旋转(重量为 1.5kg)、直角(重量为 1.25kg)和对接(重量为 1.6kg)三种形式。所使用的扣件必须具有生产许可证、质保书、检测报告或租赁单位相关的质量保证证明。

2. 模板支撑的施工

(1)模板支撑应支设在坚实的地基上,并应有足够的支承面积,严禁受力后地基产生下沉。钢管支撑每根立杆底部应设置底座或垫板。可调底座,当其伸出长度超过 300mm 时,应采取可靠措施固定。立杆应竖直设置,2m 高度的垂直偏差为 15mm。当地基土质良好时,底座或垫板可直接放置于夯实平整的原土上;当地基土质较差或为夯实的回填土时,应在底座下加上宽不小于 200mm、厚 50mm,且面积不小于底座面积三倍的木垫板;如果立杆无底座则应在夯实平整的地面上铺设厚度 50~100mm 的道渣,然后铺设统长木垫板;如地基系冻胀性土时,必须要有土在冻结和融化时保证支撑结构安全的措施。

(2)钢管支撑必须设置纵、横向扫地杆。纵向扫地杆应采用直角扣件固定在距底座上皮不大于 200mm 处的立杆上。横向扫地杆亦应采用直角扣件固定在紧靠纵向扫地杆下方的立杆上。当立杆基础不在同一高度上时,必须将高处的纵向扫地杆向低处延长两跨与立杆固定,高低差不应大于1m。靠边坡上方的立杆轴线到边坡的距离不应小于500mm。

(3)钢管支撑底层步距不应大于2m。

(4)立杆的接长除在顶步时可采用搭接形式外,其余各步接头必须采用对接扣件连接。对接时扣件相互应交错布置,也就是相邻两立杆的连接点不应设在同步同跨上,相邻两立杆的连接点在高度方向应错开不小于500mm,且连接点距离纵横向水平杆不大于步距的1/3。搭接时应采用不少于两个旋转扣件固定,搭接长度不小于1m。

(5)使用直角和旋转扣件紧固时,钢管端部应伸出扣件盖板边缘不小于100mm。所有扣件的螺栓紧固力矩应控制在40~65N·m之间。

(6)满堂模板支撑安装时,应在四边与中间每隔4排立杆及时设置连续到顶的垂直剪刀撑,并与支撑固定牢靠。当支撑高度小于4m时,横向和纵向加设水平撑应设上下两道。高于4m的模板支撑每增高2m再设一道水平撑;至顶层开始向下每隔2步在两端与中间每隔4排立杆设置一道水平剪刀撑,剪刀撑斜杆与地面倾角宜为45°~60°。

(7)当梁模板支撑立杆采用单根立杆时,立杆应设在梁模板中心线处,其偏心距不应大于25mm。

3.模板支撑施工注意事项

(1)不得使用严重变形、损伤和锈蚀的钢管。

(2)有裂缝、变形的扣件严禁使用,出现滑丝的螺栓必须更换。

(3)可调底座应采用防止砂浆、水泥浆等污物填塞螺纹的措施。

(4)不得采用使支撑产生偏心荷载的混凝土浇筑顺序,采用泵送混凝土时,应随浇随捣随平整,混凝土不得堆积在泵送管路出口处。

(5)应避免装卸物对模板支撑产生偏心、振动和冲击。

(6)纵横向水平扫地杆、联系杆、剪刀撑不得漏设和随意拆卸。

4. 模板支撑的检查验收

(1)立杆以及顶部找平搭接杆和扣件设置情况。

(2)扫地杆、纵横向水平联系杆、剪刀撑情况。

(3)可调底座螺旋杆伸出长度。

(4)扣件紧固扭力矩($40\sim65$N·m)。

(5)垫木情况。

(6)由技术负责人按照设计要求检查验收,并填写验收记录。

5. 模板支撑的拆除

(1)拆除前应提出申请,经技术部门确认混凝土强度达到设计要求,并经监理单位签字同意,下达拆模令后,方可进行。

(2)拆除时应采用先搭后拆的施工顺序。

(3)混凝土板上拆模后形成的临边或洞口,应按规定进行防护。

(4)拆模高处作业,应配置登高用具或搭设支架。

(5)拆除模板支撑时应采用可靠安全措施,严禁高空抛掷。

(6)拆除平台底模时,不得一次将顶撑全部拆除,应分批拆除,然后按顺序拆下搁栅、底模,以免发生模板在自重荷载作用下一次性大面积脱落。

(7)拆模时必须设置警戒区域,并派人监护。拆模必须拆除干净彻底,不得保留有悬空模板。拆下的模板要及时清理,堆放整齐。

(三)门式钢管脚手架支撑模板工程的施工

1. 一般规定

(1)模板支撑的基础必须平整严实,并做好排水,回填土必须分层回填,逐层夯实。

(2)当模板支撑架设在钢筋混凝土楼板、挑台等结构上部时,应对该结构强度进行验算。

(3)可调底座调节螺杆伸出长度不宜超过200mm。当超过200mm时,一榀门架承载力设计值应根据可调底座调节螺杆伸出长度进行修正:伸出长度为300mm时,应乘以修正系数0.90,超过300mm时,应乘以修正系数0.80。模板支撑架的高度调整宜以采用可调顶托为主。

(4)模板支撑构造的设计,宜让立杆直接传递荷载。当荷载作用于门架横杆上时,门架的承载能力应乘以折减系数:当荷载对称作用于立杆与加强杆范围时,应取0.9;当荷载对称作用在加强杆顶部时,应取0.70;当荷载集中作用于横杆中间时应取0.30。

2. 模板支撑的施工

(1)模板支撑在安装前应在楼面或地面弹出门架的纵横方向位置线并进行抄平。

(2)门架、调节架及可调托座应根据支撑高度设置,支撑架底部可采用固定底座及木楔调整标高。

(3)用于梁模板支撑的门架,可采用平行或垂直于梁轴线的布置方式。垂直于梁轴线布置时,门架两侧应设置交叉支撑(见图7-29);平行于梁轴线设置时,两门架应采用交叉支撑或梁底模小楞连接牢固(见图7-30)。

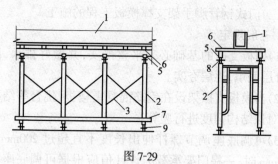

图 7-29
1—混凝土;2—门架;3—交叉支撑;4—调节架;
5—托梁;6—小楞;7—扫地杆;8—可调托座;9—可调底座

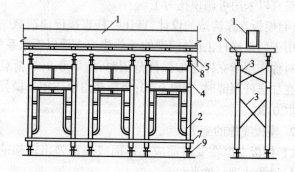

图 7-30
1—混凝土;2—门架;3—交叉支撑;4—调节架;
5—托梁;6—小楞;7—扫地杆;8—可调托座;9—可调底座

(4)当模板支撑高度较高或荷载较大时,模板支撑可采用图 7-31 的构架形式支撑。

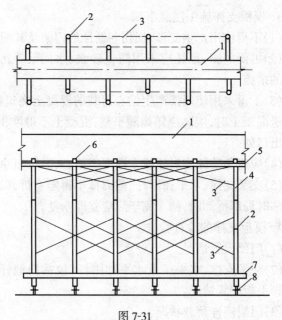

图 7-31
1—混凝土;2—门架;3—交叉支撑;4—调节架;
5—托梁;6—小楞;7—扫地杆;8—可调底座

(5)门架用于楼板模板支撑时,门架间距与门架跨距应由计算和构造要求规定,水平加固杆应在周边顶层、底层及中间每5列、5排通长连续设置,并应采用扣件与门架立杆扣牢;楼板模板支撑较高时(大于10m),门架设置剪刀撑,应在外侧周边和内部每隔15m间距连续设置到顶,剪刀撑宽度不应大于4个跨距或间距,斜杆与地面倾角宜为45°~60°。

(6)门架用于整体式平台模板时,门架立杆、调节架应设置锁臂,模板系统与门架支撑应做满足吊运要求的可靠连接。

(7)搭设模板支撑时,施工操作层应铺设脚手板,工人应系安全带。

3. 模板支撑施工注意事项

(1)不得使用严重变形、损伤和锈蚀的门架及其配件。

(2)可调底座、顶托应采用防止砂浆、水泥浆等污物填塞螺纹的措施。

(3)不得采用使门架产生偏心荷载的混凝土浇筑顺序,采用泵送混凝土时,应随浇随捣随平整,混凝土不得堆积在泵送管路出口处。

(4)应避免装卸物对模板支撑产生偏心、振动和冲击。

(5)交叉支撑、水平加固杆、剪刀撑不得随意拆卸,因施工需要临时局部拆卸时,施工完毕后应立即恢复。

4. 模板支撑的检查验收

(1)门架设置情况。

(2)交叉支撑、水平架及水平加固杆(包括扫地杆)、剪刀撑及脚手板配置情况。

(3)门架横杆荷载状况。

(4)底座、顶托螺旋杆伸出长度。

(5)扣件紧固扭力矩($40 \sim 65 N \cdot m$)。

(6)垫木情况。

(7)安全网设置情况。

(8)由技术负责人按照设计要求检查验收,并填写验收记录。

5. 模板支撑的拆除

(1)拆除前应提出申请,经技术部门确认混凝土强度达到设计要求,并经监理单位签字同意,下达拆模令后,方可进行。

(2)拆除时应采用先搭后拆的施工顺序。

(3)拆除模板支撑时应采用可靠安全措施,严禁高空抛掷。

(4)混凝土板上拆模后形成的临边或洞口,应按规定进行防护。

(5)拆除模板支撑时必须设置警戒区域,并派人监护。拆模必须拆除干净彻底,不得保留有悬空模板。拆下的模板支撑要及时清理,堆放整齐。

(四)液压滑动模板工程的施工

1. 一般规定

(1)滑模工程承建单位负责人应对安全工作全面负责。施工负责人必须对管辖范围的安全技术全面负责,组织编制安全技术措施,进行安全技术交底及处理施工中的安全技术问题。

(2)配备具有专业技术知识的安全员负责对施工现场的安全检查监督工作,有权制止违章作业,发现重大安全隐患有权指令先行停工。

(3)对施工作业人员必须进行安全技术教育和培训,熟悉规范和操作规程,并通过考核合格后才能上岗工作。主要施工人员应相对固定。

(4)滑模操作平台上的施工人员应定期检查身体,凡患有高血压、心脏病、贫血、癫痫病及其他不适合高空作业疾病的,不得上操作平台工作。

2. 滑模的安装要求

(1)组装前应对各部件的材质、规格和数量进行详细检查,以便剔除不合格部件。

(2)模板安装完后,应对其进行全面检查,确实证明安全可靠后,方可进行下一工序的工作。

(3)液压控制台在安装前,必须预先做加压试车工作,应经严格检查合格后,方准运到工程上去安装。

(4)滑模的平台必须保持水平,千斤顶的升差应随时检查调整。

3.滑模施工注意事项

(1)施工现场:

1)在建的建筑物周围必须划出施工危险警戒区,其范围不小于施工对象高度的1/10,且不小于10m。不能满足要求时,应采取有效的安全防护措施。

2)危险警戒线应设置围栏和明显的警戒标志,出入口应设专人警卫和制定警卫制度。

3)办公室、生活区、配电间和大宗材料的堆放,应设置在危险警戒区外。

4)危险警戒区内的建筑物出入口、地面通道及机械操作场所,应搭设双层安全防护棚。

(2)操作平台与内外挂脚手架:

1)操作平台和滑升机具应严格按照施工设计安装。平台板必须防滑,铺设平整不得留有空隙,经常出入的通道要搭设防护棚。

2)平台四周包括平台内、外吊脚手架使用前,应全部设置不低于1.2m的防护栏杆,底部设置180mm高的挡脚板,外侧用安全网进行封闭;内、外吊脚手架兜底满挂网眼不大于2.5mm的安全网,并紧靠建筑物。

(3)垂直运输设备:

1)塔吊、人货两用施工电梯的安装、验收、检测和使用除应遵守相应的安全技术规程、规范和规定外,尚应遵守《液压滑动模板施工安全技术规程》(JGJ65)中的有关规定。限位开关、刹车装置等安全装置必须保持完好、灵敏可靠,并应定期进行测定,以防失灵发生意外。

2)上、下应有通讯联络设备。

3)滑模提升前,若为柔性索道运输时,必须先放下吊笼,再放松导索,检查支承杆有无脱空现象,结构钢筋与操作平台有无挂连,确实证明无误后,方可提升。

(4)动力与照明:

1)操作平台上的380V的用电设备必须实行二级漏电保护,接零或接地线应与操作平台的接地干线有良好的电气通路。

2)操作平台上的灯具距地面高度不应低于2.5m;便携式灯具应采用低压电源,其电压不应高于36V;高于36V的固定灯具必须实行漏电保护。

3)操作平台上的总配电装置应安装在便于操作、调整和维修的地方,并做好防雨措施。各种固定的电气线路,应安装在隐蔽处,否则应有保护措施。

(5)施工操作:

1)施工前,应进行全面的技术安全检查。

2)操作平台上,不得多人聚集一处,夜间施工应准备手电筒和应急照明灯具,以预防晚间停电。

3)模板的滑升必须在施工指挥人员的统一指挥下进行,滑升速度应严格按施工组织设计的要求予以控制,严禁随意超速滑升。液压操作台应由持证人员操作。

4)初滑阶段,必须对滑模装置和混凝土凝结状态进行检查,发现问题应及时纠正。

5)每班应设专人负责检查混凝土出模强度,其值应不低于0.2MPa,发现出模混凝土发生流淌或坍落现象时,应立即停滑处理。

6)滑升过程中,要随时调整平台水平,中心的垂直度,以便防止平台扭转和水平位移。

4. 滑升模板拆除

(1)必须制定拆除方案,规定其拆除的顺序、方法和各级人员职责以确保安全。

(2)拆除前应向全体操作人员进行详细的安全技术操作交底工作。

(3)拆除前必须对作业现场、垂直运输设备等进行检查,确认安全后方可作业。

(4)拆除时必须遵守《高处作业安全技术规范》(JGJ80)和《液压滑动模板施工安全技术规程》(JGJ65)的规定。

(5)拆除必须在白天进行,严禁高空抛物。

(6)当遇到雷雨、雾、雪和5级以上(含5级)的天气时,不得进行拆除作业。

(五)大模板的施工

1. 大模板的堆放和安装

(1)堆放模板的场地,应在事前平整夯实,并比周围垫高150mm防止积水,堆放前应铺通长垫木。

(2)平模存放时,必须满足地区条件所要求的自稳角。大模板存放在施工楼层上,应有可靠的防倾倒措施。在地面存放模板时,两块大模板应采用板面对板面的存放方法,长期存放应将模板联成整体。对没有支撑或自稳角不足的大模板,应存放在专用的堆放架上,或者平卧堆放,严禁靠放到其他模板或构件上,以防下脚移动倾翻伤人。

(3)大模板起吊前,应把吊车的位置调整适当,并检查吊装用绳索、卡具及每块模板上的吊环是否牢固可靠,然后将吊钩挂好,拆除一切临时支撑,稳起稳吊,禁止用人力搬动模板。吊装过程中,必须配备专职指挥,并采取可靠措施严防模板大幅度摆动或碰倒其他模板。

(4)组装平模时,应及时用卡具或花篮螺丝将相邻模板连接好,防止倾倒。安装外墙外模板时,必须待悬挑扁担固定,位置调好后,放可摘钩。外墙外模安装好后,要立即穿好销杆,紧固螺栓。

(5)大模板安装时,应先内后外。单面模板就位后,用钢筋三角支架插入板面螺栓眼上支撑牢固。双面板就位后,用拉杆和螺栓固定,未就位和未固定前不得摘钩。

(6)有平台的大模板起吊时,平台上禁止存放任何物料。禁止隔着墙同时吊运内外两块模板。

(7)内外角模和临时摘挂的面板与大模板必须连接牢固,防止脱开和断裂坠落。

2. 大模板安装使用注意事项

(1)大模板吊运安装必须设专职指挥,并持证上岗。

(2)大模板放置时,下面不得压有电线和气焊管线。

(3)平模叠放运输时,垫木必须上下对齐,绑扎牢固,车上严禁坐人。

(4)大模板组装或拆除时,指挥、拆除和挂钩人员,必须站在安全可靠的地方方可操作,严禁任何人员随大模板起吊,安装外模板的操作人员应系安全带。

(5)大模板必须设有操作平台、上下梯道、防护栏杆等附属设施。如有损坏,应及时修好。大模板安装就位后,为便于浇捣混凝土,两道墙模板平台间应搭设临时走道,严禁在外墙板上行走。

(6)模板安装就位后,要采取防止触电的保护措施,应设专人将大模板串联起来,并同避雷网接通,防止漏电伤人。

(7)当风力5级时,仅允许吊装低层次的模板和构件。风力超过5级,应停止吊装。

3. 大模板拆除

(1)拆除时应严格遵守"拆除方案"要点的规定。

(2)高处、复杂结构模板的拆除,应有专人指挥和切实的安全措施,并在下面标出警戒线,严禁非操作人员进入作业区。

(3)工作前应事先检查所使用的工具是否牢固,扳手等工具必须用绳链系挂在身上,工作时思想要集中,防止发生意外事故。

(4)起吊前应先稍微移动一下,证明确属无误后,方允许正式起吊。

(5)大模板拆除时,起吊前必须认真检查固定件是否全部拆除。

(6)遇雷雨、雾、雪以及6级以上大风时,应暂停室外的高处拆除作业。

7.3 高处作业安全防护技术

一、高处作业概述

(一)高处作业含义

凡在坠落高度基准面2m以上(含2m),有可能坠落的高处进行的作业。

(二)高处作业的级别

1. 高处作业高度在2~5m,称为一级高处作业;其可能坠落范围半径为2m。

2. 高处作业高度在5~15m,称为二级高处作业;其可能坠落范围为3m。

3. 高处作业高度在 15~30m,称为三级高处作业;其可能坠落范围为 4m。

4. 高处作业高度在 30m 以上,称为特级高处作业;其可能坠落范围为 5m。

(三)高处作业的分类

1. 一般高处作业。

2. 特殊类高处作业

(1)在阵风风力 6 级(风速 10.8m/s)以上的情况下进行的高处作业,称为强风高处作业。

(2)在高温或低温环境下进行的高处作业,称异温高处作业。

(3)降雪时进行的高处作业,称为雪天高处作业。

(4)降雨时进行的高处作业,称为雨天高处作业。

(5)室外完全采用人工照明时,进行高处作业,称为夜间高处作业。

(6)在接近或接触带电体条件下进行高处作业,称带电高处作业。

(7)在无立足点或无牢靠立足点的条件下进行的高处作业,称为悬空高处作业。

(8)对突然发生的各种灾害事故进行抢救的高处作业,称为抢救高处作业。

(四)基本要求

1. 高处作业的安全技术措施必须列入工程的施工组织设计。

2. 高处作业必须逐级进行安全技术教育及交底。

3. 搭设高处作业安全设施的人员,必须经市级专门培训并考核合格后方可上岗,且应定期进行体格检查。

4. 遇恶劣天气不得进行露天攀登与悬空高处作业。

5. 用于高处作业的防护设施,不得擅自拆除,确因作业需要临时拆除必须经项目经理部施工负责人同意,并采取相应的可靠措施,作业后应立即恢复。

6. 高处作业的防护门设施在搭拆过程中应相应设置警戒区派人监护,严禁上、下同时拆除。

7. 高处作业安全设施的主要受力杆件,力学计算按一般结构力学公式,强度及刚度计算不考虑塑性影响,构造上应符合现行的相应规范的要求。

8. 高处作业应建立落实各级安全生产责任制,对高处作业安全设施,应做到防护要求明确,技术合理,经济适用。

二、临边及洞口作业的安全防护

(一)临边及其防护措施

1. 临边的含义

(1)基坑周边。

(2)尚未安装栏杆或栏板的阳台、料台、挑平台周边。

(3)雨篷与挑檐边;分层施工的楼梯口和梯段边。

(4)无脚手的屋面与楼层周边;水箱与水塔周边。

(5)井架施工电梯和脚手架等与建筑物通道的两侧边。

2. 临边的防护设施(见图 7-32a、b、c)

(1)防护栏杆由上下两道横杆及栏杆柱组成。上杆离地高度为 1.2m,下杆离地高度为 0.6m。坡度大于 1:2.2 的屋面防护栏杆应为高 1.5m。横杆长度大于 2m 时,必须设置栏杆柱。

(2)防护栏杆的钢管为 $\phi 48 \times 3.5$mm,以扣件或电焊固定;采用钢筋上杆直径不应小于 16mm,下杆直径不应小于 14mm,栏杆柱直径不应小于 18mm,用电焊固定;采用角钢等型材作防护栏杆杆件时,应选用强度相当的规格,用电焊固定。

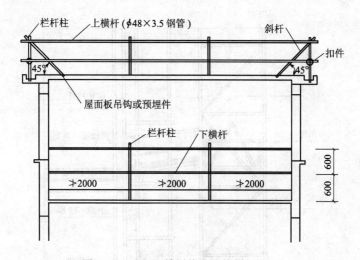

图 7-32a 屋面、楼层临边防护栏杆(mm)

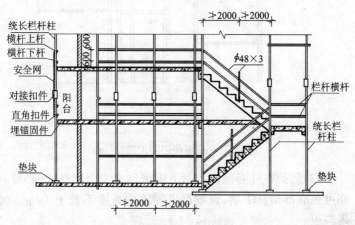

图 7-32b 楼梯、楼层和阳台临边防护栏杆(mm)

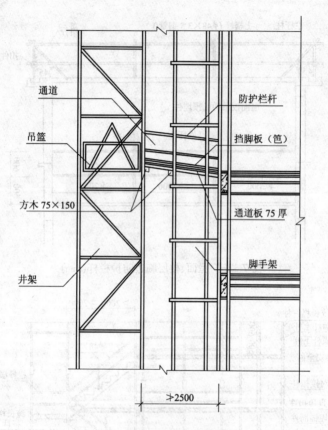

图 7-32c 通道侧边防护栏杆(mm)

(3)防护栏杆必须自上而下用密目式安全网封闭,必要时亦可在底部横杆下沿,设置严密固定的高度不低于 180mm 的踢脚板。

(4)防护柱上杆任何处,能经受任何方向的 1000N 外力。

(5)防护栏杆制成后须用黑黄或红白油漆予以标识。

(6)沿街马路居民密集区,除防护栏杆外,敞口立面必须采取满挂安全网全封闭。

(二)洞口及其防护设施

1. 洞口的含义

(1)楼梯口。

(2)电梯井口。

(3)预留洞口(包括施工现场桩孔、人孔、坑槽、竖向孔洞等)。

(4)通道口。

2. 洞口的防护设施(见图 7-33a、b、c)

(1)楼梯口必须设置防护栏杆进行防护。

(2)电梯井口的防护应设置固定栅门,栅门的高度为1.8m,安装时离楼层面不得大于 50mm,上下必须固定,门栅网格的间距不应大于 150mm。同时,电梯井内应每隔两层并最多隔 10m 设一道网眼不大于 2.5mm 的安全网。

(3)预留洞口防护:

1)边长为 25cm 以下的洞口,有坚实的木板盖没,盖板应能防止挪动移位,并应用黄或红色油漆予以标识。

2)边长为 25~50cm 的洞口、安装预制构件时的洞口以及缺件临时形成的洞口,可用竹、木等作盖板,盖住洞口,盖板须能保持四周搁置均衡,并有固定其位置的措施。

3)边长为 50~150cm 的洞口,必须设置用钢管扣件形成的网格并用夹板或竹笆严密覆盖或用贯穿于混凝土板内的钢筋(间隔不大于 20cm)构成防护网,并予以覆盖。

4)边长大于 150cm 的洞口,应根据第 2)条设置防护,亦可在洞口下方张设安全网。洞口四周必须设 1.2m 高的防护栏杆,用密目式安全网围挡,必要时亦可在底部横杆下沿设置严密固定的高度不低于 180mm 的踢脚板。

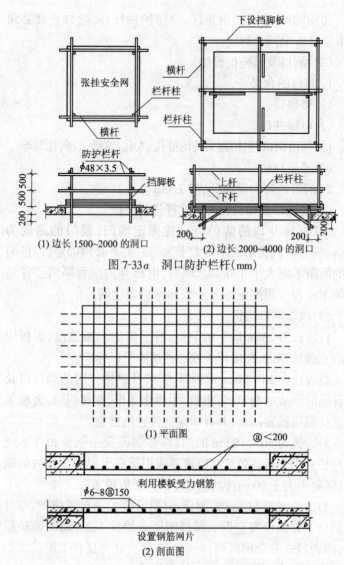

图 7-33a 洞口防护栏杆(mm)

图 7-33b 洞口钢筋防护网(mm)

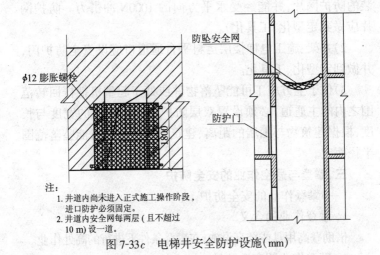

图 7-33c 电梯井安全防护设施(mm)

5)墙面等处的竖向洞口,参照第2)、3)条设置防护。

6)位于车辆行驶道旁的洞口、深沟、坑槽,应用钢板或钢筋制成的盖板加以防护,并能承受额定卡车后轮有效承载力2倍的载荷。

7)下边沿至楼板或底面低于 80cm 的窗台等竖向洞口,如侧边落差大于 2m 时,应加设 1.2m 高的防护栏杆。

8)垃圾井道和烟道,可参照预留洞口的防护进行设置。

9)现场通道附近的各类洞口与坑槽等处,除设置防护设施与安全标志外,夜间还应设红灯示警。

(4)通道口防护:

1)结构施工自二层起,凡人员进出建筑物的通道口,井架、施工电梯底层的进出通道口,均应搭设安全防护棚;高度超过 24m 的层次,应搭设双层防护棚(另外,井架、施工电梯底层除通道出入口外,其余三面应采用型钢、钢丝网制成的可拼装的防护网片,并能经受水平方向的 1000N 冲击力。防护网片应做到定型化、工具化)。

2)井架、施工电梯楼层运料平台通道口应设安全防护门,并做到定型化、工具化。

3)位于上方施工可能坠落物件或处于起重机把杆回转范围之内的主通道,必须设置双层防护棚。防护棚的宽度与长度,根据建筑物与围墙的距离、建筑物高度及其可能坠落范围半径而定。

三、攀登与悬空作业的安全防护

(一)攀登作业的安全防护

1. 攀登作业的含义

借助登高用具或登高设施,在攀登条件下进行的高处作业。

2. 攀登作业的安全防护

(1)攀登作业在施工组织设计中应确定用于现场施工的登高和攀登设施。

(2)柱、梁和行车梁等构件吊装所需的直爬梯及其他登高用拉攀件,应在构件施工图纸或说明内作出规定。

(3)移动式梯子,应按现行的国家标准验收,合格后方可使用。

(4)使用梯子进行攀登作业时,梯脚底都应坚实,不得垫高使用。梯子的上端应固定使用,立梯工作角度以 75°±5° 为宜,踏板上下间距 30cm 为宜,不得有缺档。

(5)梯子如需接长使用,必须有可靠的连接措施,并且接头不得超过 1 处,强度不得低于单梯的强度。

(6)折梯使用时上部夹角以 35°~45° 为宜,铰链必须牢固,应有可靠的拉撑措施。

(7)使用直梯进行攀登作业时,攀登高度以 5m 为宜,超过

2m时宜加设护笼,超过8m时必须设置平台。

(8)作业人员应从规定的通道上下,不得在阳台之间等非规定过道进行攀登,也不得任意利用吊车臂架等施工设备进行攀登。上下梯子时必须面向梯子,且不得手持器物。

(9)钢柱安装登高时,应使用钢挂梯或设置在钢柱上的爬梯。

(10)钢屋架安装在屋架上下登高操作时,对于三角形屋架应在屋脊上,梯形屋架应在两端,设置攀登时上下的梯架。材料可选用毛竹或原木,踏步间距不应大于40cm,毛竹梢径不应小于70mm。

(二)悬空作业的安全防护

1. 悬空作业的含义

在周面边临空状态下进行的高处作业。

2. 悬空作业的安全防护

(1)悬空作业处应有牢靠的立足处并必须视具体情况配置防护网,栏杆或其他安全设施。

(2)悬空作业所用的索具、脚手板、吊篮、平台等设备,均需检查或技术鉴定后方可使用。

(3)悬空安装大模板、吊装第一块预制构件、吊装单独的大中型预制构件时,必须站在操作平台上操作,吊装中的大模板和预制构件,严禁站人和行走。

(4)安装管道时必须有已完结构或操作平台为立足点,严禁在安装中的管道上站立和行走。

(5)浇筑离地2m以上的框架、过梁雨蓬和小平台时,应设操作平台,不得直接站在模板或支撑件上操作。

(6)进行各项窗口作业时,必须系好安全带操作。

四、操作平台与交叉作业的安全防护

(一)操作平台

1. 操作平台的含义

现场施工中用以站人、载物并可进行操作的平台。

2. 操作平台的分类

(1)移动式操作平台——可以搬动的用于结构施工、室内装饰和水电安装等操作平台。移动式操作平台,必须符合以下规定方可使用(见图 7-34):

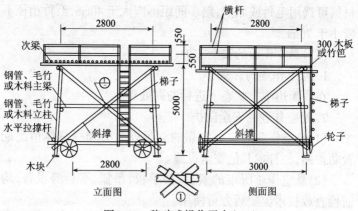

图 7-34 移动式操作平台(mm)

1)操作平台由专业技术人员按现行的相应规范进行设计,计算及图纸应编入施工组织设计。

2)操作平台面积不应超过 $10m^2$,高度不应超过 5m。同时必须进行稳定计算,并采取措施减少立柱的长细比。

3)装设轮子的移动式操作平台,连接应牢固可靠,立杆底端离地面不得大于 80mm。

4)操作平台采用 $\phi(48\sim51)\times3.5mm$ 钢管扣件连接,亦可采用门架式部件,按产品要求进行组装。平台的次梁间距不应大于40cm,台面应满铺5cm厚的木板或竹笆。

5)操作平台四周必须设置防护栏杆,并应设置登高扶梯。

6)移动式操作平台在移动时,平台上的操作人员必须撤离,不准上面载人移动平台。

(2)悬挑式钢平台——可以吊运和搁置于楼层边的用于接送物料和转运模板等的悬挑式的操作平台,通常采用钢构件制作。

悬挑式钢平台,必须符合以下规定方可使用(见图7-35)。

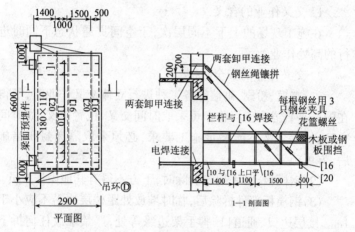

图7-35 悬挑式钢平台(mm)

1)按现行规范进行设计,其结构构造应能防止左右晃动,计算书及图纸应编入施工组织设计或专项方案,并按规定进行审批。

2)悬挑式钢平台的搁支点与上部拉结点必须位于建筑物上,不得设置在脚手架等施工设施上。

3)斜拉杆或钢丝绳,构造上宜两边各设置前后两道,两道中的每一道均应作单道受力计算。应设4只吊环(经验算),

吊环用甲类 3 号沸腾钢(不得使用螺纹钢)。

4)安装、吊运时应用卸扣(甲)。钢丝绳绳卡应按规定设置(最少不少于 3 只),钢丝绳与建筑物(柱、梁等)锐角利口处应加软垫物。钢平台外口略高于内口,周边设置固定的防护栏杆,并用结实的挡板进行围挡。钢平台底板不得有破损。

5)钢平台搭设完毕后应组织专业人员进行验收,合格后挂牌方可使用,同时挂设限载重量牌以及操作规程牌。

(二)交叉作业的安全防护

1. 交叉作业的含义

在施工现场的上下不同层次,于空间贯通状态下同时进行的高处作业。

2. 交叉作业的安全防护

(1)支模、粉刷、砌墙等各工种进行立体交叉作业时,不得在同一垂直方向上操作。可采取时间交叉、位置交叉,如时间交叉、位置交叉不能满足施工要求,必须采取隔离封闭措施后,方可施工。

(2)钢模板、脚手架等拆除时,下方不得有其他操作人员。

(3)钢模板部件拆除后,临时堆放处距楼层边沿不应小于1m。楼层边口、通道口、脚手架边缘等处,严禁堆放任何拆下物件。

五、安全网防护

(一)安全网的构造与技术要求

1. 安全网的构造

安全网一般由网体、边绳、系绳、筋绳、试验绳等组成。

安全网分为平网和立网两类,分别以 P、L 表示,如 P-3×6、表示宽 3m、长 6m 的平网;L-4×6,表示高 4m、长 6m 的立网。

2．安全网的技术要求

(1)安全网绳由锦纶、维纶、涤纶、尼龙等材料制成,氯纶、丙纶只能用于立网,不得用于平网。所有绳的湿干强度比不得低于75%。

(2)平网的宽度不得小于3m,立网的高度不得小于1.2m,每张网的重量不宜超过15kg。

(3)菱形网目其对角线与对应网边平行,方形网目的对角线或边应与对应的网边平行,网目边长不得大于100mm。

(4)边绳与网体连接必须牢固,其直径至少为网绳直径的2倍,但不得小于7mm。平网边绳断裂强力不得低于7.35kN,立网边绳断裂强力不得低于2.94kN。系绳的直径与断裂强力的边绳相同。立网严禁代替平网作水平网使用。

(5)网绳的直径和断裂强力应根据安全网的材料,结构型式,网目大小等因素合理选用,断裂强力为1.5~2.0kN。必须用网绳作试验绳,每张网上的试验绳不少于8根。

(6)筋绳分布必须合理,相邻两根筋绳的最小距离不得小于300mm。每根筋绳的断裂强力不得小于2.94kN,安全网上的所有绳结或节点必须牢固。

(7)安全网承受100kg,底面积2800m^2的模拟人形砂包冲击后,网绳、边绳、系绳都不允许断裂(允许筋绳断裂)。各类安全网的冲击试验高度为:平网、10m;立网、2m。

(8)平网必须要有缓冲性能,当吸收5883.6J能量时,网上的最大负荷不得超过8.82kN,最大的延伸量不超过1.5m。

(9)每张安全网出厂前,必须有国家指定的监督检测部门批量验证和检验员检验合格证。

(10)网的有效负载高度一般为6m,最大不超过10m。

(11)安全网在贮运中,必须通风、遮光、隔热,同时要避免化学物品的侵袭。搬运时,禁止使用钩子。

(二)安全网防护规定

1. 凡高度 4m 以上、无落地式外脚手架的在建工程,必须随施工层支设 3m 宽的安全平网,首层必须固定一道 3~6m 宽的安全平网。高层施工时,除在首层固定一道安全平网外(一般情况下以采用搭设防护棚为宜),每隔四层还要固定一道安全平网或逐层设密目式安全立网进行封闭。

2. 施工中要保证安全网完整有效,受力均匀,网内不得有积物。两网的搭接要严密,不得有缝隙。支设的安全网直至无高空作业时,方可拆除。

3. 烟囱、水塔等独体建筑物施工时,要在里外脚手架架子的外围底层固定一道 6m 宽的安全网,要与建筑物或架子连接牢固。在建筑物的阴阳角处必须随墙的角度支搭,保证安全网的宽度不变。

4. 在安装阳台和走廊底板时,应尽可能把栏板同时装好。如不能及时安装栏板,要将阳台三面严密防护,其高度要高出阳台底板 1.2m,直到装好栏板后方可拆除防护。在阳台底板抹灰、粉刷时,要外挂安全网或设置护身栏。

5. 在没有望板或望板已糟朽的屋面上安装石棉瓦时,应在屋架下弦支设安全网或搭设满堂架子,并使用有防滑条的脚手板,勾挂牢固后方可操作。严禁在石棉瓦、刨花板、三合板等顶棚上行走。

(三)安全网的使用规则和搭设方法

1. 使用规则

(1)新网必须有生产许可证、产品质量检验合格证、检测报告等证明,旧网必须有允许使用的证明书或合格的检验记录。

(2)安装时,在每个系结点上,边绳应与支撑物(架)靠紧,并用一根独立的系绳连接,系结点沿网边均匀分布,其距离不得大于750mm。系结点应符合打结方便,连接牢固又容易解开,受力后又不会散脱的原则。有筋绳的网在安装时,也必须把筋绳连接在支撑物(架)上。

(3)多张网连接使用时,相邻部分应靠紧或重叠,连接绳材料与网相同,强力不得低于其网绳强力。

(4)安装平网时,除按上述要求外,还要遵守下列规则:

1)安装平网应外高里低,以15°为宜,网不宜绑紧。

2)当 $H \leqslant 5m$ 时,$C_{min} = 2.5m$,$S = 3m$;当 $5m < H \leqslant 25m$ 时,$C_{min} = 3m$,$S = 3m$;当 $H > 25m$ 时,$C_{min} = 6m$(双层网),$S = 5m$(见图7-36)。

3)网的负载高度一般不超过6m,因施工需要最大不得超过10m(一般为四层)。

4)装立网时,除必须满足上述(1)~(3)要求外,安装平面应与水平面垂直,立网底部必须与脚手架全部封严。

5)要保证安全网受力均匀。必须经常清理网上落物,网内不得有积物。

6)安全网安装后,必须经专人检查验收合格签字后才能使用。

7)拆除安全网必须在有经验人员的严密监督下进行。拆网应自上而下,同时要采取防坠落措施。

2. 安全平网的搭设方法(见图7-36):

(1)首层安全平网可直接在外墙设网。

(2)层间安全平网一般有层面网与随层网两种。高层建筑物搭设首层安全平网外,每隔四层固定一道3m宽的水平网,为层面网;随作业层上升而上升的水平安全网,为随层网。

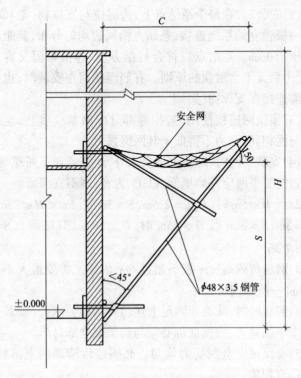

图 7-36 安全平网设置示意图

8 大型施工机械安全防护

大型施工机械是现代建筑工程施工中人员上下和建筑材料运输的重要工具,是实现生产过程机械化、自动化,减轻繁重体力劳动、提高劳动生产率的重要设备。随着我国改革开放的不断深入,能源、交通和各项基础设施建设步伐的加快,规模扩大,大型施工机械的使用越来越频繁,其在施工中的作用也越显重要。

大型施工机械主要有起重机械、物料提升机和施工升降机,其中由于起重机械引发的伤亡事故已成为建筑行业"四大伤害"事故之一。因此,了解这些机械的基本构造、安全装置及使用技术要求等内容有利于我们控制和预防事故的发生。

8.1 塔式起重机

塔式起重机(以下简称塔机)是一种塔身直立,起重臂铰接在塔帽下部,能够作360°回转的起重机,通常用于房屋建筑和设备安装的场所,具有适用范围广、起升高度高、回转半径大、工作效率高、操作简便、运转可靠等特点。塔式起重机在我国建筑安装工程中得到广泛使用,它具备起重、垂直运输和短距离水平运输的功能,特别对于高层建筑施工来说,更是一种不可缺少的重要施工机械。

由于塔式起重机机身较高,其稳定性就较差,并且拆、装、转移较频繁以及技术要求较高,也给施工安全带来一定困难,操作不当或违章装、拆极有可能发生塔机倾覆的机毁人亡事故,造成严重的经济损失和人身伤亡恶性事故。因此,机械操作、安装、拆卸人员和机械管理人员必须全面地掌握塔机的技术性能,从思想上引起高度重视,从业务上掌握正确的安装、拆卸、操作的技能,保证塔机的正常运行,确保安全生产。

一、塔机的类型及其特点

1. 按旋转方式

(1)上旋式塔机:即塔身不旋转,而是通过支承装置安装在塔顶上的转塔(起重臂、平衡臂、塔帽等组成)旋转。其优点是:起升高度可根据需要调整,可以在平衡臂超过建筑物高度的情况下更接近建筑物,从而扩大起吊范围。其缺点是:塔机重心高,安装拆卸较复杂,必须严格保证塔机的稳定性。

(2)下旋转式塔机:即塔身与起重臂同时旋转。旋转支承机构在塔身的底部。其优点是:塔机重心低,稳定性较好,塔身所受的弯矩也较小;全部的工作机构分布在转台和底座上;便于维修、保养和拆装;可以借助本身机构进行架设,简单方便,并可以整体拖运,便于转移。其缺点是:塔机起重力矩较小,起重高度受到限制,多属于小型塔机范畴;旋转平台尾部突出,为了塔机回转方便,必须使尾部与建筑物保持一定的安全距离,同时其幅度的有效利用也较差。

2. 按变幅方式

按起重臂的结构特点可分为俯仰变幅起重臂(动臂)式塔机和小车变幅式(水平臂)塔机。

(1)动臂式变幅塔机:它是依靠起重臂俯仰来实现变幅的。其优点是:能充分发挥起重臂有效高度、有效长度来提高机械效率;其变幅机构简单,减少高空作业,操作较安全。其缺点是:最小幅度被限制在最大幅度的25%左右,变幅时负荷随起重臂一起升降,对变幅机构的要求必须可靠。

(2)小车变幅式塔机:塔机的起重臂为水平布置,起重臂的截面为等腰三角形桁架,载重小车在起重臂的轨道上运动。工作时靠调整小车的距离来改变起重的幅度。其优点是:载重小车可靠近塔身,变幅范围大,能满足建筑安装施工的要求;变幅机构简单,变幅迅速,且能带荷变幅,操作方便。其缺点是:起重臂受力情况复杂,所以结构也相应复杂,自重也较大。

3. 按有无行走机构

可分为移动式塔机和固定式塔机。移动式塔机根据行走装置不同,又可分为轨道式、轮胎式、汽车式和履带式等四种;固定式塔机根据安装地点不同,又可分为附着自升式(又称外附式)和内爬式两种。

(1)行走式塔机:塔身固定于行走的底盘上,在专设的轨道上运行,稳定性好,能带载行走,最大特点是能靠近建筑物,工作效率较高,是建设工程中广泛被采用的机型。

(2)固定式塔机:没有行走机构,附着自升式塔机能随着建筑物的高度升高而升高,适用于建筑结构形状复杂的高层建筑施工。其主要优点:建筑结构仅仅承受塔机传来的水平方向载荷;对建筑结构不带来破坏,同时对塔机计算自由长度大大减少,有利于塔身结构的承载能力提高,不需要铺设轨道,施工场地占用少的特点。固定式中还有一种称为爬式塔机,它在建筑物内部(电梯井、楼梯间等)借助一套托梁和拉升系统进行爬升。其主要优点是:塔机自身高度不高,30m左右,不需要设置塔机的独立基础,设备成本相对低些,起重臂有效回转半径大,作业面大。其主要缺点是:由于塔机的全部自重均由建筑承受,对塔机爬升的时间要待建筑物达到一定强度后方能爬升,同时,拆卸时难度较大,而且须配有专用的拆卸设备,周期较长,建筑物留下的爬升孔还须进行后补浇混凝土。

4. 按起重能力

(1)轻型塔机:起重力矩≤40t·m(现改为kN·m),一般适用于楼层不高的民用建筑或单层厂房的建筑施工。如红旗Ⅱ-16、QT-15、QT-25、QTG-40等。

(2)中型塔机:起重力矩60~120t·m,适用于高层建筑和工业厂房的综合吊装的施工,如QTG60、QT60/80、QT80、Z80等。

(3)重型塔机:适用于工业厂房、多层工业厂房、水力及核电站施工中的大型设备吊装。如QTZ200、HZ/36B等。

二、基本参数

起重机的基本参数是生产、使用、选择起重机技术性能的依据。塔机的基本参数有五项:

(1)工作幅度:也称回转半径,是起重吊钩中心与塔机回转中心线间的水平距离,单位为米。

(2)起重量:塔机所能起吊的重物重量,通常以额定起重量和最大起重量表示,单位为吨。

(3)起重力矩:起重量与其相应的工作幅度的乘积,是衡量塔吊起重能力的主要参数,单位为kN·m。

(4)起升高度:在最大工作幅度时,吊钩中心线至轨顶面的垂直距离,单位为米。

(5)轨距:是指两根轨道中心线之间的距离,其轨距值的确定是从塔吊的整体稳定和经济效益而定,单位为米。

三、塔机的安全装置

为了确保塔机的安全作业,防止发生意外事故,塔机必须配备各类安全保护装置。

1. 起重力矩限制器

起重力矩限制器是防止塔机超载的安全装置,避免塔机由于严重超载而引起塔机的倾覆或折臂等恶性事故。

力矩限制器有机械式、电子式和复合式三种,多数采用机械电子联锁式的结构。

2. 起重量限制器(也称超载限位)

起重量限制器是用以防止塔机的吊物重量超过最大额定荷载,避免发生机械损坏事故。当吊重超过额定起重量时,它能自动切断提升机构的电源或发出警报。

3. 起升高度限制器

起升高度限制器是用来限制吊钩接触到起重臂头部或载重小车之前,或是下降到最低点(地面或地面以下若干米)以前,使起升机构自动断电并停止工作。起升高度限制器一般都装在起重臂的头部。

4. 幅度限制器

动臂式塔机的幅度限制器是用以防止臂架在变幅达到极限位置时切断变幅机构的电源,使其停止工作,同时还设有机械止挡,以防臂架因起幅中的惯性而后翻。

小车运行变幅式塔机的幅度限制器用来防止运行小车超过最大或最小幅度的两个极限位置。一般小车变幅限位器是安装在臂架小车运行轨道的前后两端,用行程开关达到控制。

5. 塔机行走限制器

行走式塔机的轨道两端尽头所设的止挡缓冲装置,利用安装在台车架上或底架上的行程开关碰撞到轨道两端前的挡块切断电源来达到塔机停止行走,防止脱轨造成塔机倾覆事故。

6. 吊钩保险装置

吊钩保险装置是防止在吊钩上的吊索由钩头上自动脱落的保险装置,一般采用机械卡环式,用弹簧来控制挡板,阻止吊索滑钩。

7. 钢丝绳防脱槽装置

主要用以防止钢丝绳在传动过程中,脱离滑轮槽而造成钢丝绳卡死和损伤。

8. 夹轨钳

装设在台车金属结构上,用以夹紧钢轨,防止塔机在大风情况下被风吹动而行走造成塔机出轨倾翻事故。

9. 回转限制器

有些上回转的塔机安装了回转不能超过270°和360°的限制器,防止电源线扭断,造成事故。

10. 风速仪

自动记录风速,当超过6级风速以上时自动报警,使操作司机及时采取必要的防范措施,如停止作业,放下吊物等。

11. 电器控制中的零位保护和紧急安全开关

所谓零位保护是指塔机操纵开关与主令控制器连锁,只有在全部操纵杆处于零位时,开关才能接通,从而防止无意操作。

紧急安全开关则是一种能及时切断全部电源的安全装置。

四、塔机安装、拆卸的安全注意事项

1. 对装拆人员的要求

(1)参加塔机装拆人员,必须经过专业培训考核,持有效的操作证上岗。

(2)装拆人员严格按照塔机的装拆方案和操作规程中的有关规定、程序进行装拆。

(3)装拆作业人员严格遵守施工现场安全生产的有关制度,正确使用劳动保护用品。

2. 对塔机装拆的管理要求

(1)装拆塔机的施工企业,必须具备装拆作业的资质、并按装拆塔机资质的等级进行装拆相对应的塔机。

(2)施工企业必须建立塔机的装拆专业班组并且配有起重工(装拆工)、电工、起重指挥、塔机操纵司机和维修钳工等10人以上组成。

(3)进行塔机装拆,施工企业必须编制专项的装拆安全施工组织设计和装拆工艺要求,并经过企业技术主管领导的审批。

(4)塔机装拆前,必须向全体作业人员进行装拆方案和安全操作技术的书面和口头交底,并履行签字手续。

3. 装拆过程中的安全要求

(1)装拆塔机的作业,必须在班组长的统一指挥下进行,并配有现场的安全监护人员,监控塔机装拆的全过程。

(2)塔机的装拆区域应设立警界区域,派有专人进行值班。

(3)作业前,对制动器、连接件、临时支撑要进行调整和检查。对起重作业需要的吊索具要保持完好,符合安全技术要求。

(4)作业中遇有大雨、雾和风力超过4级时应停止作业。

(5)行走式塔机就位后,应将夹轨钳夹紧。

(6)塔机在安装中对所有的螺栓都要拧紧,并达到紧固力矩要求。对钢丝绳要进行严格检查有否断丝磨损现象,如有损坏,立即更换。

(7)对整体起扳安装的塔机,特别是起扳前要认真、仔细对全机各处进行检查,路轨路基和各金属结构的受力状况、要害部位的焊缝情况等应进行重点检查,发现隐患及时整改或修复后,方能起板。

(8)对安装、拆卸中的滑轮组的钢丝绳要理整齐、其轧头要正确使用(轧头规格使用时比钢丝绳要小一号)轧头数量按钢丝绳规格配置。

4.塔机安装完毕后必须经专门的检测机构检测验收合格后方能使用

五、塔机的安全使用

1.塔机的常见事故隐患

近年来,塔机事故频发,主要有五大类:整机倾覆、起重臂折断或碰坏、塔身折断或底架碰坏、塔机出轨、机构损坏,其中塔机的倾覆和断臂等事故占了70%。引起这些事故发生的原因主要有:

(1)塔机的行走路基、轨道铺设不坚实、不平实,致使路轨的高低过大,塔机重心失去平衡而倾覆。

(2)超载起吊导致塔机失稳而倒塔。

(3)违章斜吊增加了张拉力矩再加上原起重力矩,往往容易造成超载。

(4)没有正确地挂钩,盛放或捆绑吊物不妥,致使吊物坠落伤人。

(5)塔机在工作过程中,由于力矩限制器失灵或被司机有意关闭,造成司机在操作中盲目或无意超载起吊。

(6)起重指挥失误或与司机配合不当,造成失误。

(7)塔机装拆管理不严、人员未经过培训、企业无塔机的装拆资质或无相应的资质。

(8)在恶劣气候中起吊作业(大风、雷雨等)。

(9)设备缺乏定期检修保养,安全装置失灵等造成事故。

2.塔机使用中的基本安全技术要求

(1)塔机的基础必须符合安全使用的技术条件规定。

(2)起重司机应持有与其所操纵的塔机的起重力矩相对应的操作证;指挥应持证上岗,并正确使用旗语或对讲机。

(3)起吊作业中司机和指挥必须遵守"十不吊"的规定:指挥信号不明或无指挥不吊;超负荷和斜吊不吊;细长物件单点或捆扎不牢不吊;吊物上站人不吊;吊物边缘锋利,无防护措施不吊;埋在地下的物体不吊;安全装置失灵不吊;光线阴暗看不清吊物不吊;6级以上强风区无防护措施不吊;散物装得太满或捆扎不牢不吊。

(4)塔机运行时,必须严格按照操作规程要求规定执行。最基本要求:起吊前,先鸣号,吊物禁止从人的头上越过。起吊时吊索应保持垂直、起降平稳,操作尽量避免急刹车或冲击。严禁超载,当起吊满载或接近满载时,严禁同时做二个动作及左右回转范围不应超过90°。

(5)塔机停用时,吊物必须落地不准悬在空中,并对塔机的停放位置和小车、吊钩、夹轨钳、电源等一一加以检查,确认无误后,方能离岗。

(6)塔机在使用中不得利用安全限制器停车;吊重物时不得调整起升、变幅的制动器;除专门设计的塔机外,起吊和变幅两套起升机构不应同时开动。

(7)塔机的装拆必须是有资质的单位方能作业。拆装前,应编制专项的拆装方案并经企业技术主管负责人的审批同意后方能进行。同时要做好对装拆人员的交底和安全教育。

(8)自升式塔机使用中的顶升加节工作,要有专人负责。塔机安装完后的验收和检测工作是必不可少的,顶升加节后的验收工作也应该严格执行。对塔机的垂直度、爬升套架、附着装置等都必须进行检查验收。

(9)两台或两台以上塔吊作业时,应有防碰撞措施。

(10)定期对塔机的各安全装置进行维修保养,确保其在运行过程中发挥正常作用。

8.2 物料提升机

龙门架、井字架升降机都是用作施工中的物料垂直运输。

一、井架与龙门架的基本构造

井架和龙门架主要由架体、天梁、吊篮、导轨、天轮、电动卷扬机以及各类安全装置组成,见图8-1、图8-2。

1. 架体

由型钢按立柱、平撑、斜撑杆件组成,焊成格构式标准节,其断面可组合成三角形、矩形,其具体尺寸经计算选定。

井架的架体由四边的杆件组成,形如"井"字的截面,一般是用单根角钢按一定尺寸由螺栓连接而成,小型井架也可预先在工厂组焊成一定长度的标准节,运至工地后安装。

龙门架的架体由两根立柱组成,形如门框。其结构更

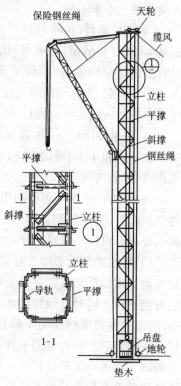

图8-1 普通型钢井架

简单,且制造容易、用钢量少,装拆更方便。但由于龙门架的立柱刚度和整体稳定性较井架差,一般常用于低层建筑。

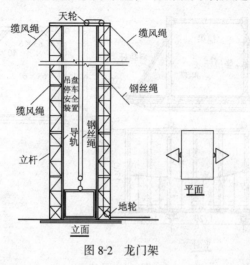

图 8-2 龙门架

2. 天梁

天梁是安装在架体顶部的横梁,是主要受力部件,以承受吊篮自重及物料重量,其断面大小须经计算确定。当荷载为 1t 时,天梁至少要用 2 根不小于 14 号槽钢,背对背地焊接而成。天梁上应装设能固定起升钢丝绳尾端的装置及滑轮。

3. 滑轮

装在天梁上的滑轮俗称为天轮,装在架体最底部的滑轮俗称为地轮,钢丝绳通过天轮、地轮及吊篮上的滑轮穿绕后,一端固定在天梁的销轴上,另一端与卷扬机卷筒锚固。滑轮应按钢丝绳的直径选用。

4. 吊篮(吊笼)

吊篮是装载物料沿架体上的导轨作上下运行的部件,由型钢及连接钢板焊接而成,一般由底盘及竖吊杆、斜拉杆、横梁、角撑等杆件组成,见图8-3。

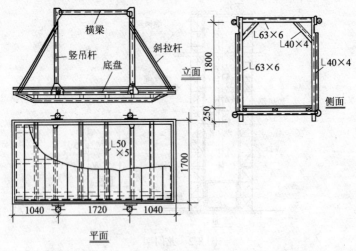

图8-3 吊篮

吊篮底盘上应铺设5cm厚木板,(当采用钢板时应焊防滑条),吊篮两侧应设有高度不低于1m的安全挡板或钢丝网片。上料口与卸料口应装设防护门,防止吊篮上下运行时物料坠落。高架物料提升机(高度在31m以上)的吊篮顶部还应装设防护顶板,形成吊笼状。

5. 导轨

导轨是装设在架体上并保证吊篮沿着架体上下运行尽可能不偏斜的重要构件。导轨的形式比较多,常见的有单根导轨和双根导轨。双根导轨可减少吊篮运行中的晃动。也有将导轨设在架体内四角,让装置在吊篮的四个角上的滚轮沿架体四个角上下运行,这样吊篮的稳定性更好。

导轨以角钢、槽钢、钢管等型钢为最常见。

6. 电动卷扬机

电动卷扬机是以电动机为动力驱动卷筒卷绕绳索完成牵引工作的装置,一般宜选用可逆式卷扬机。以摩擦式卷扬机为动力的提升机,其滑轮应有防脱槽装置。高架物料提升机不得选用摩擦式卷扬机。

卷扬机使用的安全要求可参照本书第九章第一节。

7. 摇臂把杆

为解决运输一些过长、过宽的建筑材料,可在提升机架体的一侧设置摇臂把杆。摇臂把杆应装设在架体的立柱与平撑的交接处,用另一台电动卷扬机为动力,形成一台简易的摇臂起重机,臂杆的转向由人工拉缆风绳操作。

臂杆可选用无缝钢管,(钢管外径不小于121mm)或用型钢焊接成格构断面(断面尺寸不小于240mm×240mm),其长度一般不大于6m,起重量不超过600kg。增加摇臂把杆后的提升机,其立柱及架体基础需经校核计算并加固。

二、安全防护装置

为保证物料提升机的承载性能和结构稳定性以及施工人员的安全,井架和龙门架必须设置以下安全防护装置。

1. 安全停靠装置

当吊篮运行到位时,该装置应能可靠地将吊篮定位。并能承担吊篮自重、额定荷载及运卸料人员和装卸物料时的工作荷载。此时起升钢丝绳应不受力。

安全停靠装置的形式不一,有机械式、电磁式、自动或手动型等。

2. **断绳保护装置**

吊篮在运行过程中发生钢丝绳突然断裂或钢丝绳尾端固

定点松脱。吊篮会从高处坠落,严重的将造成机毁人亡的后果。断绳保护装置就是当上述情况发生时,此装置即刻动作,将吊篮卡在架体上,使吊篮不坠落,避免产生严重的事故。

断绳保护装置的形式较多,最常见的是弹闸式,其他还有偏心夹棍式,杠杆式和挂钩式等。

无论哪种形式,都应能可靠地将吊篮在下坠时固定在架体上,其最大滑落行程,在吊篮满载时不得超过1m。

3. 吊篮安全门

吊篮的上下料口处应装设安全门,此门应制成自动开启型。当吊篮落地或停层时,安全门能自动打开,而在吊篮升降运行中此门处于关闭状态,成为一个四边都封闭的"吊篮",以防止所运载的物料从吊篮中滚落。

4. 楼层口通道门

物料提升机与各楼层进料口一般均搭设了运料通道。在楼层进料口与运料通道的结合处必须设置通道安全门,此门在吊篮上下运行时应处于常闭状态,只有在卸运料时才能打开,以保证施工作业人员不在此处发生高处坠落事故。

此门的设置应设在楼层口,与架体保持一段距离,不能紧靠物料提升机架体。门高度宜在1.8m,其强度应能承受1kN/m水平荷载。

5. 上料口防护棚

物料提升机地面进料口是运料人员经常出入和停留的地方,吊篮在运行过程中易发生落物伤人事故,因此搭设上料口防护棚是防止落物伤人的有效措施。

上料口防护棚应设在提升机架体地面进料口的上方,其宽度应大于提升机架体最外部尺寸,两边对称,不得小于1m;长度:低架提升机应大于3m,高架提升机应大于5m。其顶部材料强度应能承受10kPa的均布荷载。也可采用50mm厚木板架设或采用两层竹笆、上下竹笆间距应不小于600mm。

应当指出,上料口防护棚的搭设应形成一相对独立的架体,不得借助于提升机架体或脚手架立杆作为防护棚的传力杆件,以避免提升机或脚手架产生附加力矩,保证提升机或脚手架的稳定。

6. 上极限限位器

为防止司机误操作或机械、电气故障而引起吊篮上升高度失控造成事故,而设置的安全装置。该装置应能有效地控制吊篮允许提升的最高极限位置,此极限位置应控制在天梁最低处以下3m。当吊篮上升达到极限位置时,限位器即行动作,切断电源,使吊篮只能下降,不能上升。

7. 紧急断电开关

应设在司机便于操作的位置,在紧急情况下,能及时切断提升机的总控制电源。

8. 信号装置

该装置由司机控制,能与各楼层进行简单的音响或灯光联络,以确定吊篮的需求情况。

高架提升机除应满足上述安全装置外,还应满足以下要求:

(1)下极限限位器:该装置系控制吊篮下降最低极限位置的装置。在吊篮下降到最低限定位置时,即吊篮下降至尚未碰到缓冲器之前,此限位器自动切断电源,使吊篮在重新启动时只能上升,不能下降。

(2)缓冲器:在架体底部坑内设置的,为缓解吊篮下坠或下极限限位器失灵时产生的冲击力的一种装置。该装置应能承受并吸收吊篮满载时和规定速度下所产生的相应冲击力。

缓冲器可采用弹簧或弹性实体。

(3)超载限制器：此装置是为保证提升机在额定载重量之内安全使用而设置。当荷载达到额定荷载的90%时，即发出报警信号、提醒司机和运料人员注意。当荷载超过额定荷载时，应能切断电源，使吊篮不能启动。

(4)通讯装置：由于架体高度较高，吊篮停靠楼层数较多，司机不能清楚地看到楼层上人员需要或分辨不清哪层楼面发出信号时，必须装设通讯装置。通讯装置必须是一个闭路的双向电气通讯系统，司机应能听到或看清每一站的需求联系，并能与每一站人员通话。

当低架提升机的架设是利用建筑物内部垂直通道，如采光井、电梯井、设备或管道井时，在司机不能看到吊篮运行情况下，也应该装设通讯联络装置。

三、基础、附墙架、缆风绳及地锚

1. 基础

依据提升机的类型及土质情况确定基础的作法。高架提升机的基础应进行设计，其基础应能可靠承受作用在其上的全部荷载；低架提升机的基础一般可在原土夯实后采用灰土基础，也可采用混凝土基础，并做好排水措施。

2. 附墙架

为固定提升机的架体，在架设过程中，每间隔一定高度必须设一道附墙杆件与建筑结构部分进行连接，从而确保架体的自身稳定。附墙架的间隔一般不宜大于9m，且在建筑物的顶层必须设置一组。附墙架与建筑物的连接应进行设计，并采用刚性连接，不得与脚手架相连。

3. 缆风绳

当提升机无条件设置附墙架时，应采用缆风绳固定架体，但高架提升机在任何情况下均不得采用缆风绳。

(1)缆风绳的材料:应选用直径不小于9.3mm的圆股钢丝绳。

(2)缆风绳的数量:提升机高度在20m以下(含20m)时,缆风绳不少于1组(4~8根);提升机高度在21~30m时,不少于2组。

(3)缆风绳的布置:应在架体四角有横向缀件的同一水平面上对称设置,并有防止架体钢材对缆风绳的剪切破坏的措施。龙门架的缆风绳则应设在顶部。缆风绳与地面的夹角以45°~60°为宜,其下端应用与钢丝绳拉力相适应的花篮螺栓与地锚连接,并拉紧钢丝绳使其垂度不大于$0.01l$(l为长度),调节时应对角进行。

4. 地锚

缆风绳的地锚应根据土质情况及受力大小设置,并经计算确定。

缆风绳的地锚一般宜采用水平式地锚:即用一根或几根圆木捆绑在一起,横着埋入土内,其埋深根据受力大小和土质情况而定。当土质坚实,地锚受力小于15kN时,也可采用桩式地锚:采用木单桩时,圆木直径不小于200mm,埋深不小于1.7m,并在桩的前上方和后下方设两根横挡木;采用脚手钢管或角钢时,不少于2根,并排设置间距不小于0.5m,埋深不小于1.7m,桩顶部应有缆风绳防滑措施。

四、提升机的安装与拆除

1. 提升机安装前的准备工作

(1)根据施工现场工作条件及设备情况编制架体的安装方案。

(2)对作业人员根据方案进行安全技术交底,确定指挥人员与讯号,提升人员必须持证上岗。

(3)划定安全警戒区域,指定监护人员,非工作人员不得进入警戒区内。

(4)提升机架体的实际安装高度不得超出设计所允许的最大高度,并作好以下检查,内容包括:

1)金属结构的成套性和完好性;

2)提升机构是否完整良好;

3)电气设备是否齐全可靠;

4)基础位置和做法是否符合要求;

5)地锚位置、连墙杆(附墙杆)连接埋件的位置是否正确和埋设牢靠;

6)提升机周围环境条件有无影响作业安全的因素。尤其是缆风绳是否跨越或靠近外电线路以及其他架空输电线路。必须靠近时,应保证最小安全距离并采取相应的安全防护措施。

其最小安全距离见表 8-1。

缆风绳距外电线路最小安全距离　　表 8-1

外电线路电压	1kV 以下	1~10kV	35~110kV	154~220kV	330~500kV
最小安全操作距离(m)	4	6	8	10	15

2. 架体安装

(1)每安装 2 个标准节(一般不大于 8m),应采取临时支撑或临时缆风绳固定。

(2)安装龙门架时,两边立柱应交替进行,每安装 2 节,除将单肢柱进行临时固定外,尚应将两立柱横向连接成一体。

(3)装设摇臂把杆时,应符合以下要求:

1)把杆不得装在架体的自由端;

2)把杆底座要高出工作面,其顶部不得高出架体;

3)把杆与水平面夹角应在 45°~70°之间,转向时不得碰到缆风绳;

4)把杆应安装保险钢丝绳。起重吊钩应采用符合有关规定的吊具并设置吊钩上极限限位装置。

(4)架体安装完毕后,企业必须组织有关职能部门和人员对提升机进行试验和验收,检查验收合格后,方能交付使用,并挂上验收合格牌。

3．架体拆除

(1)拆除前应作必要的检查,其内容包括:

1)查看提升机与建筑物的连接情况,特别是有否与脚手架连接的现象;

2)查看提升机架体有无其他牵拉物;

3)临时缆风绳及地锚的设置情况;

4)架体或地梁与基础的连接情况。

(2)在拆除缆风绳或附墙架前,应先设置临时缆风绳或支撑,确保架体自由高度不得大于 2 个标准节(一般不大于 8m)。

(3)拆除作业中,严禁从高处向下抛掷物件。

(4)拆除作业宜在白天进行,夜间确需作业的应有良好的照明。因故中断作业时,应采取临时稳固措施。

五、提升机的安全隐患及安全使用

(一)物料提升机的常见安全隐患及原因分析

1．设计制造

一些企业为减少资金投入,自行制造龙门架或井架,但缺乏相应技术人员,未经设计计算和有关部门的验收便投入使用,严重危及提升机的安全使用。

有些工地因施工需要,盲目改制提升机或不按图纸的要求搭设,任意修改原设计参数,出现架体超高,随意增大额定起重量、提高起升速度等,给架体的稳定、吊篮的安全运行带来诸多事故隐患。

2. 架体的安装与拆除

架体的安装与拆除前未制定装拆方案和相应的安全技术措施;作业人员无证上岗;施工前未进行详尽的安全技术交底;作业中违章操作等,以致发生人员高处坠落、架体坍塌、落物伤人等事故。

另外,架体在安装过程中,对基础处理、连墙杆的设置不当,也给提升机的安全运行带来严重的隐患:基础面不平整或水平偏差大于10mm,严重影响架体的垂直度;连墙杆或缆风绳的随意设置、或与脚手架连接、或选用材料不符要求等影响架体的稳定性。

3. 安全装置不全或设置不当、失灵

未按规范要求设置安全装置,或安全装置设置不当,如上极限限位器设置在越程距离上过小(小于3m)或设置的位置和触动方式不合理,使上极限越程不能有效地及时切断电源,一旦发生误操作或电气故障等情况,将产生吊篮冒顶、钢丝绳拉断、吊篮坠落等严重事故。

此外,由于平时对各类安全装置疏于检查和维修,致使安全装置功能失灵而未察觉,提升机带病运行,安全隐患严重。

4. 使用和管理不当

(1)违章乘坐吊篮上下:个别人员违反规定乘坐吊篮时恰逢其他事故隐患发生,致使人员坠落伤亡。

(2)严重超载:在物料提升机的使用过程中,不严格按提升机额定荷载控制物料重量,使吊篮与架体或卷扬机长期在超负荷工况下运行,导致架体变形,钢丝绳断裂、吊篮坠落等恶性事故的发生。若架体基础和连墙杆处理不当,甚至可发生架体整体倒坍,机毁人亡的严重后果。

(3)无通讯或联络装置或装置失灵:

提升机缺乏必要的通讯联络装置或装置失灵,使司机无法清楚看到吊篮需求信号,各楼层作业人员无法知道吊篮的运行情况,有些人甚至打开楼层通道门,站在通道口并将脑袋伸入架体内观察吊篮运行情况,从而导致人员高处坠落,或被刚好下降的吊篮夹住脑袋,有的当场卡死,有的卡住脑袋或肩部后将人从卸料平台拖进架体内坠落死亡。

此外,物料提升机未经验收便投入使用,缺乏定期检查和维修保养,电气设备不符规范要求,卷扬机设置位置不合理等都将引起安全事故。

(二)物料提升机的安全使用与管理

(1)提升机安装后,应由主管部门组织有关人员按规范和设计的要求进行检查验收,确定合格后发给使用证,方可交付使用。

(2)由专职司机操作。升降机司机应经专门培训,人员要相对稳定,每班开机前,应对卷扬机、钢丝绳、地锚、缆风绳进行检查,并进行空车运行,确认各类安全装置安全可靠后方能投入工作。

(3)每月进行一次定期检查。

(4)严禁人员攀登、穿越提升机架体和乘坐吊篮上下。

(5)物料在吊篮内应均匀分布,不得超出吊篮、严禁超载使用。

(6)设置灵敏可靠的联系信号装置,司机在通讯联络信号不明时不得开机,作业中不论任何人发出紧急停车信号,均应立即执行。

(7)装设摇臂把杆的提升机,吊篮与摇臂把杆不得同时使用。

(8)提升机在工作状态下,不得进行保养、维修、排除故障等工作,若要进行则应切断电源并在醒目处挂"有人检修、禁止合闸"的标志牌,必要时应设专人监护。

(9)作业结束时,司机应降下吊篮,切断电源,锁好控制电箱门,防止其他无证人员擅自启动提升机。

8.3 施工升降机

施工升降机是高层建筑施工中运送施工人员上下及建筑材料和工具设备必备的和重要的垂直运输设施。施工升降机又称为施工电梯,是一种使工作笼(吊笼)沿导轨作垂直(或倾斜)运动的机械。

施工升降机在中、高层建筑施工中采用较为广泛,另外还可作为仓库、码头、船坞、高塔、高烟囱长期使用的垂直运输机械。

施工升降机按其传动型式可分为:齿轮齿条式、钢丝绳式和混合式三种。本节主要叙述齿轮齿条传动的 SC 系列施工升降机有关的安全使用与管理知识。

一、施工升降机的分类标记

施工升降机的型号由类、组、型、特性、主参数和变型代号组成,见图示:

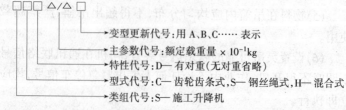

标记示例：

升降机 SC60：表示单吊笼额定载重量为 600kg 的齿轮齿条式升降机。

升降机 SS100：表示单吊笼额定载重量为 1000kg 的钢丝绳式升降机。

升降机 SH100/80A：表示一吊笼额定载重量为 1000kg 采用齿轮齿条驱动，另一吊笼额定载重量为 800kg 采用钢丝绳提升的第一次更新的混合式升降机。

升降机 SCD100/100：表示双吊笼、有对重，额定载重量为 1000kg 的齿轮齿条式升降机。

二、施工升降机的基本构造

图 8-4 为单导轨架、双工作笼齿条驱动的建筑施工升降机的构造简图。这种建筑施工升降机是由钢结构（天轮架、吊笼、导轨架、前附着架、后附着架和底笼），驱动装置（电动机、蜗轮减速箱、齿轮、齿条、钢丝绳及配重），安全装置（限速器、制动器、限位器、行程开关及缓冲弹簧）和电器设备（操纵装置、电缆及电缆筒）四部分组成。

1. 导轨架

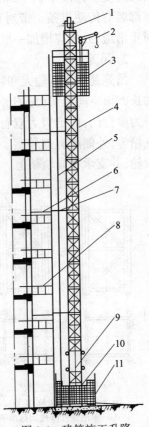

图 8-4 建筑施工升降机构造简图

1—天轮架；2—小起重机；3—吊笼；
4—导轨架；5—电缆；6—后附着架；
7—前附着架；8—护栏；9—配重；
10—底笼；11—基础

导轨架是吊笼上下运动的导轨、升降机的主体,能承受规定的各种载荷。它由具有互换性的标准节,经螺栓连接成需要的高度。标准节长 1.5m,用无缝管及角钢等组焊而成,每节都装有传动齿条。带对重的双笼升降机的标准节,另装有对重滑道,并相应增加一根齿条,如图 8-5。

2. 吊笼

吊笼是用来运输人和物料的机构。吊笼是由角钢焊接成的长方形空间框架(见图 8-6),前后装有可升降的门,一般进口为单行门,而出口为双行门,笼内有传动机构、限速器及电气箱等,外侧附有驾驶室。吊笼与导轨架相邻一侧装有支承滚轮,并支承在导轨架上。

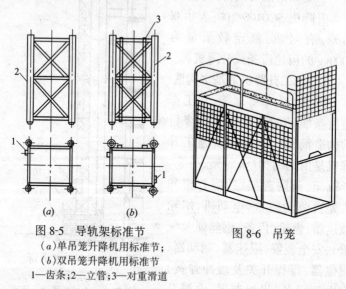

图 8-5 导轨架标准节
(a)单吊笼升降机用标准节;
(b)双吊笼升降机用标准节
1—齿条;2—立管;3—对重滑道

图 8-6 吊笼

3. 配重

在齿条驱动的升降机中,有的装有配重,以便改善导轨架受力状态和改善机器运行的平稳性。一般情况下配重为一铸铁块,其上装有滚轮并借助于滚轮支承在导轨架的主弦杆或专用的导轨上。配重用钢丝绳与吊笼顶部相连接。

4. 底笼

底笼的底架是建筑施工升降机与基础的连接部分,多用槽钢焊接成平面框架。并用地脚螺栓与基础相固结。在底笼的底架上装有导轨架的基础节,吊笼不工作时停在其上。底笼四周用角钢焊成围栏,并装有钢丝网以保证建筑施工升降机正常工作和限制施工人员进入吊笼下方。

5. 天轮架及小起重机

天轮架由导向滑轮和天轮架钢结构组成(见图 8-7),用来支承和导向配重的钢丝绳。

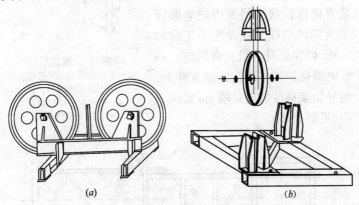

图 8-7 天轮架
(a)单笼升降机天轮;(b)双笼升降机天轮

小起重机由桅杆和起升机构组成(见图 8-8),用来安装导轨架标准节。桅杆由钢管弯制而成,起升机构可采用手动或电动。

6. 附着架(附墙架)

附着架是用来使导轨架可靠地支承在所施工的建筑物上(见图8-9)。附着架多由型钢或钢管焊成平面桁架,分为前附着架和后附着架两种型式,前附着架与导轨架之间用螺栓相连接,后附着架与建筑物间用螺栓与联接板相固结,以便于装卸和调整导轨架与建筑物之间的距离。

7. 电缆导向装置

在吊笼上下运行时,电缆导向装置确保使接入吊笼内的电缆线不至偏离电缆笼或发生不正常的卡死,以保证升降机正常供电。一般电缆保护架安装在外侧立管上,沿导轨架高度方向每隔6m安装一个(见图8-10)。

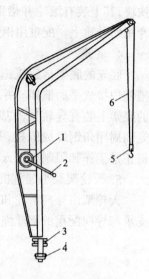

图8-8 手摇式吊杆
1—手摇卷扬机;2—摇把;
3—推力球轴承;
4—单列向心球轴承;
5—吊钩;6—钢丝绳

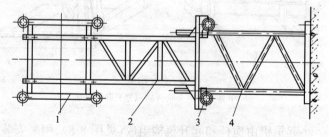

图8-9 附着架
1—导轨架;2—前附着架;3—立柱;4—后附着架

三、施工升降机的安全装置

1. 限速器

齿条驱动的建筑施工升降机,为了防止吊笼坠落均装有锥鼓式限速器,并可分为单向式和双向式两种(见图8-11),单向限速器只能沿吊笼下降方向起限速作用,双向限速器则可以沿吊笼的升降两个方向起限速作用。

当齿轮达到额定限制转速时,限速器内的离心块在离心力与重力作用下,推动制动轮,并逐渐增大制动力矩,直到将工作笼制动在导轨架上为止。在限速器制动的同时,导向板切断驱动电动机的电源。限速器每次动作后,必须进行复位,即使离心块与制动轮的凸齿脱开,并确认传动机构的电磁制动作用可靠,方能重新工作。(限速器应按规定期限进行性能检测)

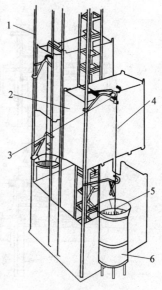

图 8-10 电缆导向装置
1—立管;2—吊笼;3—电缆托架;
4—电缆;5—电缆保护架;6—电缆笼

2. 缓冲弹簧

在建筑施工升降机底笼的底盘上装有缓冲弹簧,以便当吊笼发生坠落事故时,减轻吊笼的冲击,同时保证吊笼和配重下降着地时呈柔性接触,缓冲吊笼和配重着地时的冲击。

缓冲弹簧有圆锥卷弹簧和圆柱螺旋弹簧两种。一般情况下,每个吊笼对应的底架上装有两个圆锥卷弹簧(见图8-12)。也有采用四个圆柱螺旋弹簧的。

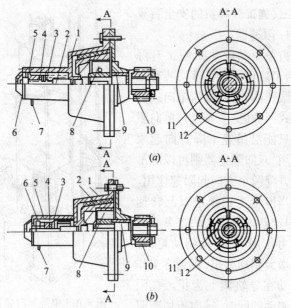

图 8-11 锥鼓式限速器
(a)单向限速器;(b)双向限速器
1—制动毂;2—锥形制动轮;3—碟形弹簧组;4—轴承;
5—螺母;6—端盖;7—导板;8—离心块支架;9—传动轴;
10—从动齿轮;11—离心块;12—拉簧

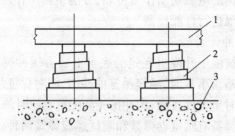

图 8-12 圆锥卷弹簧
1—吊笼底梁;2—圆锥卷弹簧;3—基础

3. 上、下限位器

为防止吊笼上、下时超过需停位置,或因司机误操作和电气故障等原因继续上行或下降引发事故而设置的装置,安装在导轨架和吊笼上,属于自动复位型的。

4. 上、下极限限位器

上、下极限限位器是在上、下限位器不起作用时,当吊笼运行超过限位开关和越程后,能及时切断电源使吊笼停车。极限限位器是非自动复位型,动作后只能手动复位才能使吊笼重新启动。极限限位器安装在导轨架或吊笼上。(越程是指限位开关与极限限位开关之间所规定的安全距离。)

5. 安全钩

安全钩是为防止吊笼到达预先设定位置,上限位器和上极限限位器因各种原因不能及时动作、吊笼继续向上运行,将导致吊笼冲击导轨架顶部而发生倾翻坠落事故而设置的。安全钩是安装在吊笼上部的重要也是最后一道安全装置,它能使吊笼上行到导轨架顶部的时候,安全钩钩住导轨架,保证吊笼不发生倾翻坠落事故。

6. 急停开关

当吊笼在运行过程中发生各种原因的紧急情况时,司机能在任何时候按下急停开关,使吊笼停止运行。急停开关必须是非自行复位的安全装置,安装在吊笼顶部。

7. 吊笼门、底笼门联锁装置

施工升降机的吊笼门、底笼门均装有电气联锁开关,它们能有效地防止因吊笼或底笼门未关闭就启动运行而造成人员坠落和物料滚落,只有当吊笼门和底笼门完全关闭时才能启动运行。

8. 楼层通道门

施工升降机与各楼层均搭设了运料和人员进出的通道,在通道口与升降机结合部必须设置楼层通道门。此门在吊笼上下运行时处于常闭状态,只有在吊笼停靠时才能由吊笼内的人打开。应做到楼层内的人员无法打开此门,以确保通道口处在封闭的条件下不出现危险的边缘。

楼层通道门的高度应不低于1.8m,门的下沿离通道面不应超过50mm。

9. 通讯装置

由于司机的操作室位于吊笼内,无法知道各楼层的需求情况和分辨不清哪个层面发出信号,因此必须安装一个闭路的双向电气通讯装置,司机应能听到或看到每一层的需求信号。

10. 地面出入口防护棚

升降机在安装完毕时,应及时搭设地面出入口的防护棚。防护棚搭设的材质要选用普通脚手架钢管、防护棚长度不应小于5m,有条件的可与地面通道防护棚连接起来。宽度应不小于升降机底笼最外部尺寸。其顶部材料可采用50mm厚木板或两层竹笆,上下竹笆间距应不小于600mm。

四、施工升降机的安装与拆卸

(1)施工升降机每次安装与拆卸作业之前,企业应根据施工现场工作环境及辅助设备情况编制安装拆卸方案,经企业技术负责人审批同意后方能实施。

(2)每次安装或拆除作业之前,应对作业人员按不同的工种和作业内容进行详细的技术、安全交底。参与装拆作业的人员必须持有专门的资格证书。

(3)升降机的装拆作业必须是经当地建设行政主管部门认可、持有相应的装拆资质证书的专业单位实施。

(4)升降机每次安装后,施工企业应当组织有关职能部门和专业人员对升降机进行必要的试验和验收。确认合格后应当向当地建设行政主管部门认定的检测机构申报,经专业检测机构检测合格后,才能正式投入使用。

(5)施工升降机在安装作业前,应对升降机的各部件作如下检查:

1)导轨架、吊笼等金属结构的成套性和完好性;

2)传动系统的齿轮、限速器的装配精度及其接触长度;

3)电气设备主电路和控制电路是否符合国家规定的产品标准;

4)基础位置和做法是否符合该产品的设计要求;

5)附墙架设置处的混凝土强度和螺栓孔是否符合安装条件;

6)各安全装置是否齐全,安装位置是否正确牢固,各限位开关动作是否灵敏、可靠;

7)升降机安装作业环境有无影响作业安全的因素。

(6)安装作业应严格按照预先制定的安装方案和施工工艺要求实施,安装过程中有专人统一指挥,划出警戒区域,并有专人监控。

(7)安装与拆卸工作宜在白天进行,遇恶劣天气应停止作业。

(8)作业人员应按高处作业的要求,系好安全带。

(9)拆卸时严禁将物件从高处向下抛掷。

五、施工升降机的事故隐患及安全使用

1. 施工升降机的事故隐患及原因分析

由于施工升降机是一种危险性较大的设备,易导致重大伤亡事故。常见的事故隐患及其产生的原因主要有:

(1)施工升降机的装拆：

1)一些施工企业将施工升降机的装拆作业发包给无相应装拆资质的队伍或个人，或装拆单位虽有相应资质，但由于业务量多而人手不足时，盲目开展众多的拆装业务，致使技术力量与经培训持有拆装资格的人员缺少，给施工升降机的装拆质量和安全运行造成极大威胁。

2)不按施工升降机装拆方案施工或根本无装拆方案，即使有方案也无针对性，且缺乏必要的审批手续，拆装过程中也无专人统一指挥。

3)施工升降机完成安装作业后即投入使用，不履行相关的验收手续和必经的试验程序，甚至不向当地建设行政主管部门指定的专业检测机构申报检测，以致发生机械、电气故障和各类事故。

4)装拆人员未经专业培训即上岗作业。

5)装拆作业前未进行详细的、有针对性的安全技术交底，作业时又缺乏必要的监护措施，现场违章作业随处可见，极易发生高处坠落、落物伤人等重大事故。

(2)安全装置装设不当甚至不装，使得吊笼在运行过程中一旦发生故障而安全装置无法发挥作用。如常见的有上极限限位器安装位置与上限位开关之间的越程距离大于规定要求(SC型升降机的规定越程为0.15m)，而安全钩安装位置也不符设计要求，使得上极限限位开关在紧急情况下不能及时动作，安全钩也不能发挥作用，吊笼冲出导轨，发生吊笼坠落的重大事故。

(3)楼层门设置不符要求，层门净高偏低，使有些运料人员把头伸出门外观察吊笼运行情况时，被正好落下的吊笼卡住脑袋甚至切断发生恶性伤亡事故。

有些楼层门可从楼层内打开,使得通道口成为危险的临边口,造成人员坠落或物料坠落伤人的事故。

(4)施工升降机的司机未持证上岗,或司机离开驾驶室时未关闭电源,使无证人员有机会擅自开动升降机,一旦遇到意外情况不知所措,酿成事故。

(5)不按升降机额定荷载控制人员数量和物料重量,使升降机长期处于超载运行的状态,导致吊笼及其他受力部件变形,给升降机的安全运行带来了严重的安全隐患。

(6)不按设计要求及时配置配重,又不将额定荷载减半,极不利于升降机的安全运行。

(7)限速器未按规定进行每三个月一次的坠落试验,一旦发生吊笼下坠失速,限速器失灵必将产生严重后果。

另外,金属结构和电气金属外壳不接地或接地不符安全要求、悬挂配重的钢丝绳安全系数达不到 8 倍、电气装置不设置相序和断相保护器等都是施工升降机使用过程中常见的事故通病。

2. 施工升降机的安全使用和管理

(1)施工企业必须建立健全施工升降机的各类管理制度,落实专职机构和专职管理人员,明确各级安全使用和管理责任制。

(2)驾驶升降机的司机应经有关行政主管部门培训合格的专职人员,严禁无证操作。

(3)司机应做好日常检查工作,即在升降机每班首次运行时,应分别作空载和满载试运行,将吊笼升高离地面 0.5m 处停车,检查制动器的灵敏性和可靠性,确认正常后方可投入使用。

(4)建立和执行定期检查和维修保养制度,每周或每旬对升降机进行全面检查,对查出的隐患按"三定"原则落实整改。整改后须经有关人员复查确认符合安全要求后,方能使用。

(5)吊笼乘人、载物时,应尽量使荷载均匀分布,严禁超载使用。

(6)升降机运行至最上层和最下层时,严禁以碰撞上、下限位开关来实现停车。

(7)司机因故离开吊笼及下班时,应将吊笼降至地面,切断总电源并锁上电箱门,以防止其他无证人员擅自开动吊笼。

(8)风力达6级以上,应停止使用升降机,并将吊笼降至地面。

(9)各停靠层的运料通道两侧必须有良好的防护。楼层门应处于常闭状态,其高度应符合规范要求、任何人不得擅自打开或将头伸出门外,当楼层门未关闭时,司机不得开动升降机。

(10)确保通讯装置的完好,司机应当在确认信号后方能开动升降机。作业中无论任何人在任何楼层发出紧急停车信号,司机都应当立即执行。

(11)升降机应按规定单独安装接地保护和避雷装置。

(12)严禁在升降机运行状态下进行维修保养工作。若需维修,必须切断电源并在醒目处挂上"有人检修,禁止合闸"的标志牌,并有专人监护。

8.4 吊装作业的安全技术

吊装作业是指建筑施工中的结构安装和设备安装工程。由于起重吊装作业是专业性较强且危险性较大的工作,稍为疏忽就易发生伤亡事故,因此在新的JGJ 59—99《建筑施工安全检查标准》中,增加了"起重吊装安全检查评分表"这一项内容,意在加强和重视吊装作业的安全工作。

一、吊装作业的基础知识

在了解起重吊装作业过程中的安全技术之前,我们先回顾一下有关力和物体重心的概念。

1. 力的概念

力就是一个物体对另一个物体的作用。力的作用是使运动速度和运动方向发生改变或使物体发生形变。

(1)力的三要素:

力对物体作用后产生的效果,完全取决于:1)力的大小,单位是牛顿(N)或千牛顿(kN);2)力的方向;3)力的作用点。在三要素中,任何一个要素改变时,力对物体的作用效果也随之改变。

(2)作用力反作用力定律:

作用力和反作用力总是同时存在,且数量相等,方向相反,并且作用在同一直线上。

(3)平衡概念和二力平衡条件:

物体相对于参照物(如地面)保持静止或作匀速直线运动状态,称为平衡状态。

要使作用在一个物体上两个力平衡,这两个力必须大小相等,方向相反,作用在同一直线上,这就是二力平衡条件。

(4)力的分解和合成:

力的分解是指作用在物体上的一个已知力,可用两个或两个以上同时作用的力来代替,这种方法叫做力的分解。

力的合成,指所有作用于物体上的力,对物体产生的作用效果,可用一个力来表示力的大小和方向,此力称为诸力的合力(数力合成的意思),就是求出诸力的矢量之和。

(5)力矩:

1)力对物体的作用,可以使物体移动,同样也可以使物体转动,当扳手拧紧螺帽时,螺母转动。为了度量力对物体转动的效果,这就需要知道作用在扳手上的力的大小以及力到作用点的距离(力臂),就是力乘以力臂等于力矩。所以力矩的大小,不但和力的大小有关,而且还和力的作用线到转动轴的垂直距离有关。力矩的单位为牛顿米(N·m)。

2)平面平行力系及物体的重心:

平面内所有力都互相平行的力系称为平面平行力系。

一个物体的每一部分都要受到地球的引力也就是重力的作用,这些力的方向都是指向地面的,构成一个平行力系,这个平行力系的合力就是整个物体所受的重力。所以一个物体不论在什么地方,不论怎样安放,这个平行力系的合力总是通过物体上某一确定的点,这一点就是物体的重心。在起重作业过程中,如对设备的吊装、翻身、就位及钢丝绳的受力分配等,都要考虑物体的重心,如重心没有找准,起吊时由于受力分配不均,极有可能造成吊物倾斜或翻转等危险。只有正确找到重心位置才能确保起吊安全。图8-13为对称物体与一般物体的重心位置图。

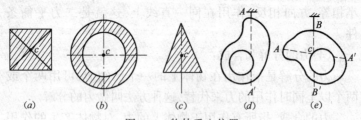

图8-13 物体重心位置

(a)、(b)、(c)对称物体重心;(d)、(e)一般物体重心

2. 吊点的选择

(1)在吊运机械设备、构件时吊点位置应采用原设计的吊耳起吊。

(2)吊运的设备或物件没有吊耳,可在设备两端四个点上捆绑吊索、然后根据设备的形状通过适当调整选择吊点、使吊点与重心在同一垂直线上。

(3)平吊长形物件,两个吊点的位置应在距重心相等距离的两端(因重心在中间)吊力的作用线应通过重心。竖吊物件的吊点位置应在重心上端。

(4)吊运方形物件时,四根吊索应拴在吊物重心的四边起吊。

3. 细长物件的吊点位置选择

(1)吊装作业中一般对细长物件不宜采用单点起吊。应采用二点起吊,二点起吊每个吊点分别距杆件各端 $0.21L$,即以 0.21 乘杆件全长。

(2)三个吊点,先用 0.13 乘全长得出两端的两个吊点的位置,然后把两个吊点距离等分,中间一点就是第三个吊点的位置,也是杆件中间位置。

(3)四点吊,用 0.1 乘杆件全长,得出两端吊点位置,再将二个吊点位置之间的距离三等分后的中间二个点就是吊点位置。

起重作业中碰到细长杆件起吊,尽量不要采用三点、四点法起吊。而最好选用横吊梁(又称为铁扁担、平衡梁)。它使用简便,安全可靠,还能承受由于倾斜吊装所产生的水平分力。还可改善设备、构件在起吊时所受的压力,使物件不会出现变形,同时还可缩短起吊钢丝绳的长度。

二、吊具、索具与地锚

(一)吊具

1. 吊钩

(1)吊钩是起重机械上的主要组成部分,吊钩除要承受吊物的重量外,还要受到起升和制动时产生的冲击载荷,所以对吊钩的制作材料有很高的要求,必须具有较高的机械强度和冲击韧性。所以要选用 20 号优质碳素钢经锻打等热处理加工。

(2)吊钩的危险断面和报废标准:

吊钩的危险断面是指吊钩承载时,弯曲应力最大的截面处,该处弯矩最大。根据吊钩受力分析:吊钩底部断面受剪切应力;吊钩的背弯部受弯曲应力最大(内侧受拉、外侧受压);而吊钩上部钩柱受拉伸应力。

当起重机械的吊钩有下列情况之一的即应更换:

1)表面有裂纹、破口;开口度比原尺寸增加 15%;

2)危险断面及钩颈有永久变形,扭转变形超过 10°;

3)挂绳处断面磨损超过原高度 10%;

4)吊钩衬套磨损超过原厚度 50%,心轴(销子)磨损超过其直径的 3%~5%。

起重机的吊钩严禁补焊,主要是因焊接产生的高温将引起材料内的金相组织改变和机械物理性能的变化,增加材料的脆性。

(3)吊钩在使用中的安全装置:

起重吊装作业中,由于挂钩时马虎或吊索间的角度过大,起吊中容易造成脱钩,所以吊钩上应装有防止脱钩的安全保险装置(见图 8-14)。

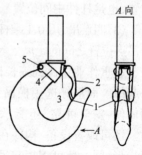

图 8-14 吊钩安全装置图
1—突缘;2—钢栓;
3—不锈钢弹簧;
4—夹子;5—固定螺栓

(4)吊钩使用时的注意事项:

1)吊钩在使用中应按起重机

械安全规程要求进行检查、维修,达到报废标准的必须立即更换。

2)起重机械不得使用铸造的吊钩。

3)吊钩表面应光洁,无毛刺、裂纹、锐角和剥裂。

4)吊钩需更换时,新吊钩应有制造单位的合格证和其他技术证明文件,方可投入使用。

5)吊钩每隔二年还应进行一次退火处理,以免由于疲劳而产生裂纹。

2. 吊索(千斤绳、捆绑绳)

(1)钢丝绳吊索的使用要求:

1)吊索钢丝绳应选用 6×19 或 6×37 型钢丝绳制作;

2)常用吊索有环式、两端绳套采用编插而成,编插长度不得小于钢丝绳直径的 20 倍,并不得短于 300mm。目前已有一种新的加工方法,即固接钢丝绳接头,它是采用铝合金套管将要固接的钢丝绳穿在里面经专用压力机压接而成,相当牢固。

(2)铁链条吊索的使用要求:

1)应采用短环焊接链条吊索;

2)新链条使用前,应用 1/2 荷载做破坏性试验,试验合格后,方能用于起重吊装中;

3)链条吊索使用中,不允许有振动荷载;不允许超载起吊。

3. 卸扣(U 形卡、卡环)

卸扣(图 8-15)主要用于吊索和构件吊索之间的连接,或用在绑扎物件时扣紧吊索。它由弯环和销子两部分组成。常用的有螺栓式和椭圆销卸扣二种。

卸扣在使用时只能垂直受力不得横向(两侧)起重受力,

严禁超过规定荷载使用。在使用中如无法确定其起重量时,可采用估算方法:

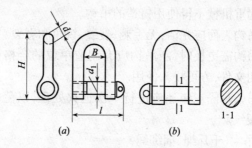

图 8-15 卸扣
(a)螺栓式卸扣;(b)椭圆销卸扣

$$Q \approx 6d^2$$

式中 d——卸扣弯环的直径(mm)。

4. 横吊梁(铁扁担)

横吊梁常用于柱子和屋架等构件及细长物件的吊装和搬运。采用横吊梁吊柱子柱身容易保持垂直,吊屋架时可降低起吊高度及吊索拉力和吊索对构件的压力,构件不会出现变形损坏。因此横吊梁在起重吊装作业中使用较普遍。

横吊梁常用有滑轮横吊梁、钢板横吊梁及钢管横吊梁等(见图 8-16 ~ 图 8-18)。钢板横吊梁主要用于吊装吨位较大的柱子(12t 以下)。

吊装屋架时,应采用钢管横吊梁,也可采用桁架式横吊梁,长度一般为 6 ~ 12m,钢管应采用无缝钢管。

当屋架翻身或跨度很大时,需多点起吊时,应采用三角形桁架式横吊梁。

(二)索具

1. 棕麻绳

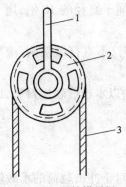
图 8-16 滑轮横吊梁
1—吊环;2—滑轮;3—吊索

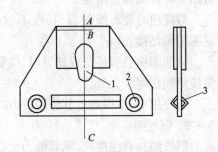
图 8-17 钢板横吊梁
1—挂钩孔;2—挂卡环孔;3—扣焊角钢

(1)白棕绳的构造和种类:

白棕绳有三股、四股和九股三种。又有浸油和不浸油白棕绳之分。浸过油后棕绳不易腐烂,但质地变硬、不易弯曲,同时强度也比不浸油的降低 10%~20%,所以,一般吊装作业中都不使用浸油白棕绳。

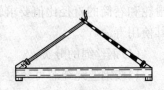
图 8-18 钢管横吊梁

吊装作业中除了白棕绳外,常用的还有麻绳、尼龙绳等。按使用的原料不同可分为印尼棕绳、白棕绳、混合绳和线麻绳四种;按技术规格又可分为素麻绳、油浸绳、机制绳三类。

上述这些绳索均具有携带方便、容易捆绑等优点,缺点是强度低、容易磨损和腐蚀。

(2)绳索的安全使用:

1)因棕(麻)绳强度低、容易磨损和腐蚀,因此只能用于手动起重设备、临时性轻型吊装作业中捆绑物件和用作次要拉索。机动的机械一律不得使用棕(麻)绳。

2)穿绕滑车时,滑轮直径应大于绳子直径的10倍,绳子有结头时严禁穿过滑轮。

3)使用时要将绳抖直,长度不够时,不宜打结接头,应尽量采用编结接长。

4)捆绑中遇有棱角或缺口时,应垫以木板或软性衬垫,以免棱角损伤绳子。

5)使用中,不得超过其许用拉力。

2. 钢丝绳

钢线绳具有强度高,承载能力大,对于冲击载荷的承载能力也较强,卷绕过程平稳;还具有韧性好,耐磨性较强。断丝、磨损容易检查等优点。其主要缺点是刚性较大、在传动中对滑轮和卷筒的直径比值要求较严,否则钢丝绳容易损坏、缩短其使用寿命。

(1)钢丝绳的分类:

1)按钢丝绳绳芯可分为:麻芯、棉芯、石棉芯、钢丝芯等四种。

2)按钢丝绳的捻绕次数,可分为:单捻、双捻。所有起重机的起升、变幅钢丝绳和捆绑钢丝绳一般都用双捻钢丝绳。

3)按钢丝绳股的捻向可分为:右向捻和左向捻。

4)按钢丝绳的捻绕方法又可分为:同向捻、交互捻和混合捻三种。还可根据钢丝绳的绳股断面形状分为:圆型股钢丝绳、异型股钢丝绳。

起重吊装中常用的是点接触钢丝绳中的多股钢丝绳。

(2)钢丝绳的使用:

1)吊装作业中必须使用交互捻的钢丝绳。

2)常用作缆风绳的钢丝绳为 6×7(6股、每股7丝),此钢丝绳的刚性大、绕曲性差。

3)用于吊索和卷扬机上,一般用 6×19 钢丝绳;高速转动的起重机械和穿绕滑轮组的钢丝绳用 6×37。

(3)钢丝绳的破坏形式:

超负荷使用,疲劳破坏,由于反复弯曲、伸长、挤压、摩擦等引起;表面磨损、强度降低;钢丝绳表面产生断丝,断丝的产生和增加使钢丝绳中的钢丝受力不均匀情况加大,断丝现象加快,最终减少了钢丝绳的总的承载力。这些原因的存在,使钢丝绳的安全系数逐渐消失,最后造成整个钢丝绳的破断。

(4)钢丝绳的报废标准:

1)钢丝绳的断丝数达到表 8-2 中的数值时应报废;

表 8-2

钢丝绳 断丝数 安全系数	钢丝绳结构(GB 1102—74)			
	绳 6W(19),6×(19)		绳 6×(37)	
	一个节距中的断丝数			
	交互捻	同向捻	交互捻	同向捻
小于 6	12	6	22	11
6~7	14	7	26	13
大于 7	16	8	30	15

如钢丝绳的外表面出现磨损,报废断丝数应按表 8-2 的数值乘以表 8-3 中的折减系数;

折 减 系 数 表　　表 8-3

钢丝表面磨损量 或锈蚀量%	10	15	20	25	30~40	大于 40
折减系数%	85	75	70	60	50	0

2) 钢丝绳表面钢丝被腐蚀、磨损超过钢丝直径的 40% 以上;

3) 钢丝绳断股;

4) 钢丝绳直径减少达 7% 或更多时;

5) 钢丝绳出现变形:波浪型、笼状畸变、钢丝挤出等;

6) 钢丝绳扭结、塑性变形;

7) 绳芯脱出和损坏;

8) 受到电弧等高温灼伤。

(5) 一般钢丝绳的可用程度判断(见表 8-4):

例:如一根 $6 \times 19 + 1$ 的交互捻钢丝绳,断丝数为 10 根,同时又发现外层钢丝绳磨损量达钢丝直径 20%,这根钢丝绳是否应当报废?(钢丝绳使用情况的安全系数为 $K = 5$)

一般钢丝绳的可用程度判断　　　　表 8-4

判 断 方 法	使用场合	可用程度
新钢丝绳、使用过的钢丝绳各股钢丝位置未动,摩擦轻微并无绳股凸起现象	重要场所	100%
(1)各股钢丝已有变位、压扁凸出现象,但尚未露出绳芯 (2)钢丝绳个别部位有轻微锈蚀 (3)钢丝绳表面上的个别钢丝有断丝现象,每米长度内断丝数目不多于钢丝总数的 3%	重要场所	75%
(1)个别部位有明显锈蚀 (2)绳股凸出不大明显,绳芯未露出 (3)钢丝绳表面上的个别钢丝有断丝现象,每米长度内断丝数目不多于钢丝总数的 10%	次要场所	50%
(1)绳股有明显的扭曲,绳股和钢丝有部分变位,有明显突出现象 (2)钢丝绳全部都有锈痕,将锈痕刮去后,钢丝绳留有凹痕 (3)钢丝绳表面上的个别钢丝有断丝现象,每米长度内断丝数目不多于钢丝总数的 25%	辅助工作或不重要的场所	40%

查表得出该钢丝绳报废标准的断丝数为12根。同时,表面磨损为20%,查表折减系数为70%,故降低后报废标准为12×70%=8.4根,而现在有10根断丝数,故应立即报废不得使用。

当钢丝绳在一个节距内有部分断丝后,其可用程度应折减。

(6)钢丝绳的正确使用及保养:

钢丝绳的安全使用在很大程度上取决于良好的维护、定期的检查。

1)钢丝绳要每月润滑一次。正确方法是先用煤油洗尽钢丝绳表面油污,然后浸蘸在加热到80℃的润滑油中(钢丝绳麻芯脂),使油浸到绳芯中去。

2)起重机上的钢丝绳,每天都应进行检查,包括对端部的连接部位,特别是滑轮附近的钢丝绳的检验。

3)钢丝绳开卷时,要防止打结、扭曲,造成钢丝绳损坏和强度降低。

4)切断钢丝绳时,应有防止绳股和钢丝的松散措施。

5)钢丝绳在使用中,在卷筒上要排列整齐,或设置排绳装置。

6)钢丝绳穿越滑轮时,滑轮槽的直径应比绳的直径大1~2.5mm,滑轮槽过大,则绳易被压扁;滑轮槽过小,绳则容易磨损。滑轮边缘破损的不宜使用,以免损坏钢丝绳。

7)用钢丝绳绑扎边缘锐利的金属构件时,应加衬垫麻袋、木板或半圆钢管等物,以保护钢丝绳不损伤。

8)钢丝绳和滑轮直径之比,按用途一般要求为18~30倍。

(7)钢丝绳连接的安全要求:

钢丝绳连接的方法很多,常见的有倒圆锥铸铅法、斜楔固定法和编结心形垫环固定法,见图 8-19。

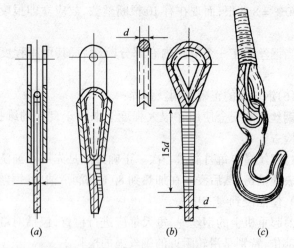

图 8-19 钢丝绳套图
(a)用斜楔固定;(b)、(c)用心形垫环固定

1)绳卡(轧头)连接时,绳卡数量视钢丝绳的直径而定,应达到表 8-5 的要求;同时应保证连接强度不得小于钢丝绳破断拉力的 85%。

用绳卡连接时的安全要求　　　　表 8-5

	安	全	要	求
钢丝绳直径(mm)	7~16	19~27	28~37	38~45
绳卡数量(个)	3	4	5	6
绳卡压板应在钢丝绳长头一边,绳卡间距不应小于钢丝绳直径的 6 倍				

2)用楔块、楔套连接时,楔套应用钢材制作,连接强度不得小于钢丝绳破断拉力的 75%。

3)用锥形套浇铸法连接时,连接强度应达到钢丝绳的破断拉力。

(三)地锚

1. 地锚的分类及构造

(1)桩式地锚:适用于固定作用力不大的系统,是以角钢、钢管或圆木作锚桩垂直或斜向(向受拉的反方向倾斜)打入土中,依靠土壤对桩体的嵌固和稳定作用,使其承受一定的拉力;锚桩长度一般为1.5~2.0m,入土深度为1.2~1.5m,按照不同使用要求又可分为一排、两排或三排打入土中,生根钢丝绳拴在距地面约50mm处。同时,为了增加桩的锚固力,在其前方距地面约400~900mm深处,紧贴桩木埋置较长的档木一根。桩式地锚承受拉力较小,但设置简便,因此被较普遍采用。

(2)卧式地锚:是将圆木或方木或者型钢横卧在预先挖好的坑底,绳索捆扎在材料上从坑的前端槽中引出,埋好后回填土夯实即可。埋置深度一般在1.5~3.5m。但是卧式地锚承受拉力时既有水平分力又有垂直向上分力,并形成一个向上拔的力。所以要采用垂直挡板加固的办法扩大其受压面积,降低土壁的侧向压力。这种卧式地锚常用在普通系缆、桅杆或起重机上。其作用荷载能力不大于75kN,超过75kN还须进行加固后使用。

以上是施工现场常见的地锚形式。另外还有混凝土锚桩、活动地锚等形式。

2. 地锚的埋设和正确使用

(1)地锚埋设前须经过计算。

(2)设置地锚处场地应平整不积水。

(3)木质地锚的材质应使用落叶松、杉木,严禁使用油松、杨木、柳木、桦木、椴木。不得使用腐朽或木节较多的木料。

（4）卧木上绑扎的钢丝绳生根可采用编接或卡接，使其牢固可靠。

（5）使用时生根钢丝绳的方向应与地锚受力方向一致。地锚使用前必须进行试拉，合格后方能使用。

（6）地锚附近不准开挖取土，否则容易造成锚桩处土壁松动。同时，地锚拉绳与地面的夹角应保持在 30°左右，角度过大会造成地锚承受过大的竖向拉力。

（7）固定的建筑物和构筑物，可以用作地锚，但必须经过核算。树木、电杆等严禁作地锚使用。

三、常用小型起重设备的使用安全

1. 千斤顶的安全使用

（1）使用前底部必须放在结实可靠的基础上，下面用铁板或厚木板垫平稳，顶部也需设置木板垫实，否则千斤顶顶升底部倾斜即会造成重物滑动引起事故。

（2）顶升时载荷要同千斤顶轴垂直，顶升时防止重心不对、产生位移而发生危险。

（3）千斤顶的顶升高度，不得超过其规定顶程，以免损坏设备。不得超负荷使用。

（4）几台千斤顶联合使用时，每台千斤顶的起重能力不得小于计算载荷的 1.2 倍，并且要做到顶升同步。

（5）千斤顶应放在干燥无尘的地方，使用时应先擦洗干净，并检查各部件是否灵活、完好。

（6）在顶升过程中，为防止重物突然下降，应随物体的升高，在其下面用枕木垫好，以防千斤顶倾斜或回油而引起活塞突然下降的危险。

2. 手拉葫芦的安全使用

(1)起吊前要核对吊物重量,不得超载;并仔细检查吊钩、链条等主要受力零件。

(2)要先进行试吊。盲目起吊、估算吊物重量失误时,就有可能发生危险。

(3)操作中,手拉链条时要用力均匀、平稳,切忌猛拉致使链条跳动或卡环;拉不动时不要硬拉,应立即进行检查是否超载还是机件损坏。必须处置后再使用。否则,超载起吊或硬拉即使不出事故,也会损坏葫芦。

(4)应定期做好保养、润滑工作,使用3个月以上要进行拆洗、检查和加油。如遇齿轮损坏或磨损达原齿厚的10%;链条发生塑性变形伸长达原长5%、或卡链;链环直径磨损达原直径10%则应报废。吊钩如达到报废要求也应立即更换(可参照塔机吊钩报废标准)。

3.滑车及滑车组的安全使用

滑车的种类较多,常见的有:单滑车、双滑车、多轮滑车,滑轮的个数也称"门数"。

一般中小型的滑车又可分为吊钩式、链环式和吊式式,而大型滑车采用吊环式和吊梁式。

滑车组由一定数量定滑车和动滑车及绳索组成,既能省力,又能改变力的方向,是起重工作中使用较广的起重工具。

安全使用要求:

(1)使用前应检查滑轮的轮槽、轮轴、颊板、吊钩(环)等部分有无裂缝或损伤,滑轮转动是否灵活。

(2)必须按其标定的荷载值使用,严禁超载使用。

(3)滑轮的吊钩或吊环应与起吊物件的重心在一直线上不能使滑轮侧向受力,否则导致吊物不平稳,造成危险。

(4)吊运起重量较重的构件或提升高度较高时,应采用吊环、链环或吊梁式滑轮,以防止脱钩。

(5)滑轮组上、下和定、动滑轮之间严防距离过近,一般应保持在1.5~2m的极限距离。

4．手扳葫芦

手扳葫芦又叫钢丝绳手扳滑车。它是由挂钩、手柄、钢丝绳、自锁夹钳装置和吊钩组成。当上下扳动手柄时,它的两对自锁夹钳便象钢爪一样交替夹紧钢丝绳,并沿着钢丝绳爬行。从而达到牵引的功能。

手扳葫芦体积小、重量轻、使用方便,可在水平、垂直、倾斜状态下工作,在结构吊装和吊篮升降中使用。

手扳葫芦的安全使用:

(1)使用前应对自锁夹钳装置进行检查,夹紧钢丝后不能移动,否则严禁使用。

(2)使用初,应在其受力后再检查一次,确认自锁功能良好时,方可正常开始作业。

(3)用作吊篮升降时,应加装保险绳,每根提升钢丝绳都应加保险绳。保险绳固定在永久性的结构上。

(4)必须按其额定容许值范围使用。严禁超载使用。

(5)使用完毕后应拆卸进行清洗、检查保养,特别是对自锁钳的磨损情况进行检查。

(6)不得随意加长手柄,否则会造成手扳葫芦超载,致使部件损坏。

5．桅杆

桅杆又称拔杆,在土法吊装中普遍采用,具有起重量大、自身结构简单、自重轻、易制造、很少受现场条件限制等特点。

常用的桅杆有木桅杆、钢管桅杆、格构式桅杆、人字型桅杆、回转式桅杆和龙门桅杆等。

安全使用要求：

(1)桅杆使用前要合理选择结构的形式和对承载能力的计算。

(2)桅杆的稳定主要依靠缆风绳,绳的一端固定在桅杆的顶端,另一端固定在地锚上。缆风绳视桅杆高度和载荷大小确定,一般不少于 4～6 根。缆风绳与地面的水平夹角不宜大于 45°。

(3)悬挂滑车的钢丝绳必须系在桅杆上部,并至少绕 3 圈后落在横木支撑杆上(见图 8-20)。

(4)木桅杆不能采用有伤疤和腐朽的木杆。

(5)缆风绳与桅杆连接,以及滑车绳与桅杆的连接最好交汇在一个点上(见图 8-21),这样木杆件形成节点受力。

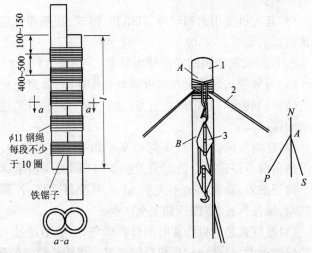

图 8-20 木桅杆搭接方法　图 8-21 木桅杆的正确绑结
1—木桅杆;2—缆风绳;3—滑车组

(6)桅杆竖好后,使用前应试吊。将重物吊离地面20cm,检查各部位和吊物的情况,经检查确认无问题后再起吊。

四、常用起重机械的使用安全

1. 起重机械安全使用的一般要求

(1)司机和指挥人员要经过专业培训,考核合格后持证上岗。

(2)操作人员对起吊的构件重量不明时要进行核实,不能盲目起吊。

(3)起重机在输电线路近旁作业时,应采取安全保护措施。起重机与架空输电导线间的安全距离应符合施工现场外电线路的安全距离的要求。

(4)一般起重机司机设有二个人,一人在机上进行操作,一人在机车周围监护。在进行构件安装时可设高空和地面两个指挥人员。

(5)起重机使用的钢丝绳,其结构、形式、规格和强度要符合该机型的要求。

2. 履带式起重机的安全使用要求

(1)当履带式起重机在接近满负荷作业时,要避免将起重机的臂杆回转至与履带成垂直方向的位置,以防失隐,造成起重机倾覆。

(2)在满负荷作业时,不得行车。如需短距离移动,吊车所吊的负荷不得超过允许起重量的70%,同时所吊重物要在行车的正前方,重物离地不大于50cm,并拴好溜绳,控制重物的摆动,缓慢行驶,方能达到安全作业。

(3)履带式起重机作业时的臂杆仰角,一般不超过78°,臂杆的仰角过大,易造成起重机后倾或发生将构件拉斜的现象。

(4)起重作业后应将臂杆降至40°~60°,并转至顺风方向,以防遇大风将臂杆吹向后仰,发生翻车和折杆的事故。

(5)正确安装和使用安全装置。履带式起重机的安全装置有:重量限位器、超高限位器、力矩限制器、防臂杆后仰装置和防背杆支架。

3. 轮胎式起重机的安全使用要求

(1)在不打支腿情况下作业或吊重行走,需减少起重量。

(2)道路需平整坚实,轮胎的气压要符合要求。

(3)荷载要按原机车性能的规定进行,禁止带负荷长距离行走。

(4)重物吊离地面不得超过50cm,并栓好溜绳缓慢行驶。

轮胎式起重机的安全装置与履带式起重机相同。

4. 汽车式起重机使用的安全要求

(1)作业时利用水平气泡将支承回转面调平,若在地面松软不平或斜坡上工作时,一定要在支腿垫盘下面垫以木块或铁板,也可以在支腿垫盘下备有定型规格的铁板,将支腿位置调整好。

(2)一般情况下,汽车式起重机在车前作业区不允许吊装作业。

(3)操作中严禁侧拉,防止臂杆侧向受力。

(4)在吊装柱子作业时,不宜采用滑行法起吊。

(5)起重机在吊物时,若用于吊重物下降,其重量应小于额定负荷的 $1/3 \sim 1/5$。

汽车式起重机的主要安全装置有:力矩限制器、过卷扬装置、水平气泡等。

五、吊装作业的事故隐患及安全技术

1. 吊装作业的事故隐患及原因分析

(1)没有根据工程情况编制具有针对性的作业方案或虽

有方案但过于简单不能具体指导作业,且无企业技术负责人的审批。

(2)对选用的起重机械或起重扒杆没有进行检查和试吊,使用中无法满足起吊要求,若强行起吊必然发生事故。

(3)司机、指挥和起重工未经培训、无证上岗、不懂专业知识。

(4)钢丝绳选用不当或地锚埋设不合理。

(5)高处作业时无防护措施,造成人员的高处坠落或落物伤人。

(6)吊装作业时违章作业,不遵守"十不吊"的要求。

2. 吊装作业的安全技术要求

(1)吊装作业前,应根据施工现场的实际情况,编制有针对性的施工方案,并经上级主管部门审批同意后方能施工。

(2)作业前,应向参与作业的人员进行安全技术交底。

(3)司机、指挥和起重人员必须经过培训,经有关部门考核合格后,方能上岗作业。高空作业时必须按高处作业的要求系好安全带,并做好必要的防护工作。

(4)对吊装区域不安全因素和不安全的环境,要进行检查、清除或采取保护措施。如对输电线路的妨碍,如何确保与高压线路的安全距离;作业周围是否涉及到主要通道、警戒线的范围、场地的平整度;作业中如遇大风怎么采取措施等不利条件都要准备好对策措施。

(5)做好吊装作业前的准备工作是十分重要的,如检查起吊用具和防护设施;对辅助用具的准备、检查;确定吊物回转半径范围、吊物的落点等情况的准备工作。

(6)吊装中要熟悉和掌握捆绑技术,及捆绑的要点。应根据形状找中心、吊点的数目和绑扎点、捆绑中要考虑吊索间的夹角;起吊过程中必须做到"十不吊"的规定。各地区对"十不吊"的理解和提法不一样、但绝大部分是保证起重吊装作业的安全要求,参与吊装作业的指挥、司机要严格遵守。

(7)严禁任何人在已起吊的构件下停留或穿行,已吊起的构件不准长时间在空中停留。

(8)起重作业人员在吊装过程中要选择安全位置,防止吊物的冲击、晃动、坠落伤人发生事故。

(9)起重指挥人员必须坚守岗位,准确、及时传递信号,司机要对指挥发的信号、吊物的捆绑情况、运行通道、起降的空间,确认无误后才能进行操作。多人捆扎时,只能由一人负责指挥。

(10)采用桅杆吊装时,四周应不准有障碍物,缆风绳不准跨越架空线,如相距过近时,必须要搭设防护架。

(11)起吊作业前,应对机械进行检查,安全装置要完好,灵敏。起吊满载或接近满载时,应先将吊物吊起离地 20~50cm 处停机检查,检查起重设备的稳定性、制动器的可靠性、吊物的平稳性、绑扎的牢固性。确认无误后方可再行起吊。吊运中起降要平稳,不能忽快忽慢和突然制动。

(12)对自制或改装的起重机械、桅杆起重设备,在使用前,要认真检查和试验、鉴定,确认合格后方准使用。

9 施工机具安全防护

为了全面完成建筑工地的施工任务,除需使用各种大、中型建筑机械(譬如:塔吊、施工电梯、井架、混凝土机械等)外,还需要有大量的种类齐全的配套施工机具。例如:木工机械、钢筋机械、手持电动工具、电焊机、打桩机械等。中华人民共和国行业标准《建筑施工安全检查标准》(JGJ59—99)施工机具检查评分表列出了建筑施工常用的和易发生伤亡事故的10种机具,这些机具设备与大型设备相比较其可能造成的危险性较小,但由于它数量多,使用广泛,所以发生事故的概率大;又因其设备体积较小,所以往往在安全管理上容易被忽视,在施工现场存在的安全隐患较多。因此在进行安全检查时,要求也与大型设备一样,凡进入施工现场的施工机具,必须是经过建筑安全管理部门验收,确认符合要求,并发给准用证或有验收手续方能使用,不能把不合格的机具运进施工现场使用。施工机具都必须按照《施工现场临时用电安全技术规范》的要求,三级配电两级保护,除做保护接零外,还必须在设备负荷线的首端处设置漏电保护装置及所有施工机具在使用之前必须经过验收方可使用。也是保证施工现场安全生产的重要方面。

9.1 卷 扬 机

卷扬机在建筑施工中使用广泛,它可以单独使用,也可以作为起重机械的卷扬机构。卷扬机的种类按动力可分为手动、电动、蒸汽、内燃卷扬机等;按卷筒数可分为单筒、双筒、多筒卷扬机等;按速度可分为快速、慢速卷扬机等。常用的形式为:电动单筒和电动双筒卷扬机。

卷扬机的标准传动形式是卷筒通过离合器而连接于原动机,其上配有制动器,原动机始终按同一方向转动。提升时,靠上离合器;下降时,离合器打开,卷扬机卷筒由于载荷重力的作用而反转,重物下降,其转动速度,用制动器控制。另一种卷扬机是由电动机、齿轮减速机、卷筒、制动器等构成的,载荷的提升和下降均为一种速度,由电机的正反转控制,电机正转时物料上升,反转时下降。

一、安全隐患

(1)卷扬机地基不坚固,地锚设置不牢固,导致卷扬机移位和倾覆。

(2)卷筒上无防止钢丝绳滑脱的防护罩或防护罩设置不合理、不可靠,致使钢丝绳脱离卷筒。

(3)钢丝绳末端未固定或固定不符合要求,致使钢丝绳脱落。

(4)卷扬机制动器失灵,无法定位。

(5)绳筒轴端定位不准确引起轴疲劳断裂。

二、安全要求及预防措施

1. 安装位置

(1)视野良好。施工过程中的建筑物、脚手架以及现场堆放材料、构件等,都不能影响司机对操作范围内全过程的监视。

(2)地基坚固。卷扬机应尽量远离危险作业区域,选择地势较高、土质坚固的地方,埋设地锚用钢丝绳与卷扬机座锁牢,前方应打桩,防止卷扬机移动和倾覆。

(3)卷筒方向。卷筒与导向滑轮中心对正,从卷筒到第一个导向滑轮的距离,按规定:带槽卷筒应大于卷筒宽度的15倍;无槽卷筒应大于20倍。以防止卷筒运转时钢丝绳相互错叠和导向轮翼缘与钢丝绳磨损。

(4)搭设操作棚。为保护机械设备及电气不受潮和给操作人员创造一个安全作业条件,如果处于危险作业区域之内,操作棚顶部应符合防护棚的要求。搭设操作棚时应保证操作人员能看清指挥人员和拖动或吊起的物件。

2. 作业人员要求

(1)卷扬机司机应经专业培训持证上岗,作业时要精神集中,发现视线内有障碍物时,要及时清除,信号不清时不得操作。

(2)作业前应先空转,确认电气、制动以及环境情况良好才能操作,操作人员应详细了解当班作业的主要内容和工作量。

(3)当被吊物没有完全落在地面时,司机不得离岗。休息或暂停作业时,必须将物件或吊笼降至地面。下班后,应切断电源,关好电闸箱。

(4)司机应随时注意操作条件及钢丝绳的磨损情况。当荷载变化第一次提升时,应先离地 0.5m 稍停,检查无问题时再继续上升。

3. 使用单转卷扬机,必须用刹车控制下降速度,不能过快和猛急刹车,要缓缓落下。

4. 禁止使用扳把型开关,防止发生碰撞误操作。

5. 钢丝绳要定期涂抹黄油并要放在专用的槽道里,以防碾压倾轧,破坏钢丝绳的强度。

6. 卷扬机的额定拉力大于 125kN 时应设置排绳器,留在卷筒上的钢丝绳最少应保留 3~5 圈,钢丝绳的末端应固定可靠。

7. 卷筒外边周至最外层钢丝绳的距离应小于钢丝绳直径的 1.5 倍。

8. 作业中,任何人不得跨越正在作业的卷扬钢丝绳。

9.2 电 焊 机

焊接是施工中采用较多的方法。在焊接施工中普遍采用的有接触对焊、手工电弧焊和接触电焊三种焊接方法;电渣压力焊和气压焊接新技术也得到推广。

电弧焊是利用电弧产生的高温,集中热量熔化钢筋端面和焊条末端,使焊条金属过渡到熔化的焊缝内,金属冷却凝固后,便形成焊接接头。电弧焊的主要设备是电焊机。

一、事故隐患

电焊机在使用过程中容易发生对人体的伤害事故主要有以下三个方面的原因:

(1)由于外界环境(工况条件)因素,如:雨雪气候、潮湿、高温等,电焊机仍在使用,又未采取相应的安全防范措施,造成对人体的伤害(如触电等)。

(2)电焊机及相关设备本身存在安全隐患而造成对操作人员的伤害事故。

(3)因操作人员违章操作或未采取自我安全防护措施(如:无证上岗,不戴防护手套、眼镜或面罩等)而造成对人体的伤害。

二、安全要求

1. 作业环境要求

(1)电焊机外壳应完好无损,有防雨、防潮、防晒措施,并备有消防用品。

(2)遇恶劣天气(如:雷雨、雪),应停止露天焊接作业。在潮湿地工作,操作人员应站在绝缘垫或木板上。

(3)作业点周围和下方应采取防火措施,应指定专人监护。

(4)焊接预热工件时,应有石棉布或挡板等隔热措施。

(5)多台焊机在一起集中施焊时,焊接平台或焊件必须接地,并应有隔光板。

(6)施焊场地周围应清除易燃易爆物品,或进行覆盖、隔离。

2. 电气要求

(1)电焊机应有专用电源控制开关,开关的保险丝容量应为该机额定电流的1.5倍,严禁用其他金属丝代替保险丝,完工后立即切断电源。

(2)焊钳与把线必须绝缘良好,连接牢固,更换焊条应戴手套,把线长度为20~30m,如需接长时,接头不准超过两个,以防电阻过大,发热而引起燃烧。

(3)严禁在带压力的容器或管道上施焊,焊接带电的设备必须先切断电源。

(4)安装检修焊机或更换保险丝等,应由电工去做,焊工不得擅自乱动。

(5)手把线与零线过道时,应穿管埋设或架空,以防碾压和磨损;电焊把线与零线不准搭在氧气瓶和起重机钢丝绳等附件上。

(6)更换场地移动把线时,应切断电源,并不得手持把线爬梯登高。

(7)二氧化碳气体预热器的外壳应绝缘,端电压不应大于36V。

3. 对作业人员的要求

(1)操作人员必须经培训后持有效证件方可上岗。

(2)操作者不准穿化纤质服装。推拉开关时,应站在侧面,以防电弧火花灼伤,一手推拉开关,另一手不准放在任何导体上。

(3)高处作业时,焊工不准手持焊把脚登梯子焊接。焊条应装入焊条桶或工具袋内,焊条头要妥善处理,不准随意投扔。

(4)清除焊渣、采用电弧气刨清根时,应戴防护眼镜或面罩,防止铁渣飞溅伤人。

(5)钍钨极要放置在密闭铅盒内,磨削钍钨极时,必须戴手套、口罩,并将粉尘及时排除。

(6)施焊工作结束,应切断焊机电源,并检查操作地点,确认无起火危险后,方可离开。

4. 焊接贮存过易燃、易爆、有毒物品的容器或管道,必须清除干净,并将所有孔口打开。

5. 在密闭金属容器内施焊时,容器必须可靠接地,通风良好,并有专人监护。严禁向容器内输入氧气。

三、安全事故的预防措施

(1)电焊机设备在使用前,必须经建筑安全管理部门验收,确认符合要求,发给准用证或有验收手续后,方可正式使用。设备挂上合格牌。

(2)用电必须符合规范要求,三级配电两级保护,设备外壳做好保护接零。一、二次侧(电源、接头)接线柱防护罩齐全,一次侧线使用橡皮电缆线长度不超过5m,焊机尽量靠近开关箱;二次侧线使用线鼻子。

(3)电源应使用自动开关。

(4)在总结试点工地切实可行的基础上推行使用电焊机

二次侧空载降压保护装置。

9.3 平　刨

木工刨床是用来专门加工木料表面(如表面的整直、修光、刨平等)的机具。木工刨床分平刨床和压刨床二种。其平刨床又分手压平刨床和直角平刨床；压刨床分单、双面压刨床和四面刨床三种。

本节主要介绍在施工现场被广泛使用的木工手压平刨床，它主要采用手工操作，即利用刀轴的高速旋转，使刀架获得25m/s以上的切削速度，此时用手把持木料并推动木料紧贴工作台面进料，使它通过刀轴，而木料就在这复合运动中受到刨削。在平刨上断手指的事故率是很高的，在木工机械事故中占首位，历来被操作人员称为"老虎口"。

一、事故隐患

(1)由于木质不均匀(有节疤或倒丝纹)，其硬度超过周围木质的几倍，刨削时碰到节疤时，其切削力也相应增加几倍，使得两手推压木料原有的平衡突然遭到破坏，木料弹出或翻倒，而操作人员的两手仍按原来的方式施力，因而伸进刨口，手指被切去。

(2)加工的木料过短，木料长度小于250mm。

(3)临时用电不符规范要求，如三级配电二级保护不完善，缺漏电保护器或失效，未做保护接零等。

(4)传动部位无防护罩。

(5)操作人员违章操作或操作方式不正确。

二、安全要求及预防措施

1. 安全要求

(1)必须使用圆柱形刀轴,绝对禁止使用方轴。

(2)刨刀刃口伸出量不能超过外径1.1mm。

(3)刨口开口量不得超过规定值。

(4)每台木工平刨上必须装有安全防护装置(护手安全装置及传动部位防护罩),并配有刨小薄料的压板或压棍。

(5)刨削工件的最短长度不得小于刨口开口量的4倍,而且刨削时必须用推板压紧工件进行刨削。

(6)刨削前必须仔细检查木料有无节疤和铁钉。如有应用冲头冲进去。

(7)刨削过程中如感到木料振动太大,送料推力较重时,说明刨刀刃口已经磨损,必须停机更换新磨锋利的刨刀。

(8)开机后切勿立即送料刨削,一定要等到刀轴运转平稳后方可进行刨削。因为刀轴的转速一般都在5000r/min以上,从启动电源到刀轴转动平稳需经过一段时间。如果一启动就立即进行刨削,则刨削是在切削速度从低到高的变化过程中进行的,因而容易发生事故。

(9)施工用电必须符合规范要求,要有保护接零(TN—S系统)和漏电保护器。

(10)平刨在施工现场应置于木工作业区内,并搭设防护棚;若位于塔吊作业范围内的,应搭设双层防坠棚,且在施工组织设计中予以策划和标识,同时在木工棚内落实消防措施、安全操作规程及其责任人。

(11)机械运转时,不得进行维修,更不得移动或拆除护手装置进行刨削。

2.预防措施

(1)平刨在进入施工现场前,必然经过建筑安全管理部门验收,确认符合要求时,发给准用证或有验收手续方能使用。

设备挂上合格牌。

(2)平刨、电锯、电钻等多用联合机械在施工现场严禁使用。

(3)手压平刨必须有安全装置,并在操作前检查机械各部件及安全防护装置是否松动或失灵,并检查刨刀锋利程度,经试车 1~3min 后,才能进行正式工作,如刨刃已钝,应及时调换。

(4)吃刀深度一般调为 1~2mm。

(5)操作时左手压住木料,右手均匀推进,不要猛推猛拉,切勿将手指按于木料侧面。刨料时,先刨大面当作标准面,然后再刨小面。

(6)在刨较短、较薄的木料时,应用推板去推压木料;长度不足 400mm,或薄而窄的小料不得用手压刨。

(7)两人同时操作时,须待料推过刨刃 150mm 以外,下手方可接拖。

(8)操作人员衣袖要扎紧,不准戴手套。

(9)施工用电必须符合规范要求,并定期进行检查。

(10)作业人员离开机械前,应先拉闸切断电源。

9.4　圆　盘　锯

圆盘锯又叫圆锯机,是应用很广的木工机械,它是由床身、工作台和锯轴组成。大型圆锯机座必须安装在结实可靠的基础上,小型的可以直接安放在地面上,工作台的高度约 900mm。锯轴装在机座的轴承内,锯轴的转动一般用皮带传动,但新式的机床都用电动机直接带动。有些圆锯机的工作台能够倾斜成 45°角,比较新式的圆锯机的工作台,始终保持水平,但是锯片能够自动倾斜,这不仅对工作带来很大方便,而且也比较安全。

一、事故隐患

(1)圆锯片在装上锯床之前未校正中心,使得圆锯片在锯切木材时,仅有一部分锯齿参加工作。这些锯齿因受力较大而变钝,引起木材飞掷的危险。

(2)圆锯片有裂缝、凹凸、歪斜等缺陷,锯齿折断使得圆锯片在工作时发生撞击,引起木材飞掷及圆锯本身破裂等危险。

(3)传动皮带防护不严密。

(4)护手安全装置残损。

(5)未作保护接零和漏电保护或其装置失效。

二、安全要求及预防措施

1. 安全要求

(1)锯片上方必须安装安全防护罩、挡板、松口刀,皮带传动处应有防护罩。

(2)锯盘的前方安装分料器(劈刀),木料经锯盘锯开后向前继续推进时,由分料器将木料分离一定缝隙,不致造成木料夹锯现象使锯料顺利进行。

(3)锯盘的后方应设置防止木料倒退装置。当木料中遇有铁钉、硬节等情况时,往往不能继续前进突然倒退打伤作业人员。为防止此类事故发生,应在锯盘后面作业人员的前方,设置挡网或棘爪等防倒退装置。挡网可以从网眼中看到被锯木料的墨线不影响作业,又可将突然倒退的木料挡住;棘爪的作用是在木料突然倒退时,棘爪插入木料中止住木料倒退伤人。

(4)锯片不得连续断齿2个,裂纹长度不超过2cm、有裂纹则应在其末端冲上裂孔(阻止其裂纹进一步发展)。

(5)施工用电应符合要求,作保护接零,设置漏电保护器并确保有效。

(6)操作必须采用单向按钮开关,无人操作时断开电源。

2．预防措施

(1)圆盘锯在进入施工现场前,必须经过建筑安全管理部门验收,确认符合要求,发给准用证或有验收手续方能使用。设备应挂上合格牌。

(2)操作前应检查机械是否完好,电器开关等是否良好,熔丝是否符合规格,并检查锯片是否有断、裂现象,并装好防护罩,运转正常后方能投入使用。

(3)操作人员应戴安全防护眼镜;锯片必须平整,不准安装倒顺开关,锯口要适当,锯片要与主动轴匹配、紧牢,不得有连续缺齿。

(4)操作时,操作者应站在锯片左面的位置,不应与锯片站在同一直线上,以防木料弹出伤人。

(5)木料锯到接近端头时,应由下手拉料进锯,上手不得用手直接送料,应用木板推送。锯料时,不准将木料左右搬动或高抬;送料不宜用力过猛,遇木节要减慢进锯速度,以防木节弹出伤人。

(6)锯短料时,应使用推棍,不准直接用手推,进料速度不得过快,下手接料必须使用刨钩。剖短料时,料长不得小于锯片直径的1.5倍,料高不得大于锯片直径的1/3。截料时,截面高度不准大于锯片直径的1/3。

(7)锯线走偏,应逐渐纠正,不准猛扳。锯片运转时间过长,温度过高时,应用水冷却,直径60cm以上的锯片在操作中,应喷水冷却。

(8)木料若卡住锯片时,应立即停车后处理。

9.5 搅 拌 机

砖石工程的砂浆制备,多使用砂浆搅拌机或混凝土搅拌机。

砂浆搅拌机是用来搅拌各种砂浆、灰浆的专用机械,搅拌时拌筒一般固定不动,以筒内带条形拌叶的转轴来搅拌物料。按其生产状态可分为周期作用式和连续作用式两种;按其安装方式又可分为固定式和移动式两种。

混凝土搅拌机也可搅拌砂浆,是由搅拌筒、上料机构、搅拌机构、配水系统与出料机构、传动机构和动力部分组成。大型搅拌机通常是固定的,但移动式搅拌机已日益受到重视,多用于无搅拌设备的地方或混凝土需要量较大的施工现场,可由卡车拖运。混凝土搅拌机按生产过程的连续性可分为周期或强制式两类;按加料是否连续,可分为连续式或分批式(即周期式)两类。连续式搅拌机,由于物料在搅拌机内停留时间短,一般都制成强制式;分批式搅拌机按搅拌原理又可分为自落式和强制式两类。

一、事故隐患

(1)临时施工用电不符规范要求,缺少漏电保护或保护失效,而造成触电事故。

(2)机械设备本身在安装、防护装置上存在问题,造成对操作人员的伤害。

(3)施工人员违反操作规程。

二、安全要求及预防措施

1. 安全要求

(1)安装之地应平整夯实,机械安装要平稳牢固。固定式机械要有可靠的基础,移动式机械应在平坦坚硬的地坪上用方木或撑架架牢,并保持水平。

(2)各类搅拌机(除反转出料搅拌机外),均为单向旋转进行搅拌,因此在接电源时应注意搅拌筒转向要符合搅拌筒上的箭头方向。

(3)开机前,先检查电气设备的绝缘和接地是否良好(如采用保护接地时),皮带轮保护罩是否完整。

(4)工作时,机械应先启动进行试运转,待机械运转正常后再加料搅拌,要边加料边加水,若遇中途停机停电时,应立即将料卸出;不允许中途停机后,再重载启动。

(5)砂浆搅拌机加料时,严禁将头或手伸入料斗与机架之间察看或探摸进料情况,不准用脚踩或用铁锹、木棒在筒口往下拨、刮拌合料,工具不能碰撞搅拌叶,更不能在转动时,把工具伸进料斗里扒浆。

(6)搅拌机料斗下方不准站人,料斗升起时,必须挂上安全钩。

(7)常温作业时,搅拌机应安放在防雨棚里,且有良好的通风、采光和排水条件。机械近旁应有水源,并不得积水。

(8)操作手柄应有锁住保险装置,钢丝绳磨损不得超标。

(9)作业后,要进行全面冲洗,筒内料要出净,料斗降落到最低处坑内,坑底部要设料斗的枕垫。

2. 预防措施

(1)搅拌机在使用前,必须经过有关部门组织检查验收,确认符合要求后方能使用。设备应挂上合格牌。

(2)设备外壳应做好保护接零(接地),配备漏电保护器,具备三级配电两级保护。

(3)搅拌机应设防雨棚,若机械设置在塔吊运转作业范围内的,必须搭设双层安全防坠棚。

(4)搅拌机的各传动部位应设置防护罩。

(5)搅拌机安全操作规程应上墙,明确设备责任人,定期进行安全检查、设备维修和保养。

9.6 翻 斗 车

翻斗车是一种方便灵活的水平运输机械,在建筑施工中常用于运输砂浆、混凝土熟料及散装物料等。翻斗车由柴油机、胶带张紧装置、离合器、变速箱、传动轴、驱动桥、制动器、转向桥、翻斗锁紧机构组成。

一、事故隐患

(1)车辆由于缺乏定期检查和维修保养而引起事故。

(2)司机未经培训违章行驶。

二、安全要求及预防措施

1. 安全要求

(1)司机必须经过安全培训,持证上岗,严禁无证或酒后开车。

(2)车辆发动前,应将变速杆放在零档位置,并拉紧手刹车。

(3)车辆发动后,应先检查各种仪表、方向机构、制动装置、灯光等,必须确保灵敏可靠后,方可鸣笛起车。

(4)车辆倒车时,要有专人指挥;倒车和停车不准靠近建筑物基坑(槽)边沿,以防土质松软车辆倾翻。

(5)在坡道停车卸料时,要拉紧刹车。驾驶员如要离开驾驶室时,应将车开至安全地段,将车停妥后,方能离开。

(6)在雨、雪、雾天气,车的最高时速不得超过 25km/h,转弯时，要防止车辆横滑。

(7)检修或班后刷车时必须熄火并拉好手制动。

2．预防措施

(1)翻斗车在使用前，必须经过建筑安全管理部门验收，确认符合要求，取得准用证后方能使用。

(2)空载行驶当车速为20km/h，使离合器分离或变速器置于空档，进行制动，测量制动开始时到停车的轮胎压印、拖印长度之和，应符合参数规定。

(3)机动翻斗车除一名司机外，车上及斗内不准载人。司机应遵章驾车，起步平稳，不得用二、三档起步。往基坑卸料时，接近坑边应减速。行驶前必须将翻斗锁牢，离机时必须将内燃机熄火，并挂档拉紧手制动器。

(4)翻斗车应定期进行检查和维修保养。

(5)卸料时不得行驶，应先将车停稳，再抬起锁紧机构，手柄进行卸料，禁止在制动的同时进行翻斗卸料，避免造成惯性移位事故。

9.7 钢筋加工机械

钢筋工程包括钢筋基本加工(校直、切断、弯曲)、钢筋冷加工、钢筋焊接、绑扎和安装等工序。在工业发达国家的现代化生产中，钢筋加工则由自动生产线连续完成。

钢筋机械主要包括：电动除锈机、机械调直机、钢筋切断机、钢筋弯曲机、钢筋冷加工机械(冷拉机具、拔丝机)、对焊机等。

一、各类钢筋机械的安全要求

1．钢筋除锈

钢筋由于保管不善或存放过久，就会与空气中的氧气化合反应,在钢筋表面生成一层氧化铁(即铁锈),严重时则成为锈皮,应予清除。钢筋除锈一般采用人工钢丝刷子刷除砂盘除锈、酸洗除锈等;可使用电动除锈机除锈,其除锈质量好、速度快。

安全要求:

(1)使用电动除锈机除锈,要先检查钢丝刷固定螺丝有无松动,检查封闭式防护罩装置及排尘设备的完好情况,防止发生机械伤害。

(2)使用移动式除锈机,要注意检查电气设备的绝缘及接地是否良好。

(3)操作人员要将袖口扎紧,并戴好口罩、手套等防护用品,特别是要戴好安全保护眼镜,防止圆盘钢丝刷上的钢丝甩出伤人。

(4)送料时,操作人员要侧身操作,严禁在除锈机的正前方站人,长料除锈需两人互相呼应,紧密配合。

2. 钢筋调直

直径小于12mm的盘状钢筋,使用前必须经过放圈、调直工序;局部曲折的直条钢筋,也需调直后使用。这种工作一般利用卷扬机完成。工作量大时,则采用带有剪切机构的自动矫直机,不仅生产率高、体积小、劳动条件好,而且能够同时完成钢筋的清刷、矫直和剪切等全部工序,还能矫直高强度钢筋。

安全要求:

(1)人工调直:

1)用人工绞磨调直钢筋时,绞磨地锚必须牢固,严禁将地锚绳拴在树杆、下水井及其他不坚固的物体或建筑物上。

2)人工推转绞磨时,要步调一致,稳步进行,严禁任意撒手。

3)钢筋端头应用夹具夹牢,卡头不得小于100mm。

4)钢筋产生应力并调直到预定程度后,应缓慢回车卸下钢筋,防止机械伤人。手工调直钢筋,必须在牢固的操作台上进行。

(2)机械调直:

1)用机械冷拉调直钢筋,必须将钢筋卡紧,防止断折或脱扣,机械前方必须设铁板加以防护。

2)机械开动后,人员应在两侧各1.5m以外,不准靠近钢筋行走,以预防钢筋断折或脱扣弹出伤人。

3. 钢筋切断机

直径20mm以下的钢筋用手动机床切断,大直径的钢筋则必须用专用机床。手动切断装置一般有固定部分与活动部分,各装一个刀片。当刀片产生相对运动后,即可切断钢筋。直径12mm以下的钢筋,一个工人即可切断;直径12~20mm的钢筋,则需两人才能切断。机动切断设备的工作原理与手动相同,也有固定刀片和活动刀片,后者装在滑块上,靠偏心轮轴的转动获得往复运动,装在机床内部的曲轴连杆机构,推动活动刀片切断钢筋。这种切断机生产率约为每分钟切断30条。直径40mm以下的钢筋均可切断。切割直径12mm以下的钢筋时,每次可切5根。

安全要求:

(1)人工切断:

人工切断钢筋,应先检查锤子、克子等,必须保持牢固无损,打锤与掌克人必须站成斜角,不准对面打锤。

(2)机械切断:

1)切断机切钢筋,料最短不得小于1m,一次切断的根数,必须符合机械的性能,严禁超量进行切割。

2)切断φ12以上的钢筋,须两人配合操作,人与钢筋要保持一定的距离,并要把稳钢筋。

3)断料时料要握紧,并在活动刀片向后退时,将钢筋送进刀口,以防止钢筋末端摆动或钢筋蹦出伤人。

4)不要在活动刀片已开始向前推进时,向刀口送料,这样常因措手不及,不能断准尺寸,往往还会发生机械或人身安全事故。

4. 钢筋弯曲机

钢筋弯曲机用来将已初步加工好的钢筋弯成设计所要求的形状。钢筋直径小于25mm且加工量不大时,用手动弯曲机。大量制备钢筋骨架或弯曲重型钢筋时,须使用自动控制的钢筋弯曲机。自动钢筋弯曲机的驱动电机和所有传动装置均放在用钢板制成的机架内。机架装有两个能使整机移动的行走滚轮。主轴的定心销子上套有按被弯曲钢筋直径确定的各种直径可换滚子。工作圆盘上有弯曲销子定位用的8个孔。带有圆孔的两纵向平板中安装有可换止推销。工作时,钢筋放在中心滚轴与弯曲销子之间。圆盘顺时针转动,就能使钢筋按所要求角度弯曲。圆盘反转,取下钢筋(用电磁起动器控制)。

安全要求:

(1)手工弯曲成型:

用横口扳子弯曲粗钢筋时,要注意掌握操作要领,脚跟要站稳,两腿站成弓步,搭好扳子,注意扳距,扳口卡牢钢筋,起弯时用力要慢,不要用力过猛,防止扳子扳脱,人被甩倒。不允许在高处或脚手架上弯粗钢筋,避免因操作时脱扳造成高处坠落。

(2)机械弯曲成型:

1)在机械正式操作前,应检查机械各部件,并进行空载试运转正常后,方能正式操作。

2)操作时注意力要集中,要熟悉工作盘旋转的方向,钢筋放置要和挡架、工作盘旋转方向相配合,不能放反。

3)操作时,钢筋必须放在插头的中、下部,严禁弯曲超截面尺寸的钢筋,回转方向必须准确,手与插头的距离不得小于200mm。

4)机械运行过程中,严禁更换芯轴、销子和变换角度等,不准加油和清扫。

5)转盘换向时,必须待停机后再进行。

5.钢筋冷加工

(1)钢筋冷拉:

钢筋冷拉是将 HPB235、HRB335、HRB400 和 RRB400(Ⅰ～Ⅳ级)热轧钢筋在常温下强力拉伸,使拉应力超过钢筋屈服点,以提高其屈服强度,达到节约钢材的目的。钢筋冷拉有阻力轮冷拉、卷扬机冷拉、丝杠冷拉和液压冷拉等工艺。

安全要求:

1)冷拉前首先应检查冷拉设备的能力与钢筋的冷拉力是否相适应,不允许设备超载冷拉。

2)要经常检查冷拉地锚是否稳固,卷扬机、讯号装置、钢丝绳、夹具、滑轮组等是否正常,要在冷拉操作前排除卷扬机滑移,讯号、机械、夹具失灵,或钢丝绳断裂等不安全因素。

3)整个冷拉操作过程,应听从统一指令,操作人员思想要集中,卷扬机司机要根据规定讯号开车、停车。

4)冷拉线两端必须装置防护设施,以防止因钢筋拉断或滑脱,夹具飞出伤人;严禁无关人员站在冷拉线两端,或跨越、触动正在冷拉处理的钢筋。

(2)钢筋冷拔：

钢筋冷拔是使用钨合金钢制成的冷拔丝模,以强力拉拔的方式,将 HPB235(Ⅰ级)光圆钢筋拔成比原钢筋直径小的钢丝。钢筋经冷拔后强度有大幅度提高。钢筋冷拔要经除皮、轧头和拔丝三道工序。在一些专业和规模较大的加工厂中,具有三联、五联式连续拔丝机;在施工现场多使用自制的简易冷拔设备。

安全要求：

1)钢筋冷拔操作前,要检查机械各传动部位是否正常,各个电气开关是否接触良好、灵敏,卡具和链条是否完好,防护装置是否完整,并按规定定期加润滑油。

2)拔丝轧头时,两手应离开轧头机 30~50cm,由大到小逐级轧压,不准轧压超过机械规定直径的钢筋,严禁用钢筋头去拨按轧头机的电钮。

3)拔丝卷筒用链条挂料时,操作人员必须离开链条甩动的范围,要慢速开车逐渐加快,如发现钢丝断料,应立即停车,待拔丝卷筒运转惯性基本停止,方可用手接料和装拆链条卡具;不允许在拔丝机正常运转时,用手取拔丝卷筒周围的物体,以防断料伤人。

4)在拔丝机运转过程中,操作人员应靠近电源开关,思想要集中;如发现盘圆钢筋打结成乱盘时,应立即切断电源开关、停车,以防发生设备及安全事故;如果不是连续拔丝,必须注意拔到最后时,防止钢丝末端弹出伤人。

6.钢筋对焊机

接触对焊是将两根钢筋沿着整个接触端面连接起来,根据焊接过程和操作方法的不同,可分为电阻焊和闪光焊两种。

施焊作业时,在对焊机的闪光区域内需设置铁皮挡隔,焊接时其他人员应停留在闪光范围之外,以防火花灼伤;在对焊机上安置如图9-1所示的活动顶罩,其对防止飞溅的火花灼伤操作人员有较好的效果。

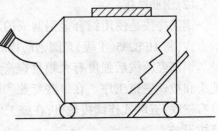

图9-1 活动顶罩

另外,对焊机工作地点应铺设木板或其他绝缘垫,焊工操作时应站在木板或绝缘垫上,从而与大地相隔离。焊机及金属工作台还应有保护接地装置。

安全要求:

1)焊工必须经过专门安全技术和防火知识培训,经考核合格,持证者方准独立操作;徒工操作必须有师傅带领指导,不准独立操作。

2)焊工施焊时必须穿戴白色工作服、工作帽、绝缘鞋、手套、面罩等,并要时刻预防电弧光伤害,并及时通知周围无关人员离开作业区,以防伤害眼睛。

3)钢筋焊接工作房,应尽可能采用防火材料搭建,在焊接机械四周严禁堆放易燃物品,以免引起火灾。工作棚应备有灭火器材。

4)遇6级以上大风天气时,应停止高处作业,雨、雪天应停止露天作业;雨雪后,应先清除操作地点的积水或积雪,否则不准作业。

5)进行大量焊接生产时,焊接变压器不得超负荷,变压器升温不得超过60°C,为此,要特别注意遵守焊机暂载率规定,以免过分发热而损坏。

6)焊接过程中,如焊机有不正常响声,变压器绝缘电阻过小、导线破裂、漏电等,应立即停止使用,进行检修。

7)对焊机断路器的接触点、电极(铜头),要定期检查修理。冷却水管应保持畅通,不得漏水和超过规定温度。

二、安全事故的预防措施

(1)钢筋加工机械在使用前,必须经过调试运转正常,并经建筑安全管理部门验收,确认符合要求,发给准用证或有验收手续后,方可正式使用。设备挂上合格牌。

(2)机械的安装必须坚实稳固,保持水平位置。固定式机械应有可靠的基础,移动式机械作业时应楔紧行走轮。

(3)钢筋机械应由专人使用和管理,安全操作规程上墙,明确责任人。

(4)施工用电必须符合规范要求。做好保护接零,配置相应的漏电保护器。

(5)钢筋冷作业区与对焊作业区必须有安全防护设施。

(6)钢筋机械各传动部位必须有防护装置。

(7)在塔吊作业范围内,钢筋作业区必须设置双层安全防坠棚。

9.8 手持电动工具

建筑施工中,手持电动工具常用于木材加工中的锯割、钻孔、刨光、磨光、剪切及混凝土浇捣过程的振捣作业。

电动工具按其触电保护分为Ⅰ、Ⅱ、Ⅲ类:

1.Ⅰ类工具在防止触电的保护方面不仅依靠基本绝缘,而且它还包含一个附加的安全预防措施,使可触及的可导电的零件在基本绝缘损坏的事故中不成为带电体。

2.Ⅱ类工具在防止触电的保护方面不仅依靠基本绝缘，而且它还提供双重绝缘或加强绝缘的附加安全预防措施和没有保护接地或依赖安装条件的措施。

3.Ⅲ类工具在防止触电保护方面依靠由安全特低电压供电和在工具内部不会产生比安全特低电压高的高压。其电压一般为36V。

一、安全隐患

手持电动工具的安全隐患主要存在于电器方面，易发生触电事故：

(1)未设置保护接零和两级漏电保护器，或保护失效。

(2)电动工具绝缘层破损而产生漏电。

(3)电源线和随机开关箱不符合要求。

(4)工人违反操作规定或未按规定穿戴绝缘用品。

二、安全要求及预防措施

1. 安全要求

(1)工具上的接零或接地要齐全有效，随机开关灵敏可靠。

(2)电源进线长度应控制在标准范围，以符合不同的使用要求。

(3)必须按三类手持式电动工具来设置相应的二级漏电保护，而且末级漏电动作电流分别不大于：①Ⅰ类手持式电动工具(金属外壳)为30mA，(绝缘电阻$\geqslant 2m\Omega$)。②Ⅱ类手持式电动工具(绝缘外壳)为15mA，(绝缘电阻$\geqslant 7m\Omega$)。③Ⅲ类手持式电动工具(采用安全电压36V以下)为15mA。

(4)使用Ⅰ类手持电动工具必须按规定穿戴绝缘用品或站在绝缘垫上。

(5)电动工具不适宜在含有易燃、易爆或腐蚀性气体及潮湿等特殊环境中使用,并应存放于干燥、清洁和没有腐蚀性气体的环境中。对于非金属壳体的电机、电器,在存放和使用时应避免与汽油等溶剂接触。

2.预防措施

(1)手持电动工具在使用前,必须经过建筑安全管理部门验收,确定符合要求,发给准用证或有验收手续方能使用。设备挂上合格牌。

(2)一般场所选用Ⅱ类手持式电动工具,并装设额定动作电流不大于 15mA,额定漏电动作时间小于 0.1s 的漏电保护器。若采用Ⅰ类手持电动工具还必须作保护接零。

露天、潮湿场所或在金属构架上操作时,必须选用Ⅱ类手持电动工具,并装设防溅的漏电保护器。严禁使用Ⅰ类手持电动工具。

狭窄场所(锅炉、金属容器、地沟、管道内等),宜选用带隔离变压器的Ⅲ类手持电动工具;若选用Ⅱ类手持电动工具,必须装设防溅的漏电保护器,把隔离变压器或漏电保护器装设在狭窄场所外面,工作时应有人监护。

(3)手持电动工具的负荷线必须采用耐气候型的橡皮护套铜芯软电缆,并不得有接头。

(4)手持电动工具的外壳、手柄、负荷线、插头、开关等必须完好无损,使用前必须作空载试验,运转正常方可投入使用。

(5)电动工具在使用中不得任意调换插头,更不能不用插头,而将导线直接插入插座内。当电动工具不用或需调换工作头时,应及时拔下插头,但不能拉着电源线拔下插头。插入插头时,开关应在断开位置,以防突然起动。

(6)使用过程中要经常检查,如发现绝缘损坏、电源线或电缆护套破裂、接地线脱落、插头插座开裂、接触不良以及断续运转等故障时,应立即修理,否则不得使用。移动电动工具时,必须握持工具的手柄,不能用拖拉橡皮软线来搬动工具,并随时注意防止橡皮软线擦破、割断和轧坏现象,以免造成人身事故。

(7)长期搁置未用的电动工具,使用前必须用500V兆欧表测定绕阻与机壳之间的绝缘电阻值,应不得小于7MΩ,否则须进行干燥处理。

9.9 打桩机械

桩基础是建筑物及构筑物的基础形式之一,当天然地基的强度不能满足设计要求时,往往采用桩基础。桩基础通常是由若干根单桩组成,在单桩的顶部用承台连接成一个整体,构成桩基础。

桩基工程施工所用的机械主要是打桩机。打桩机一般由桩锤、桩架及动力装置组成:(1)桩锤:其作用是对桩施加冲击,将桩打入土中。(2)桩架:其作用是将桩吊到打桩位置,并在打入过程中引导桩的方向,保证桩沿着所要求的方向冲击。(3)动力装置及辅助设备:驱动桩锤用的动力设施,如卷扬机、锅炉、空气压缩机和管道、绳索、滑轮等。此外还须备有千斤顶、撬棍、千斤绳、小锤、各种扳手等。

打桩的方式主要有:冲击打入法、振动法、埋桩法、气压灌注法和旋入法等。

一、安全要求

(1)桩机使用前应全面检查机械及相关部件,并进行空载试运转,严禁设备带"病"工作。

(2)各种桩机的行走道路必须平整坚实,以保证移动桩机时的安全。

(3)起动电压降一般不超过额定电压的10%,否则要加大导线截面。

(4)雨天施工,电机应有防雨措施。遇到大风、大雾和大雨时,应停止施工。

(5)设备应定期进行安全检查和维修保养。

(6)高处检修时,不得向下乱丢物件。

二、安全事故预防措施

(1)打桩机械在使用前,必须经过建筑安全管理部门验收,确认符合要求,发给准用证或有验收手续方能使用,并定期进行年检。设备挂上合格牌。

(2)临时施工用电应符合规范要求。

(3)打桩机应设有超高限位装置。

(4)打桩作业要有施工方案,并经审核批准。

(5)打桩安全操作规程应上牌,并认真遵守,明确责任人。

(6)具体操作人员应经培训教育和考核合格,持证并经安全技术交底后,方能上岗作业。

(7)施工场地应按坡度不大于1%,地耐力不小于83kPa的要求进行平整压实,或按该机说明书要求进行。

10 拆除工程安全技术

10.1 企业及人员资质资格规定

爆破与拆除工程专业承包企业资质分为一级、二级、三级。

一、一级资质标准

1. 企业近5年承担过下列2项中1项以上所列工程的施工,工程质量达到设计要求。

(1)B级以上的大爆破工程2个(含硐室爆破、露天深孔爆破、地下或水下深孔爆破);

(2)A级复杂环境深孔爆破或拆除爆破或城市控制爆破工程2个;

2. 企业经理具有10年以上从事工程管理工作经历或具有高级职称;总工程师具有10年以上从事爆破施工技术管理工作经历,且主持过B级大爆破、拆除爆破或城市控制爆破设计与施工,具有本专业高级职称;总会计师具有中级以上会计职称。

企业有职称的工程技术和经济管理人员不少于40人,其中爆破、机械、电气、仪表、地质等工程技术人员不少于30人;工程技术人员中,具有中级以上职称的人员不少于15人,其中爆破专业具有高级职称的人员不少于3人。

企业具有的一级资质项目经理不少于3人。

3. 企业注册资本金600万元以上,企业净资产720万元以上。

4. 企业近3年最高年工程结算收入3000万元以上。

5. 企业具有钻孔机、风镐、空压机、发电机、测震仪、全站仪等施工及检测设备。

6. 企业应具备有关部门核发的A、B级大爆破和拆除大爆破设计证书和爆炸物品使用许可证。

二、二级资质标准

1. 企业近5年承担过下列2项中1项以上所列工程的施工,工程质量达到设计要求。

(1)C级以上的大爆破工程2个(含硐室爆破、露天深孔爆破、地下或水下深孔爆破);

(2)B级复杂环境深孔爆破或拆除爆破或城市控制爆破工程2个。

2. 企业经理具有8年以上从事工程管理工作经历或具有高级职称;技术负责人具有8年以上从事爆破施工技术管理工作经历,且主持过C级大爆破、拆除爆破设计与施工,具有本专业高级职称;财务负责人具有中级以上会计职称。

企业有职称的工程技术和经济管理人员不少于20人,其中爆破、机械、电气、仪表、地质等工程技术人员不少于15人;工程技术人员中,具有中级以上职称的人员不少于10人,其中爆破专业具有高级职称的人员不少于1人。

企业具有的二级资质以上项目经理不少于3人。

3. 企业注册资本金300万元以上,企业净资产360万元以上。

4. 企业近3年最高年工程结算收入1500万元以上。

5. 企业具有钻孔机、风镐、空压机、发电机、测震仪、全站仪等施工及检测设备。

6. 企业应具备有关部门核发的 C 级大爆破和 B 级拆除爆破设计证书和爆炸物品使用许可证。

三、三级资质标准

1. 企业近 5 年承担过下列 3 项中 1 项以上所列工程的施工,工程质量达到设计要求。

(1)D 级以上的大爆破工程 2 个(含硐室爆破、露天深孔爆破、地下或水下深孔爆破);

(2)C 级复杂环境深孔爆破或拆除爆破或城市控制爆破工程 2 个;

(3)采用机械或人工作业方式拆除高度为 10m 以上建筑物、构筑物 3 座。

2. 企业经理具有 5 年以上从事工程管理工作经历或具有中级以上职称;技术负责人具有 5 年以上从事爆破与拆除施工技术管理工作经历并具有本专业中级以上职称;财务负责人具有中级以上会计职称。

企业有职称的工程技术和经济管理人员不少于 12 人,其中工民建、机械、爆破专业技术人员不少于 8 人;工程技术人员中,具有中级以上职称的工民建、机械、爆破专业技术人员不少于 4 人。

企业具有的三级资质以上项目经理不少于 4 人。

3. 企业注册资本金 100 万元以上,企业净资产 120 万元以上。

4. 企业近 3 年最高年工程结算收入 500 万元以上。

5. 企业具有相应的专业拆除施工机械及测试仪器。

6. 企业应具备有关部门核发的 D 级大爆破和 C 级拆除爆破设计书和爆炸物品使用许可证。

四、承包工程范围

一级企业:可承担各类各等级的大爆破工程、复杂环境深孔爆破、拆除爆破及城市控制爆破工程及他爆破与拆除工程施工。

二级企业：可承担单项合同额不超过企业注册资本金5倍,且C级及以下的大爆破工程和B经及以下复杂环境深孔爆破、拆除爆破及城市控制爆破和其他爆破与拆除工程施工。

三级企业：可承担单项合同额不超过企业注册资本金5倍,且D级及以下的大爆破工程和C级及以下复杂环境深孔爆破、拆除爆破及城市控制爆破工程施工,采用机械或人工作业方式拆除各类建筑物、构筑物。

五、拆除人员资格规定

拆除施工企业的技术人员、项目负责人、安全员及从事拆除施工的操作人员,必须经过行业主管部门指定的培训机构培训,并取得《拆除施工管理人员上岗证》或《建筑工人(拆除工)上岗证》后,方可上岗。

10.2 施工前准备

一、文件准备工作

1. 拆除工程的委托单位,应在动工前向工程所在县以上的地方建设行政主管部门办理手续,取得拆除许可证明。

2. 拆除工程应由具备相应资质的施工企业或建筑个体工商户承担,不得转包。需要变更施工队伍时,应到原发证部门重新办理拆除许可证手续,并经同意后才能施工。

3. 拆除工程的委托单位和承包单位,在签订施工合同时,必须签订安全管理协议,明确双方的安全职责。

二、技术准备工作

1. 熟悉被拆除建筑物(或构筑物)的竣工图纸,弄清建筑物的结构情况、建筑情况、水电及设备管道情况。必须强调是竣工图,因在施工过程中可能有变更。

2.学习有关规范和安全技术文件。

3.调查周围环境、场地、道路、水电设备管路、危房情况等。

4.承包单位应全面了解拆除工程的图纸和资料,进行实地查勘,制定拆除方案,并按文明施工、市容、环保等规定编制施工组织设计,提出安全技术措施计划。

5.施工组织设计由承包单位技术部门编制,经单位技术负责人审核同意。对特殊工程或采用特种作业方法的拆除工程,施工组织设计应报请其上级主管部门批准后方能施工,其施工方案及安全技术措施计划应报房产管理部门备案。

6.对特殊的工程或采用特种作业方法的拆除工程要制定应急救援预案,采取严密防范措施,配备抢险救援的有关器材。

三、现场准备工作

1.拆除委托单位应负责被拆除物的断水、断电、断气。

2.疏通运输道路、拆除施工中临时水、电源、设备,清除拆除倒塌范围内的物质、设备。

3.检查周围危旧房,必要时进行临时加固。

4.承包单位应根据各种拆除方法的规定要求,划定危险区域,做好警戒和警示标志。在居民密集点,交通要道附近施工,施工脚手架须采用全封闭形式,并搭设防护隔离棚。

四、拆除人员要求

1.对作业人员要做好安全教育、安全技术交底同时填写书面记录,凡特殊作业人员必须持证上岗。

2.从事拆除工程的操作人员,应定期进行体格检查。其身体状况,必须符合有关作业管理的规定。

10.3 施工组织设计要点

一、拆除工程施工组织设计的编制原则

拆除工程施工组织设计的编制原则为安全、快速、经济、扰民少。编制时必须做好三方面工作：

1. 通过查阅图纸，踏看现场，全面掌握拆除工程第一手资料。
2. 制定组织有序的、符合安全的施工顺序。
3. 制定针对性强的安全技术措施。

在施工过程中，如果必须改变施工方法，调整施工顺序，必须先修改、补充施工组织设计，并以书面形式将修改、补充意见通知施工部门。

二、拆除工程施工组织设计的编制依据

1. 被拆除建筑物的竣工图，包括结构、建筑、水、电、设备及外管线；
2. 施工现场勘察得来的资料和信息；
3. 拆除工程(包括爆破拆除)有关的施工验收规范、安全技术规范、安全操作规程和国家、地方有关安全技术规定；
4. 与甲方签订的经济合同(包括进度和经济的要求)；
5. 国家和地方有关爆破工程安全保卫的规定；
6. 本单位的技术装配条件等。

三、施工组织设计的内容

1. 被拆除建筑和周围环境的简介：要着重介绍被拆除建筑的结构类型，结构各部分构件受力情况，并附简图，介绍填充墙、隔断墙、装修做法，水、电、暖气、煤气设备情况，周围房屋、道路、管线有关情况。所介绍的情况必须是现在的实际情况。可用现状平面图表示。

2. 施工准备工作计划：要将各项施工准备工作，包括组织、技术、现场、设备器材、劳动力的准备工作，全部列出，安排计划、落实到人。要把组织领导机构名单和分工情况列出。

3. 拆除方法：根据实际情况和甲方的要求，对比各种拆除方法，选择安全、经济、快速、扰民少的方法。要详细叙述拆除方法的全面内容，采用控制爆破拆除，要详细说明爆破与起爆方法、安全距离、警戒范围、保护方法、破坏情况、倒塌方向与范围，以及安全技术措施。

4. 施工部署和进度计划。

5. 劳动力组织。要把各工种人员的分工及组织进行周密的安排。

6. 机械、设备、工具、材料、计划列出清单。

7. 施工总平面图：施工平面图是施工现场各项安排的依据，也是施工准备工作的依据。施工平面图应包括下列内容：

(1) 被拆除建筑物和周围建筑及地上、地下的各种管线、障碍物、道路的布置和尺寸。

(2) 起重吊装设备的开行路线和运输道路。

(3) 爆破材料及其他危险品临时库房位置、尺寸和做法。

(4) 各种机械、设备、材料以及被拆除下来的建筑材料堆放场地布置。

(5) 被拆除建筑物倾倒方向和范围、警戒区的范围要标明位置及尺寸。

(6) 要标明施工用的水、电、办公、安全设施、消火栓位置及尺寸。

8. 安全技术措施：针对所选用的拆除方法和现场情况，根据有关规定提出全面的安全技术措施。

四、重点危险工程拆除的专家技术论证

1. 施工组织设计必须通过专家论证的拆除工程

有下列情况之一的拆除工程施工组识设计必须通过专家论证：

(1)在市区主要地段或临近公共场所等人流稠密的地方，可能影响行人、交通和其他建筑物构筑物安全的。

(2)结构复杂、坚固、拆除技术性很强的。

(3)地处文物保护建筑或优秀近代保护建筑控制范围的。

(4)临近地下构筑物及影响面大的煤气管道，上、下水管道，重要电缆、电讯网。

(5)高层建筑、码头、桥梁或有毒有害、易燃易爆等有其他特殊安全要求的。

(6)配合市属重点工程的。

(7)其他拆除施工管理机构认为有必要进行技术论证的。

2. 技术论证的重点

(1)施工方法；

(2)拆除施工程序；

(3)安全技术措施等。

3. 技术论证应形成论证意见书，并经专家组组长签字，供施工单位参照执行。

10.4 拆除施工的技术要求

一、一般规定

1. 拆除工程施工中，应由专人管理、严格按照施工组织设计和安全技术措施计划进行。施工过程中，确需变更施工组织设计的，须报请原审批部门同意。

2. 拆除工程作业一般应自上而下按顺序进行，先非承重后承重结构,拆除栏杆、楼梯和楼板应与同层次整体拆除进度相配合。

3. 禁止立体交叉拆除作业拆除部分构件,为防止相邻部分发生坍塌,在拆除危险部分之前,应采取相应的安全措施。

4. 在居民密集点、交通要道进行拆除工程的施工脚手架须采用全封闭形式,并搭设防护隔离棚。脚手架应与被拆除物的主体结构同步拆下。

5. 作业人员应站在脚手架或其他稳固的结构部位上操作。不准在建筑物的屋面、楼板、平台墙体上有聚集人群或集中堆放材料。

6. 部分建筑物或构筑物拆除时,对保留部分,应先采取相应的加固措施。

7. 在高处进行拆除工程,应设置垂直运输设备或流放槽,拆除物禁止向下抛掷;拆卸下的各种材料应及时清理,分别堆放在指定的场所。

8. 从事拆除作业的人员应带好安全帽,高处作业系好安全带,进入危险区域应采取严格的防护措施。

9. 在进行管道拆除时,应查清管道中介质的种类、化学性质、采取中和、清洗等相应的措施。

10. 遇有风力在6级以上、大雾天、雷暴雨、冰雪天等恶劣气候影响施工安全时,禁止进行露天拆除作业。

11. 采用手工或机械作业法拆除施工时,必须遵守国家有关安全技术和机械设备管理的规定。

12. 采用爆破拆除作业时,必须严格按照中华人民共和国颁布的《爆破安全规程》进行。

13. 拆除工程噪声应符合国家《建筑施工场界噪声限值》的规定。住宅区域夜间不得进行拆除施工,市政重大工程或采用爆破作业必需夜间施工的,应向拆除工程所在地的有关部门提出申请,获准后施工。

14. 人工拆除主要扬尘环节应有控制措施,机械拆除、爆破拆除或垃圾清运,应采用湿式作业法,控制粉尘飞扬。

15. 被拆除物的高度超过相邻电力、电讯等管线时,超过部分拆除,必须采取严密的防护措施,严禁向管线方向倾倒。

二、人工拆除

(一)定义

依靠手工加上一些简单工具如风镐、钢钎、锄头、手动葫芦、钢丝绳等,对建(构)筑物实施解体和破碎的方法。

(二)特点

(1)人员必须亲临拆除点操作,因此不可避免地要进行高空作业,危险性大,是拆除施工方法中最不安全的一种方法。

(2)劳动强度大、拆除速度慢。

(3)受天气影响大:刮风、下雨、结冰、下霜、打雷、下雾均不可登高作业。

(4)可以精心作业,易于保留部分建筑物。

(三)适用范围

拆除砖木结构,混合结构以及上述结构的分离和部分保留拆除项目。

(四)人工拆除技术及安全措施

1. 人工拆除的拆除顺序

建筑物的拆除顺序原则上按建造的逆程序进行,即先造的后拆,后造的先拆;具体可以归纳成"自上而下,先次后主"。所谓"自上而下"指从上往下层层拆除,"先次后主"是指在同一层面上的拆除顺序,先拆次要的部件,后拆主要的部件。所谓次要部件就是不承重的部件如阳台、屋檐、外楼梯、广告牌和内部的门、窗等，以及在拆除过程中原为承重部件去掉荷载后的部件。所谓主要部件就是承重部件，或者在拆除过程中暂时还承重的部件。

2．不同结构的拆除技术和注意事项

由于房屋的结构不同，拆除方法也各有差异，下面主要叙述砖木结构、框架结构（或者混合结构）的拆除技术和注意事项。

(1)坡屋面的砖木结构房屋：

1)揭瓦：

A．小瓦揭法：小瓦通常是纵向搭接、横向正反相间铺在屋面板上或屋面砖上，拆除时先拆屋脊瓦(搭接形式)，再拆屋面瓦，从上向下，一片一片叠起来，传接至地面堆放整齐。

注意事项：

a．拆除时人要斜坐在屋面板上向前拆以防打滑。对屋面坡度大于30°的要系安全带，安全带要固定在屋脊梁上；或者搭脚手架拆除。脚手架须请有资质的专业单位搭设，拉攀牢固，经验收合格后方可使用，并随建筑物拆除进度及时同步拆除。

b．检查屋面板有无腐烂，对腐烂的屋面板，人要坐在对应梁的位置上操作，防止屋面板断裂、掉落。

B．平瓦揭法：平瓦通常是纵向搭接铺压在屋面板上或直接挂在瓦条上，对于前一种铺法的平瓦，拆除方法和注意事项同小瓦。后一种铺法虽然拆法大体相同，但注意事项如下：

a．安全带要系在梁上，不可系在挂瓦条上，拆除时人不可站在瓦上揭瓦，一定要斜坐在檩条对应梁的位置上。

b．揭瓦时房内不得有人，以防碎片伤人。

C．石棉瓦揭法：石棉瓦通常是纵横搭接铺在屋面板上，

特殊简易房,石棉瓦直接固定在钢架上,而钢架的跨度与石棉瓦的长度相当,对这种结构的石棉瓦的拆除注意事项如下:

a. 不可站在石棉瓦上拆固定钉,应在室内搭好脚手架,人站在脚手架上拆固定钉;然后用手顶起石棉瓦叠在下一块上,依次往下叠,在最后一块上回收。

b. 瓦可通过室内传下,拆瓦、传瓦必须有统一指挥,以防伤人。

2)屋面板拆除:

拆屋面板时人应站在屋面板上,先用直头撬杠撬开一个缺口,再用弯头带起钉槽的撬杠,从缺口处向后撬,待板撬松后,拔掉铁钉,将板从室内传下。

注意事项:

a. 撬板时人要站在对应桁条的位置上。

b. 对于大于 $30°$ 的陡屋面,拆除时要系安全带或搭设脚手架。

3)桁条拆除:

桁条与支撑体的连接通常有三种:

A. 直接搁在承重墙上;

B. 搁在人字梁上;

C. 搁在支撑立柱上。

拆除桁条时用撬杠将两头固定钉撬掉,两头系上绳子,慢慢下放至下层楼面上作进一步处理。

4)人字梁拆除:

拆除桁条前在人字梁的顶端系两根可两面拉的绳子,桁条拆除后,将绳两面拉紧,用撬杠或气割枪将两端的固定钉拆除,使其自由,再拉一边绳、松另一边绳,使人字梁向一边倾斜,直至倒置,然后在两端系上绳子,慢慢放至下层楼面上作进一步解体或者整体运走。

(2)框架结构(或砖混结构)的房屋：

1)屋面板拆除：

屋面板分预制板和现浇板两种。

A. 预制板拆除方法：预制板通常直接搁在梁上或承重墙上，它与梁或墙体之间没有纵横方向的连接，一旦预制板折断，就会下落。因此，拆除时在预制板的中间位置打一条横向切槽，将预制板拦腰切断，让预制板自由下落即可。

注意事项：

a. 开槽要用风镐，由前向后退打，保证人站在没有破坏的预制板上。

b. 打断一块及时下放一块，因有粉刷层的关系，单靠预制板的重量有时不足以克服粉刷层与预制板之间的粘接力而自由下落，这时需用锤子将打断的预制板粉刷层敲松即可下落。

B. 现浇板拆除方法：现浇板是由纵横正交单层钢筋混凝土组成，板厚为10mm左右，它与梁或圈梁之间有钢筋连接组成整体。拆除时用风镐或锤子将混凝土打碎即可，不需考虑拆除顺序和方向。

2)梁的拆除：

梁分承重梁和联系梁(圈梁)两种，当屋面板(楼板)拆除后，联系梁不再承重了，属于次要部件，可以拆除。拆除时用风镐将梁的两端各打开一个缺口，露出所有纵向钢筋，然后气割一端钢筋使其自然下垂，再割另一端钢筋使其脱离主梁，放至下层楼面作进一步处理。

承重梁(主梁)拆除方法大体上同联系梁。但因承重梁通常较大，不可直接气割钢筋让其自由下落，必须用吊具吊住大梁后,方可气割两端钢筋,然后吊至下层楼面或地面作进一步解体。

3) 墙体拆除：

墙分砖墙和混凝土墙两种。

A. 砖墙拆除方法：用锤子或撬杠将砖块打(撬)松,自上而下作粉碎性拆除,对于边墙除了自上而下外还应由外向内作粉碎性拆除。

B. 混凝土墙拆除方法：用风镐沿梁、柱将墙的左、上、右三面开通槽,再沿地板面墙的背面打掉钢筋保护层,露出纵向钢筋,系好拉绳,气割钢筋,将墙拉倒,再破碎。

注意事项：

a. 拆墙：室内要搭可移动的脚手架或脚手凳,临人行道的外墙要搭外脚手架并加密网封闭,人流稠密的地方还要加搭过街防护棚。

b. 气割钢筋顺序为：先割沿地面一侧的纵向钢筋,其次为上方沿梁的纵向钢筋,最后是两侧的横向钢筋。

c. 严禁站在墙体或被拆梁上作业。

4) 立柱拆除：

立柱拆除采用先拉倒再解体破碎的方法。打掉立柱根部背面的钢筋保护层,露出纵向钢筋,在立柱顶端系好向内拉的绳子,气割钢筋,向内拉倒立柱,进一步破碎。

注意事项：

a. 立柱倾倒方向应选在下层梁或墙的位置上。

b. 撞击点应设置缓冲防振措施。

5) 清理层面垃圾：

垃圾从预先设置的垃圾井道下放至地面。垃圾井道的要求如下：

A. 垃圾井道的口径大小:对现浇板结构层面,道口直径为 1.2～1.5m;对预制结构屋面,打掉两块预制板,上下对齐。

B. 垃圾井道数量原则上每跨不得多于 1 只,对进深很大的建筑可适当增加,但要分布合理。

C. 井道周围要作密封性防护,防止灰尘飞扬。

三、机械拆除方法

(一)定义

指使用大型机械如挖掘机、镐头机、重锤机等对建筑物、构筑物实施解体和破碎的办法。

(二)特点

(1)无需人员直接接触作业点,故安全性好。

(2)施工速度快,可以缩短工期,减少扰民时间。

(3)作业时扬尘较大,必须采取湿式作业法。

(4)还需要部分保留的建筑物不可直接拆除,必须先用人工分离后方可拆除。

(三)适用范围

拆除混合结构、框架结构、板式结构等高度不超过 30m 的建筑物及各类基础和地下构筑物。

(四)机械拆除施工的技术及安全措施

1. 机械拆除的拆除顺序

解体→破碎→翻渣→归堆待运。

2. 拆除方法

根据被拆建筑物、构筑物高度不同又分为镐头机拆除和重锤机拆除两种方法。

(1)镐头机拆除方法:

镐头机可拆除高度不超过 15m 的建(构)筑物。

1)拆除顺序:自上而下、逐层、逐跨拆除。

2)工作面选择:对框架结构房选择与承重梁平行的面作施工面。对混合结构房选择与承重墙平行的面作施工面。

3)停机位置选择:设备机身距建筑物垂直距离约 3~5m,机身行走方向与承重梁(墙)平行,大臂与承重梁(墙)成 45°~60°角。

4)打击点选择:打击顶层立柱的中下部,让顶板、承重梁自然下塌,打断一根立柱后向后退,再打下一根,直至最后。对于承重墙要打顶层的上部,防止碎块下落砸坏设备。

5)清理工作面:用挖掘机将解体的碎块运至后方空地作进一步破碎,空出镐头机作业通道,进行下一跨作业。

(2)重锤机拆除方法:

重锤机通常用 50t 吊机改装而成、锤重 3t,拔杆高 30~52m,有效作业高度可达 30m,锤体侧向设置可快速释放的拉绳,因此,重锤机既可以纵向打击楼板,又可以横向撞击立柱、墙体,是一个比较好的拆除设备。

1)拆除顺序:从上向下层层拆除,拆除一跨后清除悬挂物,移动机身再拆下一跨。

2)工作面选择:同镐头机。

3)打击点选择:侧向打击顶层承重立柱(墙),使顶板、梁自然下塌。拆除一层以后,放低重锤以同样方法拆下一层。

4)拔杆长度选择:拔杆长度为最高打击点高度加 15~18m,但最短不得短于 30m。

5)停机位置选择:对于 50t 吊机、锤重为 3t,停机位置距打击点所在的拆除面的距离最大为 26m。机身垂直拆除面。

6)清理悬挂物:用重锤侧向撞击悬挂物使其破碎,或将重锤改成吊篮,人站在吊篮内气割悬挂物,让其自由落下。

7)清理工作面:拆除一跨以后,用挖机清理工作面,移动机身拆除下一跨。

3.机械拆除的注意事项

(1)根据被拆除物高度选择拆除机械,不可超高作业,打击点必须选在顶层,不可选在次顶层甚至以下。

(2)镐头机作业高度不够,可以用建筑垃圾垫高机身以满足高度需要,但垫层高度不得超过3m,其宽度不得小于3.5m,两侧坡度不得大于60°。

(3)机械解体作业时应设专职指挥员,监视被拆除物的动向,及时用对讲机指挥机械操作员进退。

(4)人、机不可立体交叉作业,机械作业时,在其回旋半径内不得有人工作业。

(5)机械严禁在有地下管线处作业,如果一定要作业,必须在地面垫2~3m的整块钢板或走道板,保护地下管线安全。

(6)在地下管线两侧严禁开挖深沟,如一定要挖深沟,必须在有管线的一侧先打钢板桩,钢板桩的长度为沟深的2~2.5倍,当沟深超过1.5m时,必须设内支撑以防塌方,伤害管线。

(7)机械拆除在分段分割时,必须确保未拆除部分结构的整体完整和稳定。

四、爆破拆除方法

(一)定义

利用炸药在爆炸瞬间产生高温高压气体对外做功,借此来解体和破碎建(构)筑物的方法。

(二)特点

(1)由于爆破前施工人员不进行有损建筑物整体结构和稳定性的操作,所以人身安全最有保障。

(2)由于爆破拆除是一次性解体,所以是扬尘、扰民较少。

(三)适用范围

拆除混合结构、框架结构、钢混结构等各类超高建筑物及各类基础和地下构筑物。

(四)爆破拆除施工的技术及安全措施。

爆破拆除属于特殊行业,从事爆破拆除的企业,不但需要精湛的技术,还必须有严格的管理和严密的组织。

1. 爆破拆除企业的注册

从事爆破拆除的企业,必须经当地公安主管部门审查、批准,发给火工品使用许可证后,方可到工商管理部门登记注册。

2. 爆破拆除企业的分级

公安管理部门根据爆破拆除企业的技术力量,将企业分为A、B两级资质:

A级爆破拆除企业,必须具有从事爆破作业三年以上的两名高级职称和四名中级职称的技术人员。

B级爆破拆除企业,必须具有从事爆破作业三年以上的一名高级职称和两名中级职称的技术人员。

3. 爆破拆除必须符合下列原则

(1)爆破拆除设计、施工,火工品运输、保管、使用必须遵守国家制定的《爆破安全规程》、《拆除爆破安全规程》。

(2)从事爆破拆除方案设计、审核的技术人员,必须经过公安部组织的技术培训,经考试合格,发给"中华人民共和国爆破工程技术人员安全作业证"。安全作业证分高级和中级两种,分别对应高级职称和中级职称。持证设计、审核。

(3)爆破拆除设计方案必须经所在地区公安管理部门和拆房安全管理部门审批、备案方可实施。

(4)爆破作业人员,火工品保管员、押运员必须经过当地公安管理部门组织的技术培训,并经考试合格后分别发给"爆破员证"、"火工品保管员证"、"火工品押运员证",持证上岗。

(5)爆破拆除施工必须在确保周围建筑物、构筑物、管线、设备仪器和人身安全的前提下进行。

4．爆破作业程序

(1)编写施工组织设计：

1)根据结构图纸(或实地查看)、周围环境、解体要求,确定倒塌方式和防护措施。

2)根据结构参数和布筋情况,决定爆破参数和布孔参数。

(2)组织爆前施工：

按设计的布孔参数钻孔；按倒塌方式拆除非承重结构,由技术员和施工负责人二级验收。

(3)组织装药接线：

1)由爆破负责人根据设计的单孔药量组织制作药包,并将药包编号。

2)对号装药、堵塞。

3)根据设计的起爆网络接线联网。

4)由项目经理、设计负责人、爆破负责人联合检查验收。

(4)安全防护：

由施工负责人指挥工人根据防护设计进行防护,由设计负责人检查验收。

(5)警戒起爆：

1)由安全员根据设计的警戒点、警戒内容组织警戒人员。

2)由项目经理指挥,安全员协助清场,警戒人员到位。

3)零时前五分钟发预备警报,开始警戒,起爆员接雷管,各警戒点汇报警戒情况。

4)零时前 1 分钟发起爆警报、起爆器充电。

5)零时发令起爆。

(6)检查爆破效果:

由爆破负责人率领爆破员对爆破部位进行检查,发现哑炮立即按《拆除爆破安全规程》规定的方法和程序排除哑炮,待确定无哑炮后,解除警报。

(7)破碎清运:

用镐头机对解体不充分的梁、柱作进一步破碎,回收旧材料,垃圾归堆待运。

5. 爆破拆除应重点注意的问题

从施工全过程来讲,爆破拆除是最安全的,但在爆破瞬间有三个不安全因素,必须在设计、施工中作严密的控制方能确保安全。

(1)爆破飞散物(称飞石)的防护:

飞散物是爆破拆除中不可避免的东西,这是因为:

1)在计算药量时,为了确保建筑物解体充分需留有余量;

2)结构不对称、爆前施工偏差、混凝土浇筑不均匀性等都可造成飞石;

3)装药堵塞牢紧程度及堵塞物的质量等偏差。

以上这些偏差都有可能给解体的碎片以飞行的能量,形成飞石。为了确保安全需要采取两个措施:

A. 在爆破部位、危险的方向上对建筑物进行多层复合防护,把飞石控制在允许范围内。

B. 对危险区域实行警戒,保证在飞石飞行范围内没有人和重要设备。

(2)爆破振动的防护:

爆破在瞬间产生近十万大气压的冲击,根据作用反作用的原理,必然要对地表产生振动,控制不当,严重时可能影响地面爆点附近某些建筑物的安全,尤其是地下构筑物的安全。控制措施如下:

1)分散爆点以减少振动。

2)分段延时起爆,使一次齐爆药量控制在允许范围内。

3)隔离起爆,先用少许药量炸开一个缺口,使以后起爆的药量不与地面接触,以此隔振。

(3)爆破扬尘的控制:

爆破瞬间使大量建筑物解体,高压气流的冲击,在破碎面上产生大量的粉尘,控制扬尘的措施是:

1)爆前对待爆建筑物用水冲洗,清除表面浮尘。

2)爆破区域内设置若干"水炮"同时起爆,形成弥漫整个空间的水雾,吸收大部分粉尘。

3)在上风方向设置空压水枪,起爆时打开水枪开关,造成局部人造雨,消除因解体塌落时产生的部分粉尘。

11 施工现场防火安全管理

11.1 重点部位和重点工种防火要求

一、电焊、气割的防火要求

1. 从事电焊、气割操作人员,必须进行专门培训,掌握焊割的安全技术、操作规程,经过考试合格,取得操作合格证后方准操作。操作时应持证上岗。徒工学习期间,不能单独操作,必须在师傅的监护下进行操作。

2. 严格执行用火审批程序和制度。操作前必须办理用火申请手续,经本单位领导同意和消防保卫或安全技术部门检查批准,领取用火许可证后方可进行操作。

3. 用火审批人员要认真负责,严格把关。审批前要深入用火地点查看,确认无火险隐患后再行审批。批准用火应采取定时(时间)、定位(层、段、档)、定人(操作人、看火人)、定措施(应采取的具体防火措施),部位变动或仍需继续操作,应事先更换用火证。用火证只限当日本人使用,并要随身携带,以备消防保卫人员检查。

4. 进行电焊、气割前,应由施工员或班组长向操作、看火人员进行消防安全技术措施交底,任何领导不能以任何借口纵容电、气焊工人进行冒险操作。

5. 装过或有易燃、可燃液体、气体及化学危险物品的容器、管道和设备,在未彻底清洗干净前,不得进行焊割。

6. 严禁在有可燃蒸气、气体、粉尘或禁止明火的危险性场所焊割。在这些场所附近进行焊割时,应按有关规定,保持一定的防火距离。

7. 遇有五级以上大风气候时,施工现场的高空和露天焊割作业应停止。

8. 领导及生产技术人员,要合理安排工艺和编排施工进度程序,在有可燃材料保温的部位,不准进行焊割作业。必要时,应在工艺安排和施工方法上采取严格的防火措施。焊割作业不准与油漆、喷漆、脱漆、木工等易燃操作同时间、同部位上下交叉作业。

9. 焊割结束或离开操作现场时,必须切断电源、气源。赤热的焊嘴、焊钳以及焊条头等,禁止放在易燃、易爆物品和可燃物上。

10. 禁止使用不合格的焊割工具和设备。电焊的导线不能与装有气体的气瓶接触,也不能与气焊的软管或气体的导管放在一起。焊把线和气焊的软管不得从生产、使用、储存易燃、易爆物品的场所或部位穿过。

11. 焊割现场必须配备灭火器材,危险性较大的应有专人现场监护。

12. 看火(监护)人员职责:

(1)清理焊割部位附近的易燃、可燃物品;对不能清除的易燃、可燃物品要用水烧湿或盖上石棉布等非燃材料,以隔绝火星。

(2)要坚守岗位,不能兼顾其他工作,要与电、气焊工密切配合,随时注视焊割周围的情况,一旦起火及时扑救。

(3)在高空焊割时,要用非燃材料做成接火盘和风挡,以接住和控制火花的溅落。

(4)在焊割过程中,要随时进行检查,操作结束后,要对焊割地点进行仔细检查确认无危险后方可离开。在隐蔽场所或部位(如闷顶、隔墙、电梯井、通风道、电缆沟和管道井等)焊、割操作完毕后,0.5~4h内要反复检查,以防阴燃起火。

(5)要根据情况,备好适用的灭火器材和防火设备(石棉布、接火盘、风挡等),做好灭火准备。

(6)发现电、气焊操作人员违反电、气焊防火管理规定、操作规程或动火部位有火灾、爆炸危险时,有权责令停止操作,收回动火许可证及操作证,并及时向领导或保卫部门汇报。

13. 电焊工的操作要求:

(1)电焊工在操作前,要严格检查所用工具(包括电焊机设备、线路敷设、电缆线的接点等),使用的工具均应符合标准,保持完好状态。

(2)电焊机应有单独开关,装在防火、防雨的闸箱内,电焊机应设防雨棚(罩)。开关的保险丝容量应为该机的1.5倍。保险丝不准用铜丝或铁丝代替。

(3)焊割部位必须与氧气瓶、乙炔瓶、乙炔发生器及各种易燃、可燃材料隔离,二瓶之间不得小于5m,与明火之间不得小于10m。

(4)电焊机必须设有专用接地线,直接放在焊件上,接地线不准接在建筑物、机械设备、各种管道、避雷引下线和金属架上借路使用,防止接触火花,造成起火事故。

(5)电焊机一、二次线应用线鼻子压接牢固,同时应加装防护罩,防止松动、短路放弧,引燃可燃物。

(6)严格执行防火规定和操作规程,操作时采取相应的防火措施,与看火人员密切配合,防止引起火灾。

14. 气焊工的操作要求:

(1)乙炔瓶、氧气瓶和焊割具的安全设备必须齐全有效。

(2)乙炔瓶、液化石油气罐和氧气瓶在新建、维修工程内存放,应设置专用房间单独分开存放并有专人管理、要有灭火器材和防火标志。

(3)乙炔瓶与氧气瓶应保持距离。在乙炔瓶、氧气瓶旁严禁一切火源。

(4)乙炔瓶和氧气瓶不准放在高低压架空线路下方或变压器旁。在高空焊割时,也不要放在焊割部位的下方,应保持一定的水平距离。

(5)乙炔瓶、氧气瓶应直立使用,禁止平放卧倒使用,以防止油类落在氧气瓶上;油脂或沾油的物品,不要接触氧气瓶、导管及其零部件。

(6)氧气瓶、乙炔瓶严禁曝晒、撞击,防止受热膨胀。开启阀门时要缓慢开启,防止升压过速产生高温、产生火花引起爆炸和火灾。

(7)乙炔瓶、回火阻止器及导管发生冻结时,只能用蒸气、热水等解冻,严禁使用火烤或金属敲打。测定气体导管及其分配装置有无漏气现象时,应用气体探测仪或用肥皂水等简单方法测试,严禁用明火测试。

(8)焊割时要严格执行操作规程和程序。焊割操作时先开乙炔气点燃,然后再开氧气进行调火。操作完毕时按相反程序关闭。瓶内气体不能用尽,必须留有余气。

二、涂漆、喷漆和油漆工的防火要求

1. 喷漆、涂漆的场所应有良好的通风,防止形成爆炸极限浓度,引起火灾或爆炸。

2. 喷漆、涂漆的场所内禁止一切火源,应采用防爆的电器设备。

3. 禁止与焊工同时间、同部位的上下交叉作业。

4. 油漆工不能穿易产生静电的工作服。接触涂料、稀释剂的工具应采用防火花型的。

5. 浸有涂料、稀释剂的破布、纱团、手套和工作服等,应及时清理,不能随意堆放,防止因化学反应而生热,发生自燃。

6. 在施工中必须严格遵守操作规程和程序。

7. 在维修工程施工中,使用脱漆剂时,应采用不燃性脱漆剂(如 TQ—2 或 840 脱漆剂)。若因工艺或技术上的要求,使用易燃性脱漆剂时,一次涂刷脱漆剂量不宜过多,控制在能使漆膜起皱膨胀为宜,清除掉的漆膜要及时妥善处理。

8. 对使用中能分解、发热自燃的物料,要妥善管理。

9. 油漆料库和调料间的防火要求:

(1)油漆料库与调料间应分开设置,油漆料库和调料间应与散发火花的场所保持一定的防火间距。

(2)性质相抵触、灭火方法不同的品种,应分库存放。

(3)涂料和稀释剂的存放和管理,应符合《仓库防火安全管理规则》的要求。

(4)调料间应有良好的通风,并应采用防爆电器设备,室内禁止一切火源,调料间不能兼做更衣室和休息室。

(5)调料人员应穿不易产生静电的工作服,不带钉子的鞋。使用开启涂料和稀释剂包装的工具,应采用不易产生火花型的工具。

(6)调料人员应严格遵守操作规程,调料间内不应存放超过当日加工所用的原料。

三、木工操作间及木工的防火要求

1. 操作间建筑应采用阻燃材料搭建。

2. 操作间冬季宜采用暖气(水暖)供暖,如用火炉取暖时,必须在四周采取挡火措施；不应用燃烧劈柴、刨花代煤取暖。每个火炉都要有专人负责，下班时要将余火彻底熄灭。

3. 电气设备的安装要符合要求。抛光、电锯等部位的电气设备应采用密封式或防爆式。刨花、锯末较多部位的电动机，应安装防尘罩。

4. 操作间内严禁吸烟和用明火作业。

5. 操作间只能存放当班的用料，成品及半成品要及时运走。木工应做到活完场地清，刨花、锯末每班都打扫干净，倒在指定地点。

6. 严格遵守操作规程，对旧木料一定要经过检查，起出铁钉等金属后，方可上锯锯料。

7. 配电盘、刀闸下方不能堆放成品、半成品及废料。

8. 工作完毕应拉闸断电，并经检查确无火险后方可离开。

四、电工的防火要求

1. 电工应经过专门培训，掌握安装与维修的安全技术，并经过考试合格后，方准独立操作。

2. 施工现场暂设线路、电气设备的安装与维修应执行《施工现场临时用电安全技术规范》。

3. 新设、增设的电气设备，必须由主管部门或人员检查合格后，方可通电使用。

4. 各种电气设备或线路，不应超过安全负荷，并要牢靠、绝缘良好和安装合格的保险设备，严禁用铜丝、铁丝等代替保险丝。

5. 放置及使用易燃液体、气体的场所，应采用防爆型电气设备及照明灯具。

6. 定期检查电气设备的绝缘电阻是否符合"不低于 $1k\Omega/V$（如对地 220V 绝缘电阻应不低于 $0.22M\Omega/V$）"的规定，

发现隐患,应及时排除。

7. 不可用纸、布或其他可燃材料做无骨架的灯罩,灯泡距可燃物应保持一定距离。

8. 变(配)电室应保持清洁、干燥。变电室要有良好的通风。配电室内禁止吸烟、生火及保存与配电无关的物品(如食物等)。

9. 施工现场严禁私自使用电炉、电热器具。

10. 当电线穿过墙壁、苇蓆或与其他物体接触时,应当在电线上套有磁管等非燃材料加以隔绝。

11. 电气设备和线路应经常检查,发现可能引起火花、短路、发热和绝缘损坏等情况时,必须立即修理。

12. 各种机械设备的电闸箱内,必须保持清洁,不得存放其他物品,电闸箱应配锁。

13. 电气设备应安装在干燥处,各种电气设备应有妥善的防雨、防潮设施。

14. 每年雨季前要检查避雷装置,避雷针接点要牢固,电阻不应大于 10Ω。

五、熬炼工的防火要求

1. 熬沥青灶应设在工程的下风方向,不得设在电线垂直下方,距离新建工程、料场、库房和临时工棚等应在 25m 以外。现场窄小的工地有困难时,应采取相应的防火措施或尽量采用冷防水施工工艺。

2. 沥青锅灶必须坚固、无裂缝,靠近火门上部的锅台,应砌筑 18~24cm 的砖沿,防止沥青溢出引燃。火口与锅边应有 70cm 的隔离设施,锅与烟囱的距离应大于 80cm,锅与锅的距离应大于 2m。锅灶高度不宜超过地面 60cm。

3. 熬沥青应由熟悉此项操作的技工进行,操作人员不得擅离岗位。

4. 不准使用薄铁锅或劣质铁锅熬制沥青,锅内的沥青一般不应超过锅容量的 3/4,不准向锅内投入有水分的沥青。配制冷底子油,不得超过锅容量的 1/2,温度不得超过 80℃。熬沥青的温度应控制在 275℃ 以下(沥青在常温下为固态,其闪点为 200~230℃,自燃点为 270~300℃)。

5. 降雨、雪或刮 5 级以上大风时,严禁露天熬制沥青。

6. 使用燃油灶具时,必须先熄灭火后再加油。

7. 沥青锅处要备有铁质锅盖或铁板,并配备相适应的消防器材或设备。

8. 沥青熬制完毕后,要彻底熄灭余火,盖好锅盖后(防止雨雪浸入,熬油时产生溢锅引起着火),方可离开。

9. 沥青锅要随时进行检查,防止漏油。

10. 向熔化的沥青内添加汽油、苯等易燃稀释剂时,要离开锅灶和散发火花地点的下风方向 10m 以外,并应严格遵守操作程序。

11. 熬炼场所应配备温度计或测温仪。

12. 施工人员应穿不易产生静电的工作服及不带钉子的鞋。

13. 施工区域内禁止一切火源,不准与电、气焊同时间、同部位、上下交叉作业。

14. 施工区域内应配备消防器材。

15. 严禁在屋顶用明火溶化柏油。

六、煅炉工的防火要求

煅炉工是施工现场不可缺少的一个工种,这项工作主要是进行钎子的加工和淬火。工作过程中使用明火和淬火液。如工作完毕后未将余火熄灭或工作时违反规定,也易引起着火,所以存在着一定的火灾危险性。

1. 煅炉宜独立设置,并应选择在距可燃建筑、可燃材料堆场 5m 以外的地点。

2. 煅炉不能设在电源线的下方,其建筑应采用不燃或难燃材料修建。

3. 煅炉建造好后,须经工地消防保卫或安全技术部门检查合格,并领取用火审批合格证后,方准进行操作及使用。

4. 禁止使用可燃液体开火,工作完毕,应将余火彻底熄灭后,方可离开。

5. 鼓风机等电器设备要安装合理,符合防火要求。

6. 加工完的钎子要码放整齐,与可燃材料的防火间距应不小于 1m。

7. 遇有 5 级以上的大风气候,应停止露天煅炉作业。

8. 使用可燃液体或硝石溶液淬火时,要控制好油温,防止因液体加热而自燃。

9. 煅炉间应配备适量的灭火器材。

七、仓库保管员的防火要求

1. 仓库保管员,要牢记《仓库防火安全管理规则》。

2. 熟悉存放物品的性质、储存中的防火要求及灭火方法,要严格按照其性质、包装、灭火方法、储存防火要求和密封条件等分别存放。性质相抵触的物品不得混存在一起。

3. 严格按照"五距"储存物资。即垛与垛间距不小于 1m;垛与墙间距不小于 0.5m;垛与梁、柱的间距不小于 0.3m;垛与散热器、供暖管道的间距不小于 0.3m;照明灯具垂直下方与垛的水平间距不得小于 0.5m。

4. 库存物品应分类、分垛储存,主要通道的宽度不小于 2m。

5. 露天存放物品应当分类、分堆、分组和分垛,并留出必要的防火间距。甲、乙类桶装液体,不宜露天存放。

6. 物品入库前应当进行检查,确定无火种等隐患后,方准入库。

7. 库房门窗等应当严密,物资不能储存在预留孔洞的下方。

8. 库房内照明灯具不准超过60W,并做到人走断电、锁门。

9. 库房内严禁吸烟和使用明火。

10. 库房管理人员在每日下班前,应对经管的库房巡查一遍,确认无火灾隐患后,关好门窗,切断电源后方准离开。

11. 随时清扫库房内的可燃材料,保持地面清洁。

12. 严禁在仓库内兼设办公室、休息室或更衣室、值班室以及各种加工作业等。

八、使用喷灯的防火安全措施

1. 操作注意事项

(1)喷灯加油时,要选择好安全地点,并认真检查喷灯是否有漏油或渗油的地方,发现漏油或渗油,应禁止使用。因为汽油的渗透性和流散性极好,一旦加油不慎倒出油或喷灯渗油,点火时极易引起着火。

(2)喷灯加油时,应将加油防爆盖旋开,用漏斗罐入汽油。如加油不慎,油洒在灯体上,则应将油擦干净,同时放置在通风良好的地方,使汽油挥发掉再点火使用。加油不能过满,加到灯体容积的3/4即可。

(3)喷灯在使用过程中需要添油时,应首先把灯的火焰熄灭,然后慢慢地旋松加油防爆盖放气,待放尽气和灯体冷却以后再添油。严禁带火加油。

(4)喷灯点火后先要预热喷嘴。预热喷嘴应利用喷灯上的贮油杯,不能图省事采取喷灯对喷的方法或用炉火烘烤的方法进行预热,防止造成灯内的油类蒸气膨胀,使灯体爆破伤人或引起火灾。放气点火时,要慢慢地旋开手轮,防止放气太急将油带出起火。

(5)喷灯作业时,火焰与加工件应注意保持适当的距离,防止高热反射造成灯体内气体膨胀而发生事故。

(6)高空作业使用喷灯时,应在地面上点燃喷灯后,将火焰调至最小,用绳子吊上去,不应携带点燃的喷灯攀高。作业点下面及周围不允许堆放可燃物,防止金属熔渣及火花掉落在可燃物上发生火灾。

(7)在地下人井或地沟内使用喷灯时,应先进行通风,排除该场所内的易燃、可燃气体。严禁在地下人井或地沟内进行点火,应在距离人井或地沟 1.5~2m 以外的地面点火,然后用绳子将喷灯吊下去使用。

(8)使用喷灯,禁止与喷漆、木工等工序同时间、同部位、上下交叉作业。

(9)喷灯连续使用时间不宜过长,发现灯体发烫时,应停止使用,进行冷却,防止气体膨胀,发生爆炸引起火灾。

2. 作业现场的防火安全管理

实践证明,如选择不好安全用火的作业地点,不认真检查清理作业现场的易燃、可燃物,不采取隔热、降温、熄灭火星、冷却熔珠等安全措施,喷灯作业现场极易造成人员伤亡和火灾事故。因此,对喷灯作业的现场,务必加强防火安全管理,落实防火措施。

(1)作业开始前,要将作业现场下方和周围的易燃、可燃物清理干净,清除不了的易燃、可燃物要采取浇湿、隔离等可靠的安全措施。作业结束时,要认真检查现场,在确无余热引起燃烧危险时,才能离开。

(2)在相互连接的金属工件上使用喷灯烘烤时,要防止由于热传导作用,将靠近金属工件上的易燃、可燃物烤着引起火灾。喷灯火焰与带电导线的距离是:10kV及以下的1.5m;20~35kV的3m;110kV及以上的5m,并应用石棉布等绝缘隔热材料将绝缘层、绝缘油等可燃物遮盖,防止烤着。

(3)电话电缆,常常需要干燥芯线,芯线干燥严禁用喷灯直接烘烤,应在蜡中去潮,熔蜡不应在工程车上进行,烘烤蜡锅的喷灯周围应设三面挡风板,控制温度不要过高。熔蜡时,容器内放入的蜡不要超过容积的3/4,防止熔蜡渗漏,避免蜡液外溢遇火燃烧。

(4)在易燃易爆场所或在其他禁火的区域使用喷灯烘烤时,事先必须制定相应的防火、灭火方案,办理动火审批手续,未经批准不得动用喷灯烘烤。

(5)作业现场要准备一定数量的灭火器材,一旦起火便能及时扑灭。

3. 其他要求

(1)使用喷灯的操作人员,应经过专门训练,其他人员不应随便使用喷灯。

(2)喷灯使用一段时间后应进行检查和保养。手动泵应保持清洁,不应有污物进入泵体内,手动泵内的活塞应经常加少量机油,保持润滑,防止活塞干燥碎裂,加油防爆盖上装有安全防爆器,在压力600~800Pa范围内能自动开启关闭,在一般情况下不应拆开,以防失效。

(3)煤油和汽油喷灯,应有明显的标志,煤油喷灯严禁使用汽油燃料。

(4)使用后的喷灯,应冷却后,将余气放掉,才能存放在安全地点,不应与废棉纱、手套、绳子等可燃物混放在一起。

11.2 特殊施工场所的防火要求

一、地下工程施工的防火要求

地下工程施工中除遵守正常施工中的各项防火安全管理制度和要求,还应遵守以下防火安全要求:

1. 施工现场的临时电源线不宜直接敷设在墙壁或土墙上,应用绝缘材料架空安装。配电箱应采取防水措施,潮湿地段或渗水部位照明灯具应采取相应措施或安装防潮灯具。

2. 施工现场应有不少于两个出入口或坡道,施工距离长应适当增加出入口的数量。施工区面积不超过 $50m^2$,且施工人员不超过 20 人时,可只设一个直通地上的安全出口。

3. 安全出入口、疏散走道和楼梯的宽度应按其通过人数每 100 人不小于 1m 的净宽计算。每个出入口的疏散人数不宜超过 250 人。安全出入口、疏散走道、楼梯的最小净宽不应小于 1m。

4. 疏散走道、楼梯及坡道内,不宜设置突出物或堆放施工材料和机具。

5. 疏散走道、安全出入口、疏散马道(楼梯)、操作区域等部位,应设置火灾事故照明灯。火灾事故照明灯在上述部位的最低照度应不低于 5lx(勒克斯)。

6. 疏散走道及其交叉口、拐弯处、安全出口处应设置疏散指示标志灯。疏散指示标志灯的间距不易过大,距地面高度应为 1~1.2m,标志灯正前方 0.5m 处的地面照度不应低于 1lx。

7. 火灾事故照明灯和疏散指示灯工作电源断电后,应能自动投合。

8. 地下工程施工区域应设置消防给水管道和消火栓,消防给水管道可以与施工用水管道合用。特殊地下工程不能设置消防用水时,应配备足够数量的轻便消防器材。

9. 大面积油漆粉刷和喷漆应在地面施工,局部的粉刷可在地下工程内部进行,但一次粉刷的量不宜过多,同时在粉刷区域内禁止一切火源,加强通风。

10. 禁止中压式乙炔发生器在地下工程内部使用及存放。

11. 制定应急的疏散计划。

二、古建筑修缮过程中的防火要求

1. 电源线、照明灯具不应直接敷设在古建筑的柱、梁上。照明灯具应安装在支架上或吊装,同时加装防护罩。

2. 古建筑的修缮若是在雨期施工,应考虑安装避雷设备(因修缮时原有避雷设备拆除)对古建筑及架子进行保护。

3. 加强用火管理,对电、气焊实施一次动焊的审批制度和管理。

4. 在室内油漆彩画时,应逐项进行,每次安排油漆彩画量不宜过大,以不达到局部形成爆炸极限为前题。油漆彩画时应禁止一切火源。夏季对剩下的油皮子要及时处理,防止因高温造成自燃。施工中的油棉丝、手套、油皮子等不要乱扔,应集中进行处理。

5. 冬期进行油漆彩画时,不应使用炉火进行采暖,应尽量使用暖气采暖。

6. 古建筑施工中,剩余的可燃材料(刨花、锯末、贴金纸)较多,应随时随地进行清理,做到活完脚下清。

7. 易燃、可燃材料应选择在安全地点存放,不宜靠近树林等。

8. 施工现场应考虑消防给水设施、水池或消防水桶。

三、设备安装与调试施工中的防火要求

1. 在设备安装与调试施工前,应进行详细的调查,根据设备安装与调试施工中的火灾危险性及特点,制定消防保卫工作方案,规定必要的制度和措施,制定调试运行过程中单项的和整体的调试运行工作计划或方案,做到定人、定岗、定要求。

2. 在有易燃、易爆气体和液体附近进行用火作业前,应先用测量仪器测试可燃气体的爆炸浓度,然后再进行动火作业。动火作业时间长应设专人随时进行测试。

3. 调试过的可燃、易燃液体和气体的管道、塔、容器、设备等,在进行修理时,必须使用惰性气体或蒸汽进行置换和吹扫,用测量仪器测定爆炸浓度后,方可进行修理。

4. 调试过程中,应组织一支专门的应急力量,随时处理一些紧急事故。

5. 在有可燃、易燃液体、气体附近的用电设备,应采用与该场所相匹配防火等级的临时用电设备。

6. 调试过程中,应准备一定数量的填料、堵料及工具、设备,对付滴、漏、跑、冒的发生,减少火灾和险患。

总之,设备安装与调试施工中的防火措施及要求,是以防爆炸为中心的,但每一项设备安装与调试又都有各自的特点及防火要求的中心,这里就不列举。

11.3 高层建筑施工防火

一、高层建筑施工的特点

随着改革开放的深入和建筑市场的开放,各个大中城市在建设中除本地区施工队伍外,由于劳力不足,还使用了大量

的外地民工和施工队。同时随着建设规模的扩大,各地原有的施工管理人员或者老化,或者不足,与现有建筑施工水平不相适应。于是一大批新的、年轻的施工生产领导指挥者、工程技术人员、施工和防火安全管理人员走上岗位。他们对国家和地区制订的消防法规和规定熟悉了解不够,掌握不严,施工防火安全的管理经验不足,这些特点主要是:

1. 施工队伍分散,人员复杂。有些高层建筑高度都在百米以上,建筑面积从数万到数十万平方米,施工过程中各工种交叉作业,人员来自四面八方和不同单位,特别在内装饰阶段,不同的楼层有不同地区的施工队伍在施工。

2. 高层建筑由于造价高,因此有各单位集资,有国内国外合资,有港澳商人投资,有外国人独资,投资的单位多,投资的数额大,在工程施工中运用的材料国外进口多,新型材料、设备多。一旦这些工程施工中发生火灾事故,所造成的社会影响大、经济损失大。

3. 由于各地区进行城市规划,进行老城区的改造,新的高层建筑都建在人口密集的闹市地区,与周围的商业、居民区毗邻,施工场地狭小,参加施工的各地民工多数住在施工现场内,住宿、生活、环境条件差。

4. 高层建筑楼层多,施工零星分散,参加施工的单位多,人员杂,在立体交叉施工中,施工的节奏快,变化大。

5. 高层施工现场所需建筑材料多,而且日有所进,堆放杂乱,特别是化学易燃和可燃材料多,储存保管和管理条件差。

6. 高层施工电气设备多,用电量大,建筑机械和车辆进出频繁。有效机械部件和保养电气场所多。因此存在着不同的薄弱环节。

7. 在高层建筑工程施工中面临外面脚手架,内堆材料、外部临口临边、内部洞孔井道,层层楼面相通垂直上下,动用明火多,电焊气割作业多,而且动火的点多、面广、量大。

二、高层施工的火灾危险性

高层建筑工程施工现场的火灾危险性主要是二个方面:一是物资、二是人员,人员因素是关键。例如不严格执行动火审批,违章作业,无证操作,在禁烟区域吸烟和在高空乱扔烟头,在生活区使用煤油炉、电炉和乱拉乱接电线等。火灾的危险性是:

1. 在管理方面,由于管理人员缺乏消防业务知识,防火安全管理经验不足,对班组防火安全技术交底不清或不全;对违章人员处理和教育不严;对施工中所使用材料和设备性质不熟悉以及执行防火制度不严格;管理人员马虎草率,动火审批手续不严,防火管理意识差,三级动火监护措施不落实。

2. 在操作者方面,防火意识不强,缺乏防火知识,在动用明火时往往存在侥幸心理,总认为只焊一下,火是几秒钟,不会出事,还有一定的盲目性;或者急于求成,而违章作业;对明火作业,虽周围无明显危险因素,但对火星可以从层层相通的洞孔中溅落在楼层某一层中存放的易燃物品上,一遇火星即刻会引起燃烧的预料不足;做好班组的落手清,当天锯末刨花应当天清理;氧气、乙炔瓶要拉开距离,放置得当或者因怕麻烦、怕被偷盗,乙炔气瓶不装回火安全装置;对高层施工层次多作业点多,施工单位多,人员杂,不同层次堆放有不同性质的材料设备等认识不足。

3. 在设备器材方面,由于估计不当对高层建筑施工消防器材设备不配齐配足;对施工材料、工程特点不熟悉,配置器材无针对性;对层次特别多的工程,没有设专用水泵,无消防水源,造成楼层缺水……。

4. 在防火措施方面,高层建筑施工防火安全管理力量不足,或无专配监护人员;对义务消防队没有按职工总数比例组织,或组织后调动频繁和没有进行防火业务知识训练;施工中没有采取有针对性的防火措施……。

三、高层建筑施工防火管理要求

根据高层建筑施工的特点和火灾危险性,施工中必须从实际出发,始终贯彻"预防为主、防消结合"的消防工作方针,因地制宜,进行科学管理。

1. 领导重视,组织落实,明确目标

(1)施工单位各级领导要重视施工防火安全,要始终将防火工作放在首要位置。将防火工作列入高层施工生产的全过程,做到同计划、同布置、同检查、同总结、同评比,交施工任务的同时要提防火要求,使防火工作做到经常化,制度化,群众化。

(2)要按照"谁主管,谁负责"的原则,从上到下建立多层次的防火管理网络,实行分工负责制,明确高层建筑工程施工防火的目标和任务,使高层施工现场防火安全得到组织保证。高层施工工地要建立防火领导小组,多单位施工的工程要以甲方为主成立甲方、施工单位、安装单位等参加的联合治安防火办公室,协调工地防火管理。领导小组或联合办公室要坚持每月召开防火会议和每月进行一次防火安全检查制度,认真分析研究施工过程中的薄弱环节,制订落实整改措施。

(3)要成立义务消防队,每个班组都要有一名义务消防员为班组防火员,负责班组施工的防火。同时要根据工程建筑面积、楼层的层数和防火重要程度,配专职防火干部、专职消防员、专职动火监护员,对整个工程进行防火管理,检查督促、配置器材和巡逻监护。

(4)领导小组要加强同上级主管部门、消防监督机关和周围地区的横向联系,加强对参加施工的外地民工和施工队的管理、检查和督促。多层次的防火管理网络建立,一方面使高层建筑工程施工单位掌握防火工作的主动权,使现场防火工作始终处于受控状态;另一方面增强了工地的防火工作应变能力,有利于保障施工的顺利进行。

2. 建立制度、落实措施,强化管理

高层建筑工程施工建立严格的防火安全制度,狠抓措施落实,进行强化管理,是防止火灾事故发生的根本保证。

高层施工基础阶段结束以后,大面积施工铺开,施工队伍和机械设备、建筑材料和各种设施就会不断进入现场,随着工程进度进展,越是到后期,防火难度和要求就越高,如果忽视防火,发生火灾事故,损失和影响也就越大。因此必须制订工地的《消防管理制度》、《施工材料和化学危险品仓库管理制度》,建立各工种的安全操作责任制,明确工程各个部位的动火等级,严格动火申请和审批手续、权限,强调电焊工等动火人员防火责任制及电焊、气割"十不烧"规定,对无证人员、仓库保管员进行专业培训,做到持证上岗,进入内装饰阶段,要明确规定吸烟点等等。

对参加高层建筑施工的外包队伍,要同每支队伍领队签订防火安全协议书,详细进行防火安全技术措施的交底。针对木工操作场所,木屑刨花明确人员做到日做日清,油漆等易燃物品要妥善保管,不准在更衣室等场所乱堆乱放,力求减少火险隐患。

高层建筑工程施工材料,有不少是国外进口的,属高分子合成的易燃物品,防火管理部门应责成有关部门加强对这些原材料的管理,要做到专人、专库、专管,施工前向施工班组做好安全技术交底;并实行限额领料,余料回收制度。施工中要将这些易燃材料的施工区域划为禁火区域,安置醒目的警戒标志并加强专人巡逻监护。施工完毕,负责施工的班组要对易燃的包装材料、装饰材料进行清理,要求做到随时做,随时清,现场不留火险。只有采取这样的强化管理措施,才能杜绝施工中的火灾事故。

3. 严格控制火源和执行动火过程中的安全技术措施

从各地施工单位发生的火灾分析,多数原因是因电焊气割、吸烟和电气设备等引起的,在施工中就要针对这些原因,进行严格监控。在焊割方面:

(1)每项工程都要划分动火级别。一般的高层动火划为二、三级,在外墙、电梯井、洞孔等部位,垂直穿到底及登高焊割,均应划为二级动火,其余所有场所均为三级动火。

(2)按照动火级别进行动火申请和审批。二级动火应由施工管理人员在四天前提出申请并附上安全技术措施方案,报工地主管领导审批,批准动火期限一般为3d。复杂危险场所,审批人在审批前应到现场察看确无危险或措施落实才予批准,准许动火的动火证要同时交焊割工、监护人。三级动火由焊割班组长在动火前三天提出申请,报防火管理人员批准,动火期限一般为7d。

(3)焊割工要持操作证、动火证进行操作,并接受监护人的监护和配合。

(4)监护人要持动火证,在配有灭火器材情况下进行监护,监护时严格履行监护人的职责。

(5)复杂的、危险性大的场所焊割,工程技术人员要按照规定制订专项安全技术措施方案,焊割工必须按方案程序进行动火操作。

(6)焊割工动火操作中要严格执行焊割操作规程,执行"十不烧"规定,执行瓶与瓶之间保持5m以上间距,瓶与明火保持10m以上间距,瓶的出口和割具进口的四个口要用轧头轧牢……。在吸咽方面的规定要根据施工进度和工程特点,应该禁烟的要严格禁烟,不能游动吸烟的要设定固定吸烟点,总之要有相应的规定和措施。这些都是必要的防火安全技术措施,我们在防火管理方面,不按照规定做好监控,发生火灾事故就是在管理上失控,就要按照事故性质和损失程度追查责任。

4. 按照规定配置消防器材,重点部位器材配置分布要合理,有针对性,各种器材性能要良好、安全,通讯联络工具要有效、齐全。

(1)20层(含20层)以上高级宾馆、饭店、办公楼等高层建筑施工,应设置灭火专用的高压水泵,每个楼层应安装消火栓、配置消防水笼带。配置数量应视楼面大小而定。为保证水源,大楼底层应设蓄水池(不小于$20m^3$)。高层建筑层次高而水压不足的,在楼层中间应设接力泵。

(2)高压水泵、消防水管只限消防专用,要明确专人管理、使用和维修、保养,以保证水泵完好,正常运转。

(3)所有高层建筑设置的消防泵、消火栓和其他消防器材的部位,都要有醒目的防火标志。

(4)高层建筑(含8层以上、20层以下)工程施工,应按楼层面积,一般每$100m^2$设2个灭火器。

施工现场灭火器材的配置,要根据工程开工后工程进度和施工实际及时配好,不能只按固定模式,而应灵活机动,即易燃物品多的场所,动用明火多的部位相应要多配一些。

重点部位分布合理,是指木工操作处不应与机修、电工操作放在紧邻。灭火器材配置要有针对性,如配电间不应配酸式泡沫灭火机,仪器仪表室要配干粉灭火机等。一切灭火器材性能要安全良好,就是指不能在发生事故后器材失效不能使用,或由于长期没有维修保养,使用时器材本身爆炸造成伤害事故。

关于通讯联络工具要有效、齐全。如高层施工,水泵房在地下室,事先未规定好联络方法,晚上无对讲工具,楼层上发生事故,地下室水泵管理人员不知情,不能及时启动水泵送水。凡是安装高压水泵的要有值班管理制度,未安装高压水泵的工程,要注意水源问题。

一般的高层建筑施工期间,不得堆放易燃易爆危险物品。如确需存放,应在堆放区域配置专用灭火器材和加强管理措施。

从防火管理上,要首先弄清工程四周消火栓的分布情况,不仅要在现场场布图上标明,而且要让施工管理人员、义务消防队员、工地门卫都知道,一旦工程上发生火险,能及时利用这些水源。

5. 现场布置要合理,施工组织设计要正确

施工组织设计题目很大,另有专文叙述。本文主要从防火安全技术措施上提醒工程技术人员和防火管理人员关心和重视。工程技术的管理人员在制订施工组织设计时,要考虑防火安全技术措施,要及时征求防火管理人员的意见。防火管理人员在审核现场布图时,要根据现场布置图到现场实地察看,了解工程四周状况,现场大临设施布置是否安全合理,有权提出修改施工组织设计中的问题。应当说,目前许多施工现场场布图是不理想的,有些具有一定的不安全因素,值得

引起技术部门的重视。如现场一长排临时建筑将仓库、木工间夹在中间,一头是办公室,一头是职工宿舍;或者有的将危险品库与可燃、易燃物品场所靠在一起;或者将木工、机修放在两隔壁。这些都不符合防火安全规定,不进行改正,这个工程上就潜在一定的火灾危险性。因此,工程技术与防火管理要互相配合,共同协作,力求把一个施工现场大的临时设施设置和工程施工中防火安全技术措施制订得安全、合理并尽可能完善。

对于一个现场防火管理人员要求则更高,要熟知工程本身施工特点及四周状况,要熟知水源和消火栓的位置,要熟知灭火器材种类、性能、分布,要熟知高压水泵功率,管子口径大小,扬程高度,并在防火档案资料中具体作出反映。

6. 严格而切实可行的防火安全制度,是强化管理的依据

一个现场从工程开工以后,防火管理人员就要把抓好制订各种防火安全制度作为首要工作,如八大工种防火安全责任制的制订,防火责任书的签订,防火安全技术交底,防火档案等基础管理等。对木工间、危险品库、油漆间、配电间等重点部位制度上墙,器材配置等都要同时相应跟上。其次日常工作,一定要抓措施落实、抓管理、抓检查督促、抓违章违纪行为的处理。

对现场防火管理,一要抓好重点,二要抓好薄弱环节这二个方面,把着眼点放在容易发生事故的关键部位,严格监控。

对特殊工种,如焊割工、电工、油漆工,仓库管理员,各单位都有一整套完整的责任制和制度规定。在施工现场关键是落实,即是否按照规定执行,要进行严格考评,要有奖惩,要把防火管理贯彻始终。

11.4 季节防火要求

季节防火是根据季节的不同特点、要求提出有针对性的防火工作要求。

建筑施工按季节的气候变化情况,通常分为常温施工、雨季和夏季施工、冬季施工三个不同的施工时期。常温施工防火工作特点带有普遍性,雨季、夏季施工、冬季施工防火工作特点带有特殊性。

建筑施工企业因工作特点,与其他行业相比火灾危险性较大。从三个不同的施工时期相比较,冬季施工的火灾危险性要其他两个季节施工的火灾危险性大。因此,冬季施工是防火工作的重点时期。

一、冬期施工的防火要求

1. 加强冬季防火安全教育,提高全体人员的防火意识

对施工人员进行冬期施工的防火安全教育是做好冬期施工防火安全工作的关键。只有人人重视防火工作,处处想着防火工作,在做一件工作都与防火工作相联系,从而提高全体人员的防火意识,变领导重视为每一个人重视,冬期施工防火工作就有了保证。

普遍教育与特殊防火工种的教育相结合,根据冬期施工防火工作的特点,每年入冬前应对电气焊工、司炉工、木工、油漆工、电工、炉火安装和管理人员、警卫巡逻人员进行有针对性的教育和考试,把住防火工作重点环节这一关。

2. 供暖锅炉房及操作人员的防火要求

(1)供暖锅炉房应符合下列要求

锅炉房宜建造在施工现场的下风方向,远离在建工程、易

燃、可燃建筑、露天可燃材料堆场、料库等;锅炉房应不低于二级耐火等级;锅炉房的门应向外开启;锅炉正面与墙的距离应不小于 3m,锅炉与锅炉之间应保持不小于 1m 的距离。锅炉房应有适当通风和采光,锅炉上的安全设备应有良好照明。锅炉烟道和烟囱与可燃构件应保持一定的距离,金属烟囱距可燃结构不小于 100cm;已做防火保护层的可燃结构不小于 70cm;砖砌的烟囱和烟道其内表面距可燃结构不小于 50cm,其外表面不小于 10cm。未采取消烟除尘措施的锅炉,其烟囱应设防火星帽。

(2)司炉工的要求

严格值班检查制度,锅炉开着火以后,司炉人员不准离开工作岗位,值班时间绝不允许睡觉或做无关的事。司炉人员下班时,须向下一班作好交接班,并记录锅炉运行情况。

严格执行操作程序,杜绝违章操作。炉灰倒在指定地点(不能带余火倒灰),随时观察水温及水位,禁止使用易燃、可燃液体点火。

3. 炉火安装与使用的防火要求

冬季施工的加热采暖方法,应尽量使用暖气,如果用火炉,必须事先提出方案和防火措施,经消防保卫部门同意后方能开火。但在油漆、喷漆、油漆调料间、木工房、料库、使用高分子装修材料的装修阶段,禁止用火炉采暖。

(1)炉火安装的防火要求

各种金属与砖砌火炉,必须完整良好,不得有裂缝,各种金属火炉与模板支柱、斜撑、拉杆等可燃物和易燃保温材料的距离不得小于 1m,已做保护层的火炉距可燃物的距离不得小于 70cm。各种砖砌火炉壁厚不得小于 30cm。在没有烟囱的火炉上方不得有拉杆、斜撑等可燃物,必要时须架设铁板等非燃材料隔热,其隔热板应比炉顶外围的每一边都多出15cm以上。在木地板上安装火炉,必须设置炉盘,有脚的火炉炉盘厚度不得小于12cm,无脚的火炉炉盘厚度不得小于18cm。炉盘应伸出炉门前50cm,伸出炉后左右各15cm。各种火炉应根据需要设置高出炉身的火档。

金属烟囱一节插入另一节的尺寸不得小于烟囱的半径,衔接地方要牢固。各种金属烟囱与板壁、支柱、模板等可燃物的距离不得小于30cm。距已作保护层的可燃物不得小于15cm。各种小型加热火炉的金属烟囱穿过板壁、窗户、挡风墙、暖棚等必须设铁板,从烟囱周边到铁板的尺寸,不得小于5cm。

各种火炉的炉身、烟囱和烟囱出口等部分与电源线和电气设备应保持50cm以上的距离。

(2)炉火使用和管理的防火要求

炉火必须由受过安全消防常识教育的专人看守,每人看管火炉的数量不应过多。移动各种加热火炉时,必须先将火熄灭后才准移动。掏出的炉灰必须随时用水浇灭后倒在指定地点。禁止用易燃、可燃液体点火。填的煤不应过多,以不超出炉口上沿为宜,防止热煤掉出引起可燃物起火。不准在火炉上熬炼油料、烘烤易燃物品。工程的每层都应配备灭火器材。

4. 易燃、可燃材料的使用与管理

冬期施工中,国家级重点工程、地区级重点工程、高层建筑工程及起火后不易扑救的工程,禁止使用可燃材料作为保温材料,应采用不燃或难燃材料进行保温。一般工程可采用可燃材料进行保温,但必须严格进行管理。

(1)使用可燃材料进行保温的工程,必须设专人进行监护、巡逻检查。人员的数量应根据使用可燃材料量的数量、保温的面积而定。

(2)合理安排施工工序及网络图,一般是将用火作业安排在前,保温材料安排在后。

(3)保温材料定位以后,禁止一切用火、用电作业,特别是下层进行保温作业,上层进行用火、用电作业。

(4)照明线路、照明灯具应远离可燃的保温材料。

(5)保温材料使用完以后,要随时进行清理,集中进行存放保管。

5. 做好冬季消防器材的保温防冻工作

(1)室外消火栓

冬期施工工地(指北方的),应尽量安装地下消火栓,在入冬前应进行一次试水,加少量润滑油,消火栓用草帘、锯末等覆盖,做好保温工作,以防冻结。

冬天下雪时,应及时扫除消火栓上的积雪,以免雪化后将消火栓井盖冻住。

高层临时消防竖管应进行保温或将水放空,消防水泵内应考虑采暖措施,以免冻结。

(2)消防水池

入冬前,应做好消防水池的保温工作,随时进行检查,发现冻结时应进行破冻处理。一般方法是在水池上盖上木板,木板上再盖上不小于 40~50cm 厚的稻草、锯末等。

(3)轻便消防器材

入冬前应将泡沫灭火器、清水灭火器等放入有采暖的地方,并套上保温套。

二、雨季和夏季施工的防火要求

1. 雨季施工中电器设备的防火要求

雨季施工到来之前,应对每个配电箱、用电设备进行一次检查,都必须采取相应的防雨措施,防止因短路造成起火事故。

在雨季要随时检查有树木地方电线的情况,及时改变线路的方向或砍掉离电线过近的树枝。

2. 雨季、夏季施工防雷的要求

(1)需要有防雷设施的部位

油库、易燃易爆物品库房、塔吊、卷扬机架、脚手架、在施工的高层建筑工程等部位及设施都应安装避雷设施。

(2)防雷设施的要求

防止雷击的方法是安装避雷装置,其基本原理是将雷电引入大地而消失以达到防雷的目的。

所安装的避雷装置必须能保护住受保护的部位或设施。避雷装置三个组成部分必须符合规定,接地电阻不应大于规定的欧姆数值。

每年雨季之前,应对避雷装置进行一次全面检查,并用仪器进行摇测,发现问题及时解决,使避雷装置处于良好状态。

3. 雨季施工中对易燃易爆物品的防火要求

电石、乙炔气瓶氧气瓶、易燃液体等应在库内或棚内存放,禁止露天存放,防止因受雷雨、日晒发生起火事故。

生石灰、石灰粉的堆放应远离可燃材料,防止因受潮或雨淋产生高热引起周围可燃材料起火。

稻草、草帘、草袋等堆垛不宜过大,垛中应留通气孔,顶部应防雨,防止因受潮、遇雨发生自燃。

11.5 防火检查

一、防火检查的内容

防火检查涉及面广,技术性强。这就要求我们防火管理部门和人员必须熟悉了解防火对象和设施的特点,学习掌握防火业务知识和提高技术水平,要善于发现火险隐患,提出解决问题的措施和办法。

防火检查的内容,从施工单位来说,主要有以下几个方面。

1. 检查用火、用电和易燃易爆物品及其他重点部位生产储存、运输过程中的防火安全情况和建筑结构、平面布局、水源、道路是否符合防火要求;

2. 检查火险隐患整改情况;

3. 检查义务和专职消防队组织及活动情况;

4. 检查各级防火责任制、岗位责任制、八大工种责任书和各项防火安全制度执行情况;

5. 检查三级动火审批及动火证、操作证、消防设施、器材管理及使用情况;

6. 检查防火安全宣传教育,外包工管理等情况;

7. 检查十项标准是否落实,基础管理是否健全,防火档案资料是否齐全,发生事故是否按"三不放过"原则进行处理。

火险隐患是指在施工中、生产中、生活中有可能造成火灾危害的不安全因素。整改火险隐患,要本着既要保证安全又要便利生产的原则。总之,目的为了保证防火安全。

二、火险隐患整改的要求

火险隐患,一般都是客观存在的既成事实,只有及时认真整改,才能保证施工安全。对有些火险隐患的整改,往往受经费、人员、设备、场地的条件限制,因而存在一定的困难。但是为了确保施工安全,必须提请有关领导批准,坚决进行整改。事实证明,只要有关领导坚持"预防为主"的指导思想,下定决心,问题并不难解决。

1. 提请领导重视。火险隐患能不能及时进行整改,关键在于领导。有些重大火险隐患,之所以成了"老检查、老问题、老不改"的"老大难"问题,是与有的领导不够重视防火安全分不开的。大量的事实证明:光检查不整改,就势必养患成灾,届时想改也来不及了。一旦发生了火灾事故。同整改隐患比较起来,在人力、物力、财力等各个方面所付出的代价不知要高出多少倍。因此,迟改不如早改。这方面的教训很多,必须引以为戒。

2. 边查边改。对检查出来的火险隐患,要求施工单位能立即整改的,就立即整改,不要拖延。

3. 对一时解决不了的火险隐患,检查人员应逐件登记、定项、定人、定措施,限期整改;并要建立档案、销案制度,改一件销一件。

4. 对一些重大的火险隐患,经过施工单位自身的努力仍得不到解决的,公安消防监督机关应该督促他们及时向上级主管机关请示报告,求得解决,同时采取可靠的临时性措施。对能够整改而又不认真整改的部门、单位,公安消防监督机关要发出"重大火险隐患通知书"。如单位在接到"重大火险通知书"后,仍置之不理,拖延不改的,公安消防监督机关应根据有关法规,严肃处理。

5. 对遗留下来的建筑布局、消防通道、水源等方面的问题,一时确实无法解决的,公安消防监督机关应提请有关部门纳入建设规划,逐步加以解决。在没有解决前,要采取一些必要的、临时性的补救措施,以保证安全。

11.6 施工现场灭火

一、灭火方法

众所周知,燃烧必须具备三个基本条件,即有可燃物、助燃物和着火源,这三个条件缺一不可。一切灭火措施都是为了破坏已经产生的燃烧条件,或将燃烧反应中的游离基中断而终止燃烧。根据物质燃烧原理和总结长期来扑救火灾的实践经验,归纳起来有四种基本方法即:窒息灭火法,冷却灭火法,隔离灭火法和抑制灭火法。

1. 窒息灭火方法

窒息灭火方法,就是阻止空气流入燃烧区,或用不燃物质(气体)冲淡空气,使燃烧物质断绝氧气的助燃而使火熄灭。

这种灭火方法,仅适应于扑救比较密闭的房间、地下室和生产装置设备等部位发生的火灾。这些部位发生火灾的初期,空气充足,燃烧比较迅速。随着燃烧时间的延长,由于被封闭部位内的空气(氧)越益减少,烟雾及其他燃烧产物逐渐充满空间,因此,燃烧速度降低。当空气中氧的含量降低到 14%～18%时,燃烧即将停止。

在火场上运用窒息法扑灭火灾时,可采用石棉布,浸湿的棉被、帆布、海草席等不燃或难燃材料覆盖燃烧物或封闭孔洞;用水蒸汽、惰性气体或二氧化碳、氮气充入燃烧区域内;利用建筑物原有的门、窗以及生产贮运设备上的部件,封闭燃烧区,阻止新鲜空气流入,以降低燃烧区内氧气的含量,从而达到窒息燃烧的目的。此外,在万不得已且条件又允许的情况下,也可采用水淹没(灌注)的方法扑灭火灾。

采取窒息法扑救火灾时,必须注意以下几个问题:

(1)燃烧部位的空间必须较小,又容易堵塞封闭,且在燃烧区域内没有氧化剂物质存在时。

(2)采取水淹方法扑救火灾时,必须考虑到水对可燃物质作用后,不致产生不良的后果。

(3)采取窒息法灭火后,必须在确认火已熄灭时,方可打开孔洞进行检查,严防因过早打开封闭的房间或生产装置,而使新鲜空气流入燃烧区,引起新的燃烧,导致火势猛烈发展。

(4)在条件允许的情况下,为阻止火热迅速蔓延,争取灭火战斗的准备时间,可先采取临时性的封闭窒息措施或先不打开门、窗,使燃烧速度控制在最低程度,在组织好扑救力量后,再打开门、窗解除窒息封闭措施。

(5)采用惰性气体灭火时,必须要保证充入燃烧区域内的惰性气体的数量,使燃烧区域内氧气的含量控制在14%以下,以达到灭火的目的。

2. 冷却灭火法

冷却灭火法是扑救火灾常用的方法,即将灭火剂直接喷洒在燃烧物体上,使可燃物质的温度降低到燃点以下,以终止燃烧。

在火场上,除了用冷却法扑灭火灾外,在必要的情况下,可用冷却剂冷却建筑构件、生产装置、设备容器等,防止建筑结构变形造成更大的损失。

3. 隔离灭火法

隔离灭火法,就是将燃烧物体与附近的可燃物质与火源隔离或疏散开,使燃烧失去可燃物质而停止。这种方法适用扑救各种固体、液体和气体火灾。

采取隔离灭火法的具体措施有:将燃烧区附近的可燃、易燃、易爆和助燃物质,转移到安全地点;关闭阀门,阻止气体、液体流入燃烧区;设法阻拦流散的易燃、可燃液体或扩散的可燃气体;拆除与燃烧区相毗连的可燃建筑物,形成防止火势蔓延的间距。

以上三种灭火方法均属物理灭火方法,所使用的灭火剂(或方法),在灭火过程中不参与燃烧过程中的化学反应。

4. 抑制灭火法

抑制灭火方法,与前三种灭火方法不同。它是使灭火剂参与燃烧反应过程,使燃烧过程中产生的游离基消失,从而形成稳定分子或低活性的游离基,使燃烧反应停止。目前抑制法灭火常用的灭火剂有1211、1202、1301灭火剂。

上述四种灭火方法所采取的具体灭火措施是多种多样的。在实际灭火中,应根据可燃物质的性质、燃烧特点、火场具体条件,以及消防技术装备性能等情况,选择不同的灭火方法。在同时使用几种灭火方法、采用多种灭火剂扑救火灾时,要认真搞好协同配合,充分发挥各种灭火剂的应有效能,以利迅速有效地扑灭火灾。

二、消防设施布置要求

1. 工程内部消防给水的设置原则

根据火灾资料的统计及公安部关于建筑工地防火基本措施的规定,下列工程内应设置临时消防给水。

(1)高度超过24m的工程。

(2)层数超过10层的工程。

(3)重要的及施工面积较大(超过施工现场内临时消防栓保护范围)的工程。

工程内的消防给水可以与施工用水合用。

2. 工程内消防给水管网

工程内临时竖管不应少于两条,宜成环状布置,每根竖管的直径应根据要求的水柱股数,按最上层消火栓出水计算,但不应小于100mm。

高度小于50m,且每层面积不超过500m^2的普通塔式住宅及公共建筑,可设一条临时竖管。

3. 工程内的临时消火栓及其布置

工程内临时消火栓应分设于各层明显且便于使用的地

点,并应保证消火栓的充实水柱能到达工程内任何部位。栓口出水方向宜与墙壁成90°角,离地面1.2m。

消火栓口径应为65mm,配备的水带每节长度不宜超过20m,水枪喷嘴口径不应小于19mm。每个消火栓处宜设启动消防水泵的按钮。

工程内临时消火栓的布置应保证充实水柱能到达工程内任何部位。

4. 施工现场灭火器的配备

(1)一般临时设施区,每100m^{2}配备两个10L灭火器,大型临时设施总面积超过1200m^{2}的,应备有专供消防用的太平桶、积水桶(池)、黄砂池等器材设施;上述设施周围不得堆放物品。

(2)临时木工间、油漆间、木、机具间等,每25m^{2}应配置一个种类合适的灭火器;油库、危险品仓库应配备足够数量、种类的灭火器。

(3)仓库或堆料场内,应根据灭火对象的特性、分组布置酸碱、泡沫、清水、二氧化碳等灭火器,每组灭火器不应少于四个,每组灭火器之间的距离不应大于30m。

11.7 防 火 档 案

防火档案是防火管理的基础,是记载企事业单位、施工现场消防安全基本情况的文书资料。建立防火档案是消防工作十项标准要求之一,也是消防监督机关的规定。同时,防火档案是各级防火安全委员会和防火安全主管部门的一项基础工作,也是提高各单位防火安全管理水平的一项措施;是防火主管部门考核各施工单位防火安全工作的重要依据之一。因此,防火主管部门必须十分注意防火档案的建立和管理工作,使防火档案真正成为促进施工防火安全的工具。

一、建立《防火档案》的范围

1. 各企事业单位;
2. 各企事业单位所属的工程处、站、分公司等;
3. 建筑、安装、建材企业所属的工厂及其独立的分厂(车间);
4. 建筑施工面积在 2000~5000m^2 之间及以上的高层建筑工程;
5. 施工危险性大,发生事故后影响大,损失大的特殊工程;
6. 国家列为重点的施工工程;
7. 各企事业单位防火主管部门认为需要建立《防火档案》的其他单位和工程。

二、《防火档案》的主要内容

1. 基本情况;
2. 总平面图;
3. 防火安全委员会或领导小组人员名单及网络图;
4. 特殊工种人员名单;
5. 消防队员名单;
6. 班组防火员名单;
7. 重点部位;
8. 重大火险隐患情况;
9. 防火安全制度;
10. 防火工作奖惩记录;
11. 火警、火灾事故登记记录;
12. 防火安全检查及工作记事;
13. 其他。

12 施工现场环境卫生与文明施工

12.1 施工区卫生管理

一、施工区、生活区应有明确划分,设置标识牌,标识牌上应注明责任人姓名和管理范围。

二、工人操作地点和周围必须清洁整齐,做到活完脚下清,工完场地清,丢洒在楼梯、楼板上的砂浆、混凝土要及时清除,落地灰要回收过筛后使用。

三、施工现场要天天打扫,保持整洁卫生,场地平整,各类物品堆放整齐,道路平坦畅通,无堆放物、无散落物,做到无积水、无黑臭、无垃圾,有排水措施。

四、要有严格的成品保护措施,严禁损坏污染成品,堵塞管道。高层建筑要设置临时便桶,严禁在建筑物内大小便。

五、建筑物内清除的垃圾渣土,要通过临时搭设的竖井或利用电梯井下卸,或用容器、旧布袋、小推车用塔吊或提升设备运下,严禁高空抛撒。

六、施工现场不得乱堆垃圾及余物,应在适当地点设置临时堆放点,且堆放时间不超过 3 天,定期外运。清运渣土垃圾及流体物品,要采取遮盖防漏措施,运送途中不得遗撒。

七、施工现场应有良好的排水措施,无大面积积水。工程施工的废水、泥水应经流水槽或管道流到工地集水池统一沉淀处理,不得随意排放或污染施工区域以外的河流、路面。

12.2 生活区卫生管理

一、宿舍卫生管理

1. 职工宿舍要有卫生管理制度,实行室长负责制,规定一周内每天卫生值日名单并张贴上墙,做到天天有人打扫,保护室内窗明地净,通风良好。

2. 职工宿舍床铺上下做到整洁有序,室内和宿舍四周保持干净,污水和污物、生活垃圾集中堆放,及时外运,发现不符合此条要求,处罚当天卫生值班员。

3. 生活废水应有污水池,二楼以上也要有水源及水池,做到卫生区内无污水、无污物,废水不得乱倒乱流。

4. 生活垃圾与建筑垃圾要分别定点堆放,严禁混放,及时清运,并有专人管理。

5. 炎热季节宿舍应有消暑和防蚊子叮咬措施。寒冷地区冬季宿舍应有保暖措施,防煤气中毒的设施必须齐全、有效,建立验收合格证制度,并有专人管理。

6. 未经许可一律禁止使用电炉及其他用电加热器具。

7. 为了广大职工身体健康,施工现场必须设置保温桶(冬季)和开水(水杯自备),公用杯子必须采取消毒措施,茶水桶必须有盖并加锁。

二、食堂卫生管理

1. 食堂应在明显处张挂卫生责任制并落实到人。

2. 工地食堂须经卫生防疫部门许可。卫生许可证的验收标准为:

(1)新建、改建、扩建的集体食堂,在选址和设计时应符合卫生要求,远离有毒有害场所,30m内不得有露天坑式厕所、暴露垃圾堆（站）和粪堆畜圈等污染源。

(2)需有与进餐人数相适应的餐厅、制作间和原料库等辅助用房。餐厅和制作间（含库房）建筑面积比例一般应为1:1.5。其地面和墙裙的建筑材料，要用具有防鼠、防潮和便于洗刷的水泥等。有条件的食堂，制作间灶台及其周围要镶嵌白瓷砖，炉灶应有通风排烟设备。

(3)制作间应分为主食间、副食间、烧火间，有条件的可开设生食间、摘菜间、炒菜间、冷荤间、面点间。做到生与熟，原料与成品、半成品，食品与杂物、毒物（亚硝酸盐、农药、化肥等）严格分开。冷荤间应具备"五专"（专人、专室、专容器用具、专消毒、专冷藏）。

(4)主、副食应分开存放。易腐食品应有冷藏设备（冷藏库或冰箱）。

(5)食品加工机械、用具、炊具、容器应有防蝇、防尘设备。用具、容器和食用苫布（棉被）要有生、熟及反、正面标记，防止食品污染。

(6)采购运输要有专用食品容器及专用车。

(7)食堂应有相应的更衣、消毒、盥洗、采光、照明、通风和防蝇、防尘设备，以及通畅的上下水管道。

(8)餐厅设有洗碗池、剩菜桶和洗手设备。

(9)公用餐具应有专用洗刷、消毒和存放设备。

(10)食堂炊管人员（包括合同工、临时工）必须按有关规定进行健康检查和卫生知识培训并取得健康合格证和培训证。

(11)具有健全的卫生管理制度。单位领导要负责食堂管理工作，并将提高食品卫生质量、预防食物中毒，列入岗位责任制的考核评奖条件中。

(12)集体食堂的经常性食品卫生检查工作,各单位要根据《食品卫生法》有关规定和本地颁发的《饮食行业(集体食堂)食品卫生管理标准和要求》及《建筑工地食堂卫生管理标准和要求》,进行管理检查。

3.食品的采购运输及贮存、保管要求

(1)采购外地食品应向供货单位索取县以上食品卫生监督机构开具的检验合格证或检验单。必要时可请当地食品卫生监督机构进行复验。

(2)采购食品使用的车辆、容器要清洁卫生,做到生熟分开,防尘、防蝇、防雨、防晒。

(3)不得采购制售腐败变质、霉变、生虫、有异味或《食品卫生法》规定禁止生产经营的食品。

(4)根据《食品卫生法》的规定,食品不得接触有毒物、不洁物。建筑工程使用的防冻盐(亚硝酸钠)等有毒有害物质,各施工单位要设专人专库存放,严禁亚硝酸盐和食盐同仓共贮,要建立健全管理制度。

(5)贮存食品要隔墙、离地,注意做到通风、防潮、防虫、防鼠。食堂内必须设置合格的密封熟食间,有条件的单位应设冷藏设备。主副食品、原料、半成品、成品要分开存放。

(6)盛放酱油、盐等副食调料要做到容器物见本色,加盖存放,清洁卫生。

(7)禁止用铝制品、非食用性塑料制品盛放熟菜。

4.食品制作过程的卫生要求

(1)制做食品的原料要新鲜卫生,做到不用、不卖腐败变质的食品,各种食品要烧熟煮透,以免食物中毒的发生。

(2)制售过程及刀、墩、案板、盆、碗及其他盛器、筐、水池子、抹布和冰箱等工具要严格做到生熟分开,售饭时要用工具销售直接入口食品。

(3)非经过卫生监督管理部门批准,工地食堂禁止供应生吃凉拌菜,以防止肠道传染疾病。剩饭、菜要回锅彻底加热再食用,一旦发现变质,不得食用。

(4)共用食具要洗净消毒,应有上下水洗手和餐具洗涤设备。

(5)使用的代价券必须每天消毒,防止交叉污染。

(6)盛放丢弃食物的桶(缸)必须有盖,并及时清运。

(7)食堂应有消毒、防尘和防"四害"措施。

(8)食堂内供应的熟食应按规定做好24小时留样,并做好留样记录。

5. 炊管人员卫生管理要求

(1)凡在岗位上的炊管人员,必须持有所在地区卫生防疫部门办理的健康证和岗位培训合格证,并且每年进行一次体检。凡患有痢疾、肝炎、伤寒、活动性肺结核、流行性传染病、渗出性皮肤病以及其他有碍食品卫生的疾病,不得参加接触直接入口食品的制售及食品洗涤工作。民工炊管人员无健康证的不准上岗,否则予以经济处罚,责令关闭食堂,并追究有关领导的责任。

(2)炊管人员操作时必须穿戴好工作服、发帽,做到"三白"(白衣、白帽、白口罩),并保持清洁整齐,做到文明操作,不光背、不赤脚,禁止随地吐痰。

(3)炊管人员必须做好个人卫生,要坚持做到四勤(勤理发、勤洗澡、勤换衣、勤剪指甲)。

三、厕所卫生管理

1. 施工现场要按规定设置厕所,厕所离食堂30m以外,屋顶墙壁要严密,门窗齐全有效,便槽内必须铺设瓷砖。

2. 厕所应有化粪池或集粪坑,并加盖喷药。厕所内必须有水源可供使用,有条件的应设水冲式厕所,并落实专人管理,严禁将粪便直接排入下水道或河流沟渠中。

3. 厕所定期清扫制度:厕所设专人天天冲洗打扫,做到无积垢、垃圾及明显臭味,并应有洗手水源,市区工地厕所要有水冲设施保持厕所清洁卫生。

4. 厕所灭蝇蛆措施:厕所按规定采取冲水或加盖措施,定期打药或撒白灰粉,消灭蝇蛆。

12.3 文明施工基本要求

一、施工现场的进口处应有整齐明显的"五牌一图。"

五牌:工程概况牌、管理人员名单及监督电话牌、消防保卫牌、安全卫生牌、文明施工牌。

一图:施工现场总平面图。

二、现场的围档高度按当地行政区域的划分,市区主要路段的工地周围设置的围档高度不低于2.5m;一般路段的工地周围设置的围档高度不低于1.8m。围档应采用砌体、金属板材等硬质材料沿工地四周连续设置。

三、工地地面应作硬化处理,有条件的可做混凝土地面,使现场地面平整坚实。

四、施工现场的临时设施,包括生产、办公、生活用房、仓库、料场、临时上下水管道以及照明、动力线路,要严格按施工组织设计确定的施工平面图布置、搭设或埋设整齐。材料、构件等应设置明显标牌标明品种、规格。

五、施工车辆出入施工现场必须采取措施防止泥土带出现场。施工过程中堆放的渣土必须有防尘措施并及时清运。

六、砂浆、混凝土在搅拌、运输、使用过程中,要做到不撒、不漏、不剩,使用地点盛放砂浆、混凝土必须有容器或垫板,如有撒、漏要及时清理。

七、施工现场应在生活区内适当设置工人业余学习和娱乐场所,并设置有安全生产、文明卫生内容的宣传栏或宣传标语等。

八、施工现场应尽量做到绿化,并在远离危险区处设置固定的吸烟室或吸烟处,并配备灭火器。

九、一般工地应有急救箱并备有有效的药品,条件好或较大的工地应设立医务室,配备医务人员及必要的设备。

十、施工现场应建立不扰民措施,针对施工特点设置防尘和防噪声设施,夜间施工必须有当地主管部门的批准。

12.4 创建文明工地工作要求

创建文明工地的工作要求主要有申报时间要求,施工现场包括生活区域的硬件要求和内业资料要求。

一、申报时间

为强化文明工地的目标管理意识,使文明工地创建活动贯穿于施工全过程,文明工地的评选工作实行预申报与推荐相结合,定期检查与不定期抽查相结合的方式。因此,文明工地的预申报时限一般为:跨年度结转工地在当年1月底之前,新开工地如参加当年度文明工地评选的应在开工后30天内上报。

二、施工现场包括生活区域的硬件要求

1. 安全管理

(1)施工现场应设置文明施工管理网络图、安全生产管理目标牌和网络图牌、安全生产保证体系要素分配牌、劳动保护管理网络图牌。

(2)脚手架、基坑支护、临边洞口、施工用电、施工机械设备等符合标准规范要求且按方案施工,防护设施做到工具化、定型化。

(3)施工现场无违章指挥、违章施工现象,各类人员佩带胸卡,特殊工种持证上岗、按规定着装,个人防护用品必须符合劳动保护要求。

(4)施工现场挂放危险作业分布及监控动态表,工地门口设置安全生产隐患公示栏和文明施工承诺公示牌。

2. 质量管理

(1)按图施工,执行强制性标准,允许偏差合格率达到规范要求。

(2)现场配备常用的检测、计量设备和符合规定的标养室。

(3)鼓励模板工程以钢(或其他材料)代木措施。

3. 环境、卫生和防疫

(1)工地大门、围墙、密目式安全网及建筑物外立面悬挂物规范、清洁、美观,各类图牌书写和挂放工整、规范。

(2)区域划分清晰,各类材料按现场平面图堆放有序,标识清楚,建筑垃圾定点堆放,对施工中的环境污染源采取相应措施。

(3)因地制宜设置绿化。

(4)各临时设施设置合理、规范、整洁、明亮,用电应规范。

(5)食堂有有效卫生许可证,各类器具规范清洁,炊事员持有效健康证,个人卫生和操作行为规范。

(6)厕所、浴室清洁,无异味、无污垢。

(7)施工区域和生活区域排水通畅,无黑臭积水,无随地便溺现象。生活垃圾袋装化。

(8)除四害措施可靠、有效。

(9)现场配备保健医药箱和急救器材。

4.宣传教育

(1)现场有宣传气氛,生活区有适时的黑板报或阅报栏,文字使用规范;有相应的文娱设施。

(2)各类警示牌醒目,设置规范;悬挂的横幅适时完好。

5.综合治理

(1)有防范措施和保卫执勤人员。

(2)易燃易爆场所有禁火标志和现场禁烟标志,各类消防设施完好,配备合理。

(3)危险品库设置合理,有专人管理,危险品使用、储存规范。

(4)动火作业规范。

三、内业资料要求

1.安全生产和文明施工管理资料

(1)有完善的安全生产和文明施工管理制度,建立安全生产和文明施工管理领导小组及分级管理网络,并按要求配置管理人员。

(2)有安全生产专项治理措施和文明施工规划措施,做到层层分明,责任到人。

(3)按安保体系要求建立必备的安全管理标准台账,记录清晰、及时、准确。

(4)编制施工组织设计和安全专项施工方案,并经公司审批通过。

(5)有文明施工检查、考核记录,施工日记记录及时、准确。

2. 质量管理资料

(1)建立质量保证体系,实施质量目标管理。

(2)各项质量资料齐全。

(3)有科技创新攻关方案和实施记录。

3. 环境、卫生和防疫资料

(1)有施工不扰民措施,对施工中各类环境污染源有防治的措施方案。

(2)有与有关单位或居民共建文明协议和活动记录。

(3)有卫生防疫管理制度和网络名单,有医疗急救预案。

(4)工地无食堂的须有供餐合同和供餐单位"营业执照"、"卫生许可证"复印件。

(5)有每周检查记录,食堂采购验收记录齐全,熟食有留样记录。

(6)有灭四害措施和投药记录。

4. 宣传教育资料

(1)有宣传教育制度和管理网络名单。

(2)有黑板报原始记录。

(3)有管理人员学习计划和职工教育培训计划及实施记录。

5. 综合治理资料

(1)有综合治理组织机构和管理制度,签定治安管理责任书。

(2)建立防火档案,各类记录准时、齐全,动火审批符合要求。

(3)进沪施工人员"证件"齐全,综合治理干部应持证上岗。

附录一

建设工程安全生产管理条例

(2003年11月12日中华人民共和国
国务院令第393号发布)

第一章 总 则

第一条 为了加强建设工程安全生产监督管理,保障人民群众生命和财产安全,根据《中华人民共和国建筑法》、《中华人民共和国安全生产法》,制定本条例。

第二条 在中华人民共和国境内从事建设工程的新建、扩建、改建和拆除等有关活动及实施对建设工程安全生产的监督管理,必须遵守本条例。

本条例所称建设工程,是指土木工程、建筑工程、线路管道和设备安装工程及装修工程。

第三条 建设工程安全生产管理,坚持安全第一、预防为主的方针。

第四条 建设单位、勘察单位、设计单位、施工单位、工程监理单位及其他与建设工程安全生产有关的单位,必须遵守安全生产法律、法规的规定,保证建设工程安全生产,依法承担建设工程安全生产责任。

第五条 国家鼓励建设工程安全生产的科学技术研究和先进技术的推广应用,推进建设工程安全生产的科学管理。

第二章 建设单位的安全责任

第六条 建设单位应当向施工单位提供施工现场及毗邻区域内供水、排水、供电、供气、供热、通信、广播电视等地下管线资料,气象和水文观测资料,相邻建筑物和构筑物、地下工程的有关资料,并保证资料的真实、准确、完整。

建设单位因建设工程需要,向有关部门或者单位查询前款规定的资料时,有关部门或者单位应当及时提供。

第七条 建设单位不得对勘察、设计、施工、工程监理等单位提出不符合建设工程安全生产法律、法规和强制性标准规定的要求,不得压缩合同约定的工期。

第八条 建设单位在编制工程概算时,应当确定建设工程安全作业环境及安全施工措施所需费用。

第九条 建设单位不得明示或者暗示施工单位购买、租赁、使用不符合安全施工要求的安全防护用具、机械设备、施工机具及配件、消防设施和器材。

第十条 建设单位在申请领取施工许可证时,应当提供建设工程有关安全施工措施的资料。

依法批准开工报告的建设工程,建设单位应当自开工报告批准之日起15日内,将保证安全施工的措施报送建设工程所在地的县级以上地方人民政府建设行政主管部门或者其他有关部门备案。

第十一条 建设单位应当将拆除工程发包给具有相应资质等级的施工单位。

建设单位应当在拆除工程施工15日前,将下列资料报送建设工程所在地的县级以上地方人民政府建设行政主管部门或者其他有关部门备案:

（一）施工单位资质等级证明；

（二）拟拆除建筑物、构筑物及可能危及毗邻建筑的说明；

（三）拆除施工组织方案；

（四）堆放、清除废弃物的措施。

实施爆破作业的，应当遵守国家有关民用爆炸物品管理的规定。

第三章　勘察、设计、工程监理及其他有关单位的安全责任

第十二条　勘察单位应当按照法律、法规和工程建设强制性标准进行勘察，提供的勘察文件应当真实、准确，满足建设工程安全生产的需要。

勘察单位在勘察作业时，应当严格执行操作规程，采取措施保证各类管线、设施和周边建筑物、构筑物的安全。

第十三条　设计单位应当按照法律、法规和工程建设强制性标准进行设计，防止因设计不合理导致生产安全事故的发生。

设计单位应当考虑施工安全操作和保护的需要，对涉及施工安全的重点部位和环节在设计文件中注明，并对防范生产安全事故提出指导意见。

采用新结构、新材料、新工艺的建设工程和特殊结构的建设工程，设计单位应当在设计中提出保障施工作业人员安全和预防生产安全事故的措施建议。

设计单位和注册建筑师等注册执业人员应当对其设计负责。

第十四条　工程监理单位应当审查施工组织设计中的安全技术措施或者专项施工方案是否符合工程建设强制性标

准。

工程监理单位在实施监理过程中,发现存在安全事故隐患的,应当要求施工单位整改;情况严重的,应当要求施工单位暂时停止施工,并及时报告建设单位。施工单位拒不整改或者不停止施工的,工程监理单位应当及时向有关主管部门报告。

工程监理单位和监理工程师应当按照法律、法规和工程建设强制性标准实施监理,并对建设工程安全生产承担监理责任。

第十五条 为建设工程提供机械设备和配件的单位,应当按照安全施工的要求配备齐全有效的保险、限位等安全设施和装置。

第十六条 出租的机械设备和施工机具及配件,应当具有生产(制造)许可证、产品合格证。

出租单位应当对出租的机械设备和施工机具及配件的安全性能进行检测,在签订租赁协议时,应当出具检测合格证明。

禁止出租检测不合格的机械设备和施工机具及配件。

第十七条 在施工现场安装、拆卸施工起重机械和整体提升脚手架、模板等自升式架设设施,必须由具有相应资质的单位承担。

安装、拆卸施工起重机械和整体提升脚手架、模板等自升式架设设施,应当编制拆装方案、制定安全施工措施,并由专业技术人员现场监督。

施工起重机械和整体提升脚手架、模板等自升式架设设施安装完毕后,安装单位应当自检,出具自检合格证明,并向施工单位进行安全使用说明,办理验收手续并签字。

第十八条 施工起重机械和整体提升脚手架、模板等自升式架设设施的使用达到国家规定的检验检测期限的,必须经具有专业资质的检验检测机构检测。经检测不合格的,不得继续使用。

第十九条 检验检测机构对检测合格的施工起重机械和整体提升脚手架、模板等自升式架设设施,应当出具安全合格证明文件,并对检测结果负责。

第四章 施工单位的安全责任

第二十条 施工单位从事建设工程的新建、扩建、改建和拆除等活动,应当具备国家规定的注册资本、专业技术人员、技术装备和安全生产等条件,依法取得相应等级的资质证书,并在其资质等级许可的范围内承揽工程。

第二十一条 施工单位主要负责人依法对本单位的安全生产工作全面负责。施工单位应当建立健全安全生产责任制度和安全生产教育培训制度,制定安全生产规章制度和操作规程,保证本单位安全生产条件所需资金的投入,对所承担的建设工程进行定期和专项安全检查,并做好安全检查记录。

施工单位的项目负责人应当由取得相应执业资格的人员担任,对建设工程项目的安全施工负责,落实安全生产责任制度、安全生产规章制度和操作规程,确保安全生产费用的有效使用,并根据工程的特点组织制定安全施工措施,消除安全事故隐患,及时、如实报告生产安全事故。

第二十二条 施工单位对列入建设工程概算的安全作业环境及安全施工措施所需费用,应当用于施工安全防护用具及设施的采购和更新、安全施工措施的落实、安全生产条件的改善,不得挪作他用。

第二十三条 施工单位应当设立安全生产管理机构,配备专职安全生产管理人员。

专职安全生产管理人员负责对安全生产进行现场监督检查。发现安全事故隐患,应当及时向项目负责人和安全生产管理机构报告;对违章指挥、违章操作的,应当立即制止。

专职安全生产管理人员的配备办法由国务院建设行政主管部门会同国务院其他有关部门规定。

第二十四条 建设工程实行施工总承包的,由总承包单位对施工现场的安全生产负总责。

总承包单位应当自行完成建设工程主体结构的施工。

总承包单位依法将建设工程分包给其他单位的,分包合同中应当明确各自的安全生产方面的权利、义务。总承包单位和分包单位对分包工程的安全生产承担连带责任。

分包单位应当服从总承包单位的安全生产管理,分包单位不服从管理导致生产安全事故的,由分包单位承担主要责任。

第二十五条 垂直运输机械作业人员、安装拆卸工、爆破作业人员、起重信号工、登高架设作业人员等特种作业人员,必须按照国家有关规定经过专门的安全作业培训,并取得特种作业操作资格证书后,方可上岗作业。

第二十六条 施工单位应当在施工组织设计中编制安全技术措施和施工现场临时用电方案,对下列达到一定规模的危险性较大的分部分项工程编制专项施工方案,并附具安全验算结果,经施工单位技术负责人、总监理工程师签字后实施,由专职安全生产管理人员进行现场监督:

(一)基坑支护与降水工程;

(二)土方开挖工程;

(三)模板工程;

(四)起重吊装工程;

(五)脚手架工程;

(六)拆除、爆破工程;

(七)国务院建设行政主管部门或者其他有关部门规定的其他危险性较大的工程。

对前款所列工程中涉及深基坑、地下暗控工程、高大模板工程的专项施工方案,施工单位还应当组织专家进行论证、审查。

本条第一款规定的达到一定规模的危险性较大工程的标准,由国务院建设行政主管部门会同国务院其他有关部门制定。

第二十七条 建设工程施工前,施工单位负责项目管理的技术人员应当对有关安全施工的技术要求向施工作业班组、作业人员作出详细说明,并由双方签字确认。

第二十八条 施工单位应当在施工现场入口处、施工起重机械、临时用电设施、脚手架、出入通道口、楼梯口、电梯井口、孔洞口、桥梁口、隧道口、基坑边沿、爆破物及有害危险气体和液体存放处等危险部位,设置明显的安全警示标志。安全警示标志必须符合国家标准。

施工单位应当根据不同施工阶段和周围环境及季节、气候的变化,在施工现场采取相应的安全施工措施。施工现场暂时停止施工的,施工单位应当做好现场防护,所需费用由责任方承担,或者按照合同约定执行。

第二十九条 施工单位应当将施工现场的办公、生活区与作业区分开设置,并保持安全距离;办公、生活区的选址应当符合安全性要求。职工的膳食、饮水、休息场所等应当符合卫生标准。施工单位不得在尚未竣工的建筑物内设置员工集体宿舍。

施工现场临时搭建的建筑物应当符合安全使用要求。施工现场使用的装配式活动房屋应当具有产品合格证。

第三十条 施工单位对因建设工程施工可能造成损害的毗邻建筑物、构筑物和地下管线等,应当采取专项防护措施。

施工单位应当遵守有关环境保护法律、法规的规定,在施工现场采取措施,防止或者减少粉尘、废气、废水、固体废物、噪声、振动和施工照明对人和环境的危害和污染。

在城市市区内的建设工程,施工单位应当对施工现场实行封闭围档。

第三十一条 施工单位应当在施工现场建立消防安全责任制度,确定消防安全责任人,制定用火、用电、使用易燃易爆材料等各项消防安全管理制度和操作规程,设置消防通道、消防水源,配备消防设施和灭火器材,并在施工现场入口处设置明显标志。

第三十二条 施工单位应当向作业人员提供安全防护用具和安全防护服装,并书面告知危险岗位的操作规程和违章操作的危害。

作业人员有权对施工现场的作业条件、作业程序和作业方式中存在的安全问题提出批评、检举和控告,有权拒绝违章指挥和强令冒险作业。

在施工中发生危及人身安全的紧急情况时,作业人员有权立即停止作业或者在采取必要的应急措施后撤离危险区域。

第三十三条 作业人员应当遵守安全施工的强制性标准、规章制度和操作规程,正确使用安全防护用具、机械设备等。

第三十四条 施工单位采购、租赁的安全防护用具、机械设备、施工机具及配件,应当具有生产(制造)许可证、产品合格证,并在进入施工现场前进行查验。

施工现场的安全防护用具、机械设备、施工机具及配件必须由专人管理,定期进行检查、维修和保养,建立相应的资料档案,并按照国家有关规定及时报废。

第三十五条 施工单位在使用施工起重机械和整体提升脚手架、模板等自升式架设设施前,应当组织有关单位进行验收,也可以委托具有相应资质的检验检测机构进行验收;使用承租的机械设备和施工机具及配件的,由施工总承包单位、分包单位、出租单位和安装单位共同进行验收。验收合格的方可使用。

《特种设备安全监察条例》规定的施工起重机械,在验收前应当经有相应资质的检验检测机构监督检验合格。

施工单位应当自施工起重机械和整体提升脚手架、模板等自升式架设设施验收合格之日起30日内,向建设行政主管部门或者其他有关部门登记。登记标志应当置于或者附着于该设备的显著位置。

第三十六条 施工单位的主要负责人、项目负责人、专职安全生产管理人员应当经建设行政主管部门或者其他有关部门考核合格后方可任职。

施工单位应当对管理人员和作业人员每年至少进行一次安全生产教育培训,其教育培训情况记入个人工作档案。安全生产教育培训考核不合格的人员,不得上岗。

第三十七条 作业人员进入新的岗位或者新的施工现场前,应当接受安全生产教育培训。未经教育培训或者教育培训考核不合格的人员,不得上岗作业。

施工单位在采用新技术、新工艺、新设备、新材料时,应当对作业人员进行相应的安全生产教育培训。

第三十八条 施工单位应当为施工现场从事危险作业的人员办理意外伤害保险。

意外伤害保险费由施工单位支付。实行施工总承包的,由总承包单位支付意外伤害保险费。意外伤害保险期限自建设工程开工之日起至竣工验收合格止。

第五章 监督管理

第三十九条 国务院负责安全生产监督管理的部门依照《中华人民共和国安全生产法》的规定,对全国建设工程安全生产工作实施综合监督管理。

县级以上地方人民政府负责安全生产监督管理的部门依照《中华人民共和国安全生产法》的规定,对本行政区域内建设工程安全生产工作实施综合监督管理。

第四十条 国务院建设行政主管部门对全国的建设工程安全生产实施监督管理。国务院铁路、交通、水利等有关部门按照国务院规定的职责分工,负责有关专业建设工程安全生产的监督管理。

县级以上地方人民政府建设行政主管部门对本行政区域内的建设工程安全生产实施监督管理。县级以上地方人民政府交通、水利等有关部门在各自的职责范围内,负责本行政区域内的专业建设工程安全生产的监督管理。

第四十一条 建设行政主管部门和其他有关部门应当将本条例第十条、第十一条规定的有关资料的主要内容抄送同级负责安全生产监督管理的部门。

第四十二条 建设行政主管部门在审核发放施工许可证时,应当对建设工程是否有安全施工措施进行审查,对没有安全施工措施的,不得颁发施工许可证。

建设行政主管部门或者其他有关部门对建设工程是否有安全施工措施进行审查时,不得收取费用。

第四十三条 县级以上人民政府负有建设工程安全生产监督管理职责的部门在各自的职责范围内履行安全监督检查职责时,有权采取下列措施:

(一)要求被检查单位提供有关建设工程安全生产的文件和资料;

(二)进入被检查单位施工现场进行检查;

(三)纠正施工中违反安全生产要求的行为;

(四)对检查中发现的安全事故隐患,责令立即排除;重大安全事故隐患排除前或者排除过程中无法保证安全的,责令从危险区域内撤出作业人员或者暂时停止施工。

第四十四条 建设行政主管部门或者其他有关部门可以将施工现场的监督检查委托给建设工程安全监督机构具体实施。

第四十五条 国家对严重危及施工安全的工艺、设备、材料实行淘汰制度。具体目录由国务院建设行政主管部门会同国务院其他有关部门制定并公布。

第四十六条 县级以上人民政府建设行政主管部门和其他有关部门应当及时受理对建设工程生产安全事故及安全事故隐患的检举、控告和投诉。

第六章 生产安全事故的应急救援和调查处理

第四十七条 县级以上地方人民政府建设行政主管部门应当根据本级人民政府的要求,制定本行政区域内建设工程特大生产安全事故应急救援预案。

第四十八条 施工单位应当制定本单位生产安全事故应急救援预案,建立应急救援组织或者配备应急救援人员,配备必要的应急救援器材、设备,并定期组织演练。

第四十九条 施工单位应当根据建设工程施工的特点、范围,对施工现场易发生重大事故的部位、环节进行监控,制定施工现场生产安全事故应急救援预案。实行施工总承包的,由总承包单位统一组织编制建设工程生产安全事故应急救援预案,工程总承包单位和分包单位按照应急救援预案,各自建立应急救援组织或者配备应急救援人员,配备救援器材、设备,并定期组织演练。

第五十条 施工单位发生生产安全事故,应当按照国家有关伤亡事故报告和调查处理的规定,及时、如实地向负责安全生产监督管理的部门、建设行政主管部门或者其他有关部门报告;特种设备发生事故的,还应当同时向特种设备安全监督管理部门报告。接到报告的部门应当按照国家有关规定,如实上报。

实行施工总承包的建设工程,由总承包单位负责上报事故。

第五十一条 发生生产安全事故后,施工单位应当采取措施防止事故扩大,保护事故现场。需要移动现场物品时,应当做出标记和书面记录,妥善保管有关证物。

第五十二条 建设工程生产安全事故的调查、对事故责任单位和责任人的处罚与处理,按照有关法律、法规的规定执行。

第七章 法律责任

第五十三条 违反本条例的规定,县级以上人民政府建设行政主管部门或者其他有关行政管理部门的工作人员,有

下列行为之一的,给予降级或者撤职的行政处分;构成犯罪的,依照刑法有关规定追究刑事责任:

(一)对不具备安全生产条件的施工单位颁发资质证书的;

(二)对没有安全施工措施的建设工程颁发施工许可证的;

(三)发现违法行为不予查处的;

(四)不依法履行监督管理职责的其他行为。

第五十四条 违反本条例的规定,建设单位未提供建设工程安全生产作业环境及安全施工措施所需费用的,责令限期改正;逾期未改正的,责令该建设工程停止施工。

建设单位未将保证安全施工的措施或者拆除工程的有关资料报送有关部门备案的,责令限期改正,给予警告。

第五十五条 违反本条例的规定,建设单位有下列行为之一的,责令限期改正,处20万元以上50万元以下的罚款;造成重大安全事故,构成犯罪的,对直接责任人员,依照刑法有关规定追究刑事责任;造成损失的,依法承担赔偿责任:

(一)对勘察、设计、施工、工程监理等单位提出不符合安全生产法律、法规和强制性标准规定的要求的;

(二)要求施工单位压缩合同约定的工期的;

(三)将拆除工程发包给不具有相应资质等级的施工单位的。

第五十六条 违反本条例的规定,勘察单位、设计单位有下列行为之一的,责令限期改正,处10万元以上30万元以下的罚款;情节严重的,责令停业整顿,降低资质等级,直至吊销资质证书;造成重大安全事故,构成犯罪的,对直接责任人员,依照刑法有关规定追究刑事责任;造成损失的,依法承担赔偿责任。

（一）未按照法律、法规和工程建设强制性标准进行勘察、设计的；

（二）采用新结构、新材料、新工艺的建设工程和特殊结构的建设工程，设计单位未在设计中提出保障施工作业人员安全和预防生产安全事故的措施建议的。

第五十七条　违反本条例的规定，工程监理单位有下列行为之一的，责令限期改正；逾期未改正的，责令停业整顿，并处10万元以上30万元以下的罚款；情节严重的，降低资质等级，直至吊销资质证书；造成重大安全事故，构成犯罪的，对直接责任人员，依照刑法有关规定追究刑事责任；造成损失的，依法承担赔偿责任：

（一）未对施工组织设计中的安全技术措施或者专项施工方案进行审查的；

（二）发现安全事故隐患未及时要求施工单位整改或者暂时停止施工的；

（三）施工单位拒不整改或者不停止施工，未及时向有关主管部门报告的；

（四）未依照法律、法规和工程建设强制性标准实施监理的。

第五十八条　注册执业人员未执行法律、法规和工程建设强制性标准的，责令停止执业3个月以上1年以下；情节严重的，吊销执业资格证书，5年内不予注册；造成重大安全事故的，终身不予注册；构成犯罪的，依照刑法有关规定追究刑事责任。

第五十九条　违反本条例的规定，为建设工程提供机械设备和配件的单位，未按照安全施工的要求配备齐全有效的保险、限位等安全设施和装置的,责令限期改正,处合同价款1倍以上3倍以下的罚款;造成损失的,依法承担赔偿责任。

第六十条 违反本条例的规定,出租单位出租未经安全性能检测或者经检测不合格的机械设备和施工机具及配件的,责令停业整顿,并处5万元以上10万元以下的罚款;造成损失的,依法承担赔偿责任。

第六十一条 违反本条例的规定,施工起重机械和整体提升脚手架、模板等自升式架设设施安装、拆卸单位有下列行为之一的,责令限期改正,处5万元以上10万元以下的罚款;情节严重的,责令停业整顿,降低资质等级,直至吊销资质证书;造成损失的,依法承担赔偿责任:

(一)未编制拆装方案、制定安全施工措施的;

(二)未由专业技术人员现场监督的;

(三)未出具自检合格证明或者出具虚假证明的;

(四)未向施工单位进行安全使用说明,办理移交手续的。

施工起重机械和整体提升脚手架、模板等自升式架设设施安装、拆卸单位有前款规定的第(一)项、第(三)项行为,经有关部门或者单位职工提出后,对事故隐患仍不采取措施,因而发生重大伤亡事故或者造成其他严重后果,构成犯罪的,对直接责任人员,依照刑法有关规定追究刑事责任。

第六十二条 违反本条例的规定,施工单位有下列行为之一的,责令限期改正;逾期未改正的,责令停业整顿,依照《中华人民共和国安全生产法》的有关规定处以罚款;造成重大安全事故,构成犯罪的,对直接责任人员,依照刑法有关规定追究刑事责任:

(一)未设立安全生产管理机构、配备专职安全生产管理人员或者分部分项工程施工时无专职安全生产管理人员现场监督的；

（二）施工单位的主要负责人、项目负责人、专职安全生产管理人员、作业人员或者特种作业人员，未经安全教育培训或者经考核不合格即从事相关工作的；

（三）未在施工现场的危险部位设置明显的安全警示标志，或者未按照国家有关规定在施工现场设置消防通道、消防水源、配备消防设施和灭火器材的；

（四）未向作业人员提供安全防护用具和安全防护服装的；

（五）未按照规定在施工起重机械和整体提升脚手架、模板等自升式架设设施验收合格后登记的；

（六）使用国家明令淘汰、禁止使用的危及施工安全的工艺、设备、材料的。

第六十三条　违反本条例的规定，施工单位挪用列入建设工程概算的安全生产作业环境及安全施工措施所需费用的，责令限期改正，处挪用费用20%以上50%以下的罚款；造成损失的，依法承担赔偿责任。

第六十四条　违反本条例的规定，施工单位有下列行为之一的，责令限期改正；逾期未改正的，责令停业整顿，并处5万元以上10万元以下的罚款；造成重大安全事故，构成犯罪的，对直接责任人员，依照刑法有关规定追究刑事责任：

（一）施工前未对有关安全施工的技术要求作出详细说明的；

（二）未根据不同施工阶段和周围环境及季节、气候的变化，在施工现场采取相应的安全施工措施，或者在城市市区内的建设工程的施工现场未实行封闭围挡的；

（三）在尚未竣工的建筑物内设置员工集体宿舍的；

(四)施工现场临时搭建的建筑物不符合安全使用要求的;

(五)未对因建设工程施工可能造成损害的毗邻建筑物、构筑物和地下管线等采取专项防护措施的。

施工单位有前款规定第(四)项、第(五)项行为,造成损失的,依法承担赔偿责任。

第六十五条 违反本条例的规定,施工单位有下列行为之一的,责令限期改正;逾期未改正的,责令停业整顿,并处10万元以上30万元以下的罚款;情节严重的,降低资质等级,直至吊销资质证书;造成重大安全事故,构成犯罪的,对直接责任人员,依照刑法有关规定追究刑事责任;造成损失的,依法承担赔偿责任:

(一)安全防护用具、机械设备、施工机具及配件在进入施工现场前未经查验或者查验不合格即投入使用的;

(二)使用未经验收或者验收不合格的施工起重机械和整体提升脚手架、模板等自升式架设设施的;

(三)委托不具有相应资质的单位承担施工现场安装、拆卸施工起重机械和整体提升脚手架、模板等自升式架设设施的;

(四)在施工组织设计中未编制安全技术措施、施工现场临时用电方案或者专项施工方案的。

第六十六条 违反本条例的规定,施工单位的主要负责人、项目负责人未履行安全生产管理职责的,责令限期改正;逾期未改正的,责令施工单位停业整顿;造成重大安全事故、重大伤亡事故或者其他严重后果,构成犯罪的,依照刑法有关规定追究刑事责任。

作业人员不服管理、违反规章制度和操作规程冒险作业造成重大伤亡事故或者其他严重后果,构成犯罪的,依照刑法有关规定追究刑事责任。

施工单位的主要负责人、项目负责人有前款违法行为,尚不够刑事处罚的,处2万元以上20万元以下的罚款或者按照管理权限给予撤职处分;自刑罚执行完毕或者受处分之日起,5年内不得担任任何施工单位的主要负责人、项目负责人。

第六十七条 施工单位取得资质证书后,降低安全生产条件的,责令限期改正;经整改仍未达到与其资质等级相适应的安全生产条件的,责令停业整顿,降低其资质等级,直至吊销资质证书。

第六十八条 本条例规定的行政处罚,由建设行政主管部门或者其他有关部门依照法定职权决定。

违反消防安全管理规定的行为,由公安消防机构依法处罚。

有关法律、行政法规对建设工程安全生产违法行为的行政处罚决定机关另有规定的,从其规定。

第八章 附 则

第六十九条 抢险救灾和农民自建低层住宅的安全生产管理,不适用本条例。

第七十条 军事建设工程的安全生产管理,按照中央军事委员会的有关规定执行。

第七十一条 本条例自2004年2月1日起施行。

附录二

工程建设标准强制性条文节选
(房屋建筑部分〈安全〉)

1.《施工现场临时用电安全技术规范》

JGJ46—88
强制性条文　　　　　　　　**2002版**

第三章　施工现场与周围环境

第一节　在建工程与外电线路的安全距离

3.1.2 在建工程(含脚手架具)的外侧边缘与外电架空线路的边线之间必须保持安全操作距离。最小安全操作距离应不小于表3.1.2所列数值。

在建筑工程(含脚手架具)的外侧边缘与外电架空线路的边线之间的最小安全操作距离　　表3.1.2

外电线路电压	1kV以下	1~10kV	35~110kV	154~220kV	330~500kV
最小安全操作距离(m)	4	6	8	10	15

注：上、下脚手架的斜道严禁搭设在外电线路的一侧。

3.1.3 施工现场的机动车道与外电架空线路交叉时，架空线路的最低点与路面的垂直距离应不小于表3.1.3所列数值。

施工现场的机动车道与外电架空线路
交叉时的最小垂直距离　　　表3.1.3

外电线路电压	1kV以下	1~10kV	35kV
最小垂直距离(m)	6	7	7

3.1.4 旋转臂架式起重机的任何部位或被吊物边缘与10kV以下的架空线路边线最小水平距离不得小于2m。

3.1.5 施工现场开挖非热管道沟槽的边缘与埋地外电缆沟槽边缘之间的距离不得小于0.5mm。

第四章　接地与防雷

第一节　一般规定

4.1.1 在施工现场专用的中性点直接接地的电力线路中必须采用TN-S接零保护系统。

电气设备的金属外壳必须与专用保护零线连接。专用保护零线(简称保护零线)应由工作接地线、配电室的零线或第一级漏电保护器电源侧的零线引出。

4.1.3 当施工现场与外电线路共用同一供电系统时,电气设备应根据当地的要求作保护接零,或作保护接地。不得一部分设备作保护接零,另一部分设备作保护接地。

4.1.5 在只允许做保护接地的系统中,因条件限制接地有困难时,应设置操作和维修电气装置的绝缘台,并必须使操作人员不致偶然触及外物。

4.1.7 施工现场的电力系统严禁利用大地作相线或零线。

第三节　接地与接地电阻

4.3.7 施工现场所有用电设备,除作保持接零外,必须在设备负荷线的首端处设置漏电保护装置。

第五章 配电室及自备电源

第一节 配电室

5.1.8 配电屏(盘)或配电线路维修时,应悬挂停电标志牌。停、送电必须由专人负责。

第二节 电压为400/230V的自备发电机组

5.2.2 电力为400/200V的自备发电机组的排烟管道必须伸出室外。发电机组及其控制配电室内严禁存放贮油桶。

5.2.3 发电机组电源应与外电线路电源联锁,严禁并列运行。

第六章 配电线路

第一节 架空线路

6.1.1 架空线必须设在专用电杆上,严禁架设在树木、脚手架上。

6.1.17 经常过负荷的线路、易燃易爆物邻近的线路、照明线路,必须有过负荷保护。

第二节 电缆线路

6.2.1 电缆干线应采用埋地或架空敷设,严禁沿地面明设,并应避免机械损伤和介质腐蚀。

6.2.4 电缆穿越建筑物、构筑物、道路、易受机械损伤的场所及引出地面从2m高度至地下0.2m处,必须加设防护套管。

6.2.7 橡皮电缆架空敷设时,应沿墙壁或电杆设置,并用绝缘子固定,严禁使用金属裸线作绑线。固定点间距应保证橡皮电缆能承受自重所带来的荷重。橡皮电缆的最大弧垂距地不得小于2.5m。

第三节 室内配件

6.3.1 室内配线必须采用绝缘导线。

采用瓷瓶、瓷(塑料)夹等敷设,距地面高度不得小于2.5m。

第七章 配电箱及开关箱

第二节 电器装置的选用

7.2.5 每台用电设备应用各自专用的开关箱,必须实行"一机一闸"制,严禁用同一个开关电器直接控制二台及二台以上用电设备(含插座)。

7.2.7 开关箱中必须装设漏电保护器。

7.2.9 开关箱内的漏电保护器的额定漏电动作电流应不大于30mA,额定漏电动作时间应小于0.1s。

使用于潮湿和有腐蚀介质场所的漏电保护器应采用防溅型产品。其额定漏电动作电流应不大于15mA,额定漏电动作时间应小于0.1s。

7.2.15 进入开关箱的电源线,严禁用插销连接。

第三节 使用与维护

7.3.4 对配电箱,开关箱进行检查、维修时,必须将其前一级相应的电源开关分闸断电,并悬挂停电标志牌,严禁带电作业。

一、送电操作顺序为:总配电箱—分配电箱—开关箱;

二、停电操作顺序为:开关箱—分配电箱—总配电箱(出现电气故障的紧急情况除外)。

7.3.10 熔断器的熔体更换时,严禁用不符合原规格的熔体代替。

第八章 电动建筑机械和手持电动工具

第二节 起重机械

8.2.6 需要夜间工作的塔式起重机,应设置正对工作面的投光灯。塔身高于30m时,应在塔顶和臂架端部装设防撞红色信号灯。

8.2.8 外用电梯轿厢内、外均应安装紧急停止开关。

8.2.10 外用电梯轿厢所经过的楼层,应设置有机械或电气联锁装置的防护门或栅栏。

8.2.11 每日工作前必须对外用电梯和升降机的行程开关、限位开关、紧急停止开关、驱动机构和制动器等进行空载检查,正常后方可使用。检查时必须有防坠落的措施。

第五节 焊接机械

8.5.1 焊接机械应放置在防雨和通风良好的地方。焊接现场不得堆放易燃易爆物品。

交流弧焊机变压器的一次侧电源线长度应不大于5m,进线处必须设置防护罩。

第九章 照 明

第一节 一般规定

9.1.1 停电后,操作人员需要及时撤离现场的特殊工程,必须装设自备电源的应急照明。

第二节 照明供电

9.2.2 对下列特殊场所应使用安全电压照明器：

一、隧道、人防工程,有高温、导电灰尘或灯具离地面高度低于2.4m等场所的照明,电源电压应不大于36V；

二、在潮湿和易触及带电体场所的照明电源电压不得大于24V。

三、在特别潮湿的场所、导电良好的地面、锅炉或金属容器内工作的照明电源电压不得大于12V。

9.2.5 照明变压器必须使用双绕组型,严禁使用自耦变压器。

第三节 照明装置

9.3.11 对于夜间影响飞机或车辆通行的在建工程或机械设备,必须安装设置醒目的红色信号灯。其电源应设在施工现场电源总开关的前侧。

2.《建筑施工高处作业安全技术规范》

JGJ80—91
强制性条文　　　　2002版

第二章　基本规定

2.0.7 雨天和雪天进行高处作业时,必须采取可靠的防滑、防寒和防冻措施。凡水、冰、霜、雪应及时清除。

对进行高处作业的高耸建筑物,应事先设置避雷设施。遇有六级以上强风、浓雾等恶劣气候,不得进行露天攀登与悬空高处作业。暴风雪及台风暴雨后,应对高处作业安全设施逐一加以检查,发现有松动、变形、损坏或脱落等现象,应立即修理完善。

2.0.9 防护棚搭设与拆除时,应设警戒区,并应派专人监护。严禁上下同时拆除。

第三章 临边与洞口作业的安全防护

第一节 临边作业

3.1.1 对临边高处作业,必须设置防护措施,并符合下列规定:

一、基坑周边,尚未安装栏杆或栏板的阳台、料台与挑平台周边,雨篷与挑檐边,无外脚手的屋面与楼层周边及水箱与水塔周边等处,都必须设置防护栏杆。

三、分层施工的楼梯口和梯段边,必须安装临时护栏。顶层楼梯口应随工程结构进度安装正式防护栏杆。

四、井架与施工用电梯和脚手架等与建筑物通道的两侧边,必须设防护栏杆。地面通道上部应装设安全防护棚。双笼井架通道中间,应予分隔封闭。

五、各种垂直运输接料平台,除两侧设防护栏杆外,平台口还应设置安全门或活动防护栏杆。

3.1.3 搭设临边防护栏杆时,必须符合下列要求:

一、防护栏杆应由上、下两道横杆及栏杆柱组成,上杆离地高度为 1.0~1.2m,下杆离地高度为 0.5~0.6m。坡度大于 1:2.2 的屋面,防护栏杆应高 1.5m,并加挂安全立网。除经设计计算外,横杆长度大于 2m 时,必须加设栏杆柱。

三、栏杆柱的固定及其与横杆的连接,其整体构造应使防护栏杆在上杆任何处,能经受任何方向的1000N外力。当栏杆所处位置有发生人群拥挤、车辆冲击或物件碰撞等可能时,应加大横杆截面或加密柱距。

四、防护栏杆必须自上而下用安全网封封闭,在栏杆下边设置严密固定的高度不低于180mm的挡脚板或400mm的挡脚笆。挡脚板与挡脚笆上如有孔眼,不应大于25mm。板与笆下边距离底面的空隙不应大于10mm。

接料平台两侧的栏杆,必须自上而下加挂安全立网或满扎竹笆。

五、当临边的外侧面临街道时,除防护栏杆外,敞口立面必须采取满挂安全网或其他可靠措施作全封闭处理。

第二节 洞口作业

3.2.1 进行洞口作业以及在因工程和工序需要而产生的,使人与物有坠落危险或危及人身安全的其他洞口进行高处作业时,必须按下列规定设置防护措施:

一、板与墙口的洞口,必须设置牢固的盖板、防护栏杆、安全网或其他防坠落的防护措施。

二、电梯井口必须设防护栏杆或固定栅门;电梯内应每隔两层并最多隔10m设一道安全网。

三、钢管桩、钻孔桩等桩孔上口,杯形、条形基础上口,未填土的坑槽,以及人孔、天窗、地板门等处,均应按洞口防护设置稳固的盖件。

四、施工现场通道附近的各类洞口与坑槽等处,除设置防护设施与安全标志外,夜间还应设红灯示警。

3.2.2 洞口根据具体情况采取设防护栏杆、加盖件、张挂安全网与装栅门等措施时,必须符合下列要求:

五、边长在 1500mm 以上的洞口,四周设防护栏杆,洞口下张设安全平网。

六、位于车辆行驶道旁的洞口、深沟及管道坑、槽,所加盖板应能承受不小于当地额定卡车后轮有效承载力 2 倍的荷载。

七、下边沿至楼板或底面低于 800mm 的窗台等竖立洞口,如侧边落差大于 2m 时,应加设 1.2m 高的临时护栏。

八、对邻近的人与物有坠落危险性的其他竖向的孔、洞口,均应予以盖设或加以防护,并有固定其位置的措施。

第四章 攀登与悬空作业的安全防范

第一节 攀登作业

4.1.5 梯脚底部应坚实,不得垫高使用。梯子的上端应有固定措施。立梯不得有缺档。

4.1.6 梯子如需接长使用,必须有可靠的连接措施,且接头不得超过 1 处。连接后梯梁的强度,不应低于单梯梯梁的强度。

4.1.8 固定式直爬梯应用金属材料制成。梯宽不应大于 500mm,支撑应采用不小于∟70×6 的角钢,埋设与焊接均必须牢固。梯子顶端的踏棍应与攀登的顶面齐平,并加设 1~1.5m 高的扶手。

使用直爬梯进行攀登作业时,攀登高度超过 8m,必须设置梯间平台。

4.1.9 作业人员应从规定的通道上下,不得在阳台之间等非规定通道进行攀登,也不得任意利用吊车臂架等施工设备进行攀登。

上下梯子时,必须面向梯子,且不得手持器物。

第二节 悬空作业

4.2.1 悬空作业处应有牢靠的立足处,并必须视具体情况,配置防护栏网、栏杆或其他安全设施。

4.2.3 构件吊装和管道安装时的悬空作业,必须遵守下列规定:

二、悬空安装大模板、吊装第一块预制构件、吊装单独的大中型预制构件时,必须站在操作平台上操作。吊装中的大模板和预制构件以及石棉水泥板等屋面板上,严禁站人和行走。

三、安装管道时必须有已完结构或操作平台为立足点,严禁在安装中的管道上站立和行走。

4.2.4 模板支撑和拆卸时的悬空作业,必须遵守下列规定:

一、支模应按规定的作业程序进行,模板未固定前不得进行下一道工序。严禁在连接件和支撑件上攀登上下,并严禁在上下同一垂直面上装、拆模板。结构复杂的模板,装、拆应严格按照施工组织设计的措施进行。

三、支设悬挑形式的模板时,应有稳固的立足点。支设临空构筑物模板时,应搭设支架或脚手架。模板上有预留洞时,应在安装后将洞盖没。混凝土板上拆模后形成的临边或洞口,应进行防护。

拆模高处作业,应配置登高用具或搭设支架。

4.2.5 钢筋绑扎时的悬空作业,必须遵守下列规定:

一、绑扎钢筋和安装钢筋骨架时,必须搭设脚手架和马道。

二、绑扎圈梁、挑梁、挑檐、外墙和边柱等钢筋时,应搭设操作台架和张挂安全网。

悬空大梁钢筋的绑扎,必须在满铺脚手板的支架或操作平台上操作。

4.2.6 混凝土浇筑时的悬空作业,必须遵守下列规定:

一、浇筑离地 2m 以上框架、过梁、雨篷和小平台时,应设操作平台,不得直接站在模板或支撑件上操作。

二、浇筑拱形结构,应自两边拱脚对称地相向进行。浇筑储仓,下口应先行封闭,并搭设脚手架以防人员坠落。

三、特殊情况下如无可靠的安全设施,必须系好安全带并扣好保险钩,并架设安全网。

4.2.8 悬空进行门窗作业时,必须遵守下列规定:

一、安装门、窗,油漆及安装玻璃时,严禁操作人员站在檩子、阳台栏板上操作。门、窗临时固定,封填材未达到强度,以及电焊时,严禁手拉门、窗进行攀登。

二、在高处外墙安装门、窗,无外脚手时,应张挂安全网。无安全网时,操作人员应系好安全带,其保险钩应挂在操作人员上方的可靠物件上。

三、进行各项窗口作业时,操作人员的重心应位于室内,不得在窗台上站立,必要时应系好安全带进行操作。

第五章 操作平台与交叉作业的安全防护

第一节 操作平台

5.1.1 移动式操作平台,必须符合下列规定:

三、装设轮子的移动式操作平台,轮子与平台的接合处应牢固可靠,立柱底端离地面不得超过 80mm。

五、操作平台四周必须按临边作业要求设置防护拦杆,并应布置登高扶梯。

5.1.2 悬挑式钢平台,必须符合下列规定:

一、悬挑式操作钢平台应按现行的相应规范进行设计,其结构构造应能防止左右晃动,计算书及图纸应编入施工组织设计。

二、悬挑式钢平台的搁支点与上部拉结点,必须位于建筑物上,不得设置在脚手架等施工设备上。

四、应设置4个经过验算的吊环。吊运平台时应使用卡环,不得使吊钩直接钩挂吊环。吊环应用甲类3号沸腾钢制作。

五、钢平台安装时,钢丝绳应采用专用的挂钩挂牢,采取其他方式时卡头的卡子不得少于3个。建筑物锐角利口围系钢丝绳处应加衬软垫物,钢平台处应略高于内口。

六、钢平台左右两侧必须装置固定的防护栏杆。

七、钢平台吊装,需待横梁支撑点电焊固定,接好钢丝绳,调整完毕,经过检查验收,方可松卸起重吊钩,上下操作。

八、钢平台使用时,应有专人进行检查,发现钢丝绳有锈蚀损坏应及时调换,焊缝脱焊应及时修复。

5.1.3 操作平台上应显著地标明容许荷载值。操作平台上人员和物料的总重量,严禁超过设计的容许荷载。应配备专人加以监督。

第二节　交叉作业

5.2.1　支模、粉刷、砌墙等各工种进行上下立体交叉作业时,不得在同一垂直方向上操作。下层作业的位置,必须处于依上层高度确定的可能坠落范围半径之外。不符合以上条件时,应设置安全防护层。

5.2.3　钢模板部件拆除后,临时堆放处离楼层边沿不应小于1m,堆放高度不得超过1m。楼层边口、通道口、脚手架边缘等处,严禁堆放任何拆下物件。

5.2.5　由于上方施工可能坠落物件或处于起重机把杆回转范围之内的通道,在其受影响的范围内,必须搭设顶部能防止穿透的双层防护廊。

3.《建筑机械使用安全技术规程》

JGJ33—2001
强制性条文　　　　　　2002版

2 一般规定

2.0.1 操作人员应体检合格,无妨碍作业的疾病和生理缺陷,并应经过专业培训、考核合格取得建设行政主管部门颁发的操作证或公安部门颁发的机动车驾驶执照后,方可持证上岗。学员应在专人指导下进行工作。

2.0.5 在工作中操作人员和配合作业人员必须按规定穿戴劳动保护用品,长发应束紧不得外露,高处作业时必须系安全带。

2.0.8 机械必须按照出厂使用说明书规定的技术性能、承载能力和使用条件,正确操作,合理使用,严禁超载作业或任意扩大使用范围。

2.0.9 机械上的各种安全防护装置及监测、指示、仪表、报警等自动报警、信号装置应完好齐全,有缺损时应及时修复。安全防护装置不完整或已失效的机械不得使用。

2.0.15 变配电所、乙炔站、氧气站、高气压缩机房、发电机房、锅炉房等易于发生危险的场所,应在危险区域界限处,设置围栏和警告标志,非工作人员未经批准不得入内。挖掘机、起重机、打桩机等重要作业区域,应设立警告标志及采取现场安全措施。

2.0.16 在机械产生对人体有害的气体、液体、尘埃、渣滓、放射性射线、振动、噪声等场所,必须配置相应的安全保护设备和三废处理装置;在隧道、沉井基础施工中,应采取措施,使有害物限制在规定的限度内。

3 动力与电气装置

3.1 基本要求

3.1.7 严禁利用大地作工作零线,不得借用机械本身金属结构作工作零线。

3.1.8 电气设备的每个保护接地或保护接零点必须用单独的接地(零)线与接地干线(或保护零线)相连接。严禁在一个接地(零)线中串接几个接地(零)点。

3.1.11 严禁带电作业或采用预约停送电时间的方式进行电气检修。检修前必须先切断电源并在电源开关上挂"禁止合闸,有人工作"的警告牌。警告牌的挂、取应有专人负责。

3.1.14 发生人身触电时,应立即切断电源,然后方可对触电者作紧急救护。严禁在未切断电源之前与触电者直接接触。

3.6 10kV 以下配电装置

3.6.17 各种电源导线严禁直接绑扎在金属架上。

3.6.19 配电箱电力容量在15kW以上的电源开关严禁采用瓷底胶木刀型开关。45kW以上电动机不得用刀型开关直接启动。各种刀型开关应采用静触头接电源,动触头接载荷,严禁倒接线。

3.7 手持电动工具

3.7.14 使用射钉枪时应符合下列要求:

 1 严禁用手掌推压钉管和将枪口对准人;

2 击发时,应将射钉枪垂直压紧在工作面上,当两次扣动扳机,子弹均不击发时,应保持原射击位置数秒钟后,再退出射钉弹。

4 起重吊装机械

4.1 基本要求

4.1.5 起重吊装的指挥人员必须持证上岗。

4.1.8 起重机的变幅指示器、力矩限制器、起重量限制器以及各种行程限位开关等安全保护装置,应完好齐全,灵敏可靠,不得随意调整或拆除。严禁利用限制器和限位装置代替操纵机构。

4.1.10 起重机作业时,起重臂和重物下方严禁有人停留、工作或通过。重物吊运时,严禁从人上方通过。严禁用起重机载运人员。

4.1.12 严禁使用起重机进行斜拉、斜吊和起吊地下埋设或凝固在地面上的重物以及其他不明重量的物体。现场浇注的混凝土构件或模板,必须全部松动后方可起吊。

4.1.16 严禁起吊重物长时间悬挂在空中,作业中遇突发故障,应采取措施将重物降落到安全地方,并关闭发动机或切断电源后进行检修。在突然停电时,应立即把所有控制器拨到零位,断开电源总开关,并采取措施使重物降到地面。

4.2 履带式起重机

4.2.6 起重机变幅应缓慢平稳,严禁在起重臂未停稳前变换档次;起重机载荷达到额定起重量的90%及以上时,严禁下降起重臂。

4.2.10 当起重机如需带载行走时,载荷不得超过允许起重量的70%,行走中道路应坚实平整,重物应在起重机正前方向,重物离地面不得大于500mm,并应拴好拉绳,缓慢行驶。严禁长距离带载行驶。

4.2.12 起重机上下坡道时应无载行走,上坡时应将起重臂仰角适当放小,下坡时应将起重臂仰角适当放大。严禁下坡空档滑行。

4.3 汽车、轮胎式起重机

4.3.21 行驶时,严禁人员在底盘走台上站立或蹲坐,并不得堆放物件。

4.4 塔式起重机

4.4.6 起重机的拆装必须由取得建设行政主管部门颁发的拆装资质证书的专业队进行,并应有技术和安全人员在场监护。

4.4.42 起重机载人专用电梯严禁超员,其断绳保护装置必须可靠。当起重机作业时,严禁开动电梯。电梯停用时,应降至塔身底部位置,不得长时间悬在空中。

4.4.47 动臂式和尚未附着的自升式塔式起重机,塔身上不得悬挂标语牌。

4.7 卷扬机

4.7.8 卷筒上的钢丝绳应排列整齐,当重叠或斜绕时,应停机重新排列,严禁在转动中用手拉脚踩钢丝绳。

5 土矿机械

5.1 基本要求

5.1.3 作业前,应查明施工现场明、暗设置物(电线、地下电缆、管道、坑道等)的地点及走向,并采用明显记号表示。严禁在离电缆1m距离以内作业。

5.1.5 机械运行中,严禁接触转动部位和进行检修。在修理(焊、铆等)工作装置时,应使其降到最低位置,并应在悬空部位垫上垫木。

5.1.9 在施工中遇下列情况之一时应立即停工,待符合作业安全条件时,方可继续施工:

 1 填挖区土体不稳定,有发生坍塌危险时;
 2 气候突变,发生暴雨、水位暴涨或山洪暴发时;
 3 在爆破警戒区内发生爆破信号时;
 4 地面涌水冒泥,出现陷车或因雨发生坡道打滑时;
 5 工作面净空不足以保证安全作业时;
 6 施工标志、防护设施损毁失效时。

5.1.10 配合机械作业清底、平地、修坡等人员、应在机械回转半径以外工作。当必须在回转半径以内工作时,应停止机械回转并制动好后,方可作业。

5.3 挖掘装载机

5.3.12 在行驶或作业中,除驾驶室外,挖掘装载机任何地方均严禁乘坐或站立人员。

5.4 推 土 机

5.4.8 推土机行驶前,严禁有人站在覆带或刀片的支架上,机械四周应无障碍物,确认安全后,方可开动。

5.5 拖式铲运机

5.5.6 作业中,严禁任何人上下机械,传递物件,以及在铲斗内、拖把或机架上坐立。

5.5.17 非作业行驶时,铲斗必须用锁紧链条挂牢在运输行驶位置上,机上任何部位均不得载人或装载易燃、易爆物品。

5.10 轮胎式装载机

5.10.21 装载机转向架未锁闭时,严禁站在前后车架之间进行检修保养。

5.11 蛙式夯实机

5.11.4 夯实机作业时,应一人扶夯,一人传递电缆线,且必须戴绝缘手套和穿绝缘鞋。递线人员应跟随夯机后或两侧调顺电缆线,电缆线不得扭结或缠绕,且不得张拉过紧,应保持有3~4m的余量。

5.12 振动冲击夯

5.12.10 电动冲击夯应装有漏电保护装置,操作人员必须戴绝缘手套,穿绝缘鞋。作业时,电缆线不应拉得过紧,应经常检查线头安装,不得松动及引起漏电。严禁冒雨作业。

5.13 风动凿岩机

5.13.7 严禁在废炮眼上钻孔和骑马式操作,钻孔时,钻杆与钻孔中心线应保持一致。

5.13.16 在装完炸药的炮眼5m以内,严禁钻孔。

5.14 电动凿岩机

5.14.3 电缆线不得敷设在水中或在金属管道上通过。施工现场应设标志,严禁机械、车辆等在电缆上通过。

6 水平和垂直运输机械

6.1 基本要求

6.1.15 在坡道上停放时,下坡停放应挂上倒档,上坡停放应挂上一档,并应使用三角木楔等塞紧轮胎。

6.2 载重汽车

6.2.2 不得人货混装。因工作需要搭人时,人不得在货物之间或货物与前车厢板间隙内。严禁攀爬或坐卧在货物上面。

6.2.4 运载易燃、有毒、强腐蚀等危险品时,其装载、包装、遮盖必须符合有关的安全规定,并应备有性能良好、有效期内的灭火器。途中停放应避开火源、火种、居民区、建筑群等,炎热季节应选择阴凉处停放。装卸时严禁火种。除必要的行车人员外,不得搭乘其他人员。严禁混装备用燃油。

6.3 自卸汽车

6.3.3 配合挖装机械装料时,自卸汽车就位后应拉紧手制动器,在铲斗需越过驾驶室时,驾驶室内严禁有人。

6.3.6 卸料后,应及时使车厢复位,方可起步,不得在倾斜情况下行驶。严禁在车厢内载人。

6.5 油罐车

6.5.4 油罐车工作人员不得穿有铁钉的鞋。严禁在油罐附近吸烟,并严禁火种。

6.5.6 在检修过程中,操作人员如需要进入油罐时,严禁携带火种,并必须有可靠的安全防护措施,罐外必须有专人监护。

6.5.7 车上所有电气装置,必须绝缘良好,严禁有火花产生。车用工作照明应为36V以下的安全灯。

6.7 机动翻斗车

6.7.9 严禁料斗内载人。料斗不得在卸料工况下行驶或进行平地作业。

6.7.10 内燃机运转或料斗内载荷时,严禁在车底下进行任何作业。

6.9 叉车

6.9.9 以内燃机为动力的叉车,进入仓库作业时,应有良好的通风设施。严禁在易燃、易爆的仓库内作业。

6.12 施工升降机

6.12.1 施工升降机应为人货两用电梯,其安装和拆卸工作必须由取得建设行政主管部门颁发的拆装资质证书的专业(队)负责,并必须由经过专业培训,取得操作证的专业人员进行操作和维修。

6.12.9 升降机安装后,应经企业技术负责人会同有关部门对基础和附壁支架以及升降机架设安装的质量、精度等进行全面检查,并应按规定程序进行技术试验(包括坠落试验),经试验合格签证后,方可投入运行。

7 桩工及水工机械

7.1 基本要求

7.1.4 打桩机作业区内应无高压线路。作业区应有明显标志或围栏,非工作人员不得进入。桩锤在施打过程中,操作人员必须在距离桩锤中心5m以外监视。

7.1.8 严禁吊桩、吊锤、回转或行走等动作同时进行。打桩机在吊有桩和锤的情况下,操作人员不得离开岗位。

7.3 振动桩锤

7.3.11 悬挂振动桩锤的起重机,其吊钩上必须有防松脱的保护装置。振动桩锤悬挂钢架的耳环上应加装保险钢丝绳。

7.5 静力压桩机

7.5.18 压桩时,非工作人员应离机10m以外。起重机的起重臂下,严禁站人。

7.6 强夯机械

7.6.7 夯锤下落后,在吊钩尚未降至夯锤吊环附近前,操作人员不得提前下坑挂钩。从坑中提锤时,严禁挂钩人员站在锤上随锤提升。

7.11 潜 水 泵

7.11.2 潜水泵放入水中或提出水面时,应先切断电源,严禁拉拽电缆或出水管。

8 混凝土机械

8.2 混凝土搅拌机

8.2.13 搅拌机作业中,当料斗升起时,严禁任何人在料斗下停留或通过;当需要在料斗下检修或清理料坑中,应将料斗提升后用铁链或插入销锁住。

8.8 插入或振动器

8.8.3 电缆线应满足操作所需的长度,电缆线上不得堆压物品或让车辆挤压,严禁用电缆线拖拉或吊挂振动器。

9 钢筋加工机械

9.5 钢筋冷拉机

9.5.2 冷拉场地应在两端地锚外侧设置警戒区,并应安装防护栏及警告标志。无关人员不得在此停留。操作人员在作业时必须离开钢筋2m以外。

10 装修机械

10.6 高压无气喷涂机

10.6.2 喷涂燃点在21℃以下的易燃涂料时,必须接好地线,地线的一端接电机零线位置,另一端应接涂料桶或被喷的金属物体。喷涂机不得和被喷物放在同一房间里,周围严禁有明火。

12 铆焊设备

12.1 基本要求

12.1.2 焊接操作及配合人员必须按规定穿戴劳动防护用品。并必须采取防止触电、高空坠落、瓦斯中毒和火灾等事故的安全措施。

12.1.9 对承压状态的压力容器及管道、带电设备、承载结构的受力部位和装有易燃、易爆物品的容器严禁进行焊接和切割。

12.1.11 当需施焊受压容器、密封容器、油桶、管道、沾有可燃气体和溶液的工件时,应消除容器及管道内压力,消除可燃气体和溶液,然后冲洗有毒、有害、易燃物质;对存有残余油脂的容器,应先用蒸汽、碱水冲洗,并打开盖口,确认容器清洗干净后,再灌满清水方可进行焊接。在容器内焊接应采取防止触电、中毒和窒息的措施。焊、割密封容器应留出气孔,必要时进、出气口处装设通风设备;容器内照明电压不得超过12V,焊工与焊件间应绝缘;容器外应设专人监护。严禁在已喷涂过油漆和塑料的容器内焊接。

12.1.13 高空焊接或切割时,必须系好安全带,焊接周围和下方应采取防火措施,并应有专人监护。

12.14 气焊设备

12.14.6 电石起火时必须用干砂或二氧化碳灭火器,严禁用泡沫、四氯化碳灭火器或水灭火。电石粉沫应在露天销毁。

12.14.16 未安装减压器的氧气瓶严禁使用。

4.《建筑施工扣件式钢管脚手架安全技术规范》

JGJ130—2001
强制性条文　　　　　　　　　2002版

3 构 配 件

3.1 钢 管

3.1.3 钢管的尺寸和表面质量应符合下列规定:

2 钢管上严禁打孔。

5 设计计算

5.3 立杆计算

5.3.5 立杆稳定性计算部位的确定应符合下列规定：

2 当脚手架搭设尺寸中的步距、立杆纵距、立杆横距和连墙件间距有变化时，除计算底层立杆段外，还必须对出现最大步距或最大立杆纵距、立杆横距、连墙件间距等部位的立杆段进行验算。

6 构造要求

6.2 纵向水平杆、横向水平杆、脚手板

6.2.2 横向水平杆的构造应符合下列规定：

1 主节点处必须设置一根横向水平杆，用直角扣件扣接且严禁拆除。

6.3 立 杆

6.3.2 脚手架必须设置纵、横向扫地杆。纵向扫地杆应采用直角扣件固定在距底座上皮不大于200mm处的立杆上。横向扫地杆亦应采用直角扣件固定在紧靠纵向杆下方的立杆上。当立杆基础不在同一高度上时，必须将高处的纵向扫地杆向低处延长两跨与立杆固定，高低差不应大于1m。靠边坡上方的立杆轴线到边坡的距离不应小于500mm（图6.3.2）。

6.3.5 立杆接长除顶层顶步外，其余各层各步接头必须采用对接扣件连接。

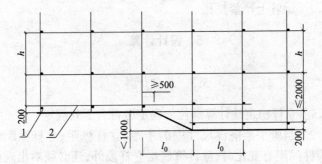

图 6.3.2 纵、横向扫地杆构造
1—横向扫地杆；2—纵向扫地杆

6.4 连 墙 件

6.4.2 连墙件的布置应符合下列规定：

4 一字型、开口型脚手架的两端必须设置连墙件，连墙件的垂直间距不应大于建筑物的层高，并不应大于 4m（两步）。

6.4.4 对高度24m以上的双排脚手架，必须采用刚性连墙件与建筑物可靠连接。

6.4.5 连墙件的构造应符合下列规定：

2 连墙件必须采用可承受拉力和压力的构造。

6.6 剪刀撑与横向斜撑

6.6.2 剪刀撑的设置应符合下列规定：

2 高度在24m以下的单、双排脚手架，均必须在外侧立面的两端各设置一道剪刀撑，并应由底至顶连续设置。

6.6.3 横向斜撑的设置应符合下列规定：

2 一字型、开口型双排脚手架的两端均必须设置横向斜撑。

7 施 工

7.1 施工准备

7.1.5 当脚手架基础下有设备基础、管沟时,在脚手架使用过程中不应开挖,否则必须采取加固措施。

7.3 搭 设

7.3.1 脚手架必须配合施工进度搭设,一次搭设高度不应超过相邻连墙件以上两步。

7.3.4 立杆搭设应符合下列规定:
    1 严禁将外径48mm与51mm的钢管混合使用。

7.3.8 连墙件、剪刀撑、斜撑的搭设应符合下列规定:
    2 剪刀撑、横向斜撑搭设应随立杆、纵向和横向水平杆等同步搭设。

7.4 拆 除

7.4.2 拆脚手架时,应符合下列规定:
    1 拆除作业必须由下而上逐层进行,严禁上下同时作业;
    2 连墙件必须随脚手架逐层拆除,严禁先将连墙件整层或数层拆除后再拆脚手架;分段拆除高差不应大于两步,如高差大于两步,应增设连墙件加固。

7.4.3 卸料时应符合下列规定:
    1 各构配件严禁抛掷至地面。

8 检查与验收

8.1 构配件检查与验收

8.1.3 扣件的验收应符合下列规定：

2 旧扣件使用前应进行质量检查，有裂缝、变形的严禁使用，出现滑丝的螺栓必须更换。

9 安全管理

9.0.1 脚手架搭设人员必须是经过按现行国家标准《特种作业人员安全技术考核管理规则》GB5036 考核合格的专业架子工。上岗人员应定期体验，合格者方可持证上岗。

9.0.4 作业层上的施工荷载应符合设计要求，不得超越。不得将模板支架、缆风绳、泵送混凝土和砂浆的输送管等固定在脚手架上；严禁悬挂起重设备。

9.0.7 在脚手架使用期间，严禁拆除下列杆件：

1 主节点处的纵、横向水平杆，纵、横向扫地杆；
2 连墙件。

5.《建筑施工门式钢管脚手架安全技术规范》

JGJ128—2000
强制性条文　　　　　2002版

3 构配件材质性

3.0.4 钢管应平直，平直度允许偏差为管长的 1/500；两端面应平整,不得有斜口、毛口;严禁使用有硬伤(硬弯、砸扁等)及严重锈蚀的钢管。

6 构造要求

6.2 配 件

6.2.2 上、下榀门架的组装必须设置连接棒及锁臂,连接棒直径应小于立杆内径的1~2mm。

6.2.4 水平架设置应符合下列规定:

　　1 在脚手架的顶层门架上部、连墙件设置层、防护棚设置处必须设置。

6.5 连 墙 件

6.5.4 连墙件应能承受拉力与压力,其承载力标准值不应小于10kN;连墙件与门架、建筑物的连接也应具有相应的连接强度。

6.8 地基与基础

6.8.1 搭设脚手架的场地必须平整坚实,并作好排水,回填土地面必须分层回填,逐层夯实。

7 搭设与拆除

7.3 搭 设

7.3.1 搭设门架及配件应符合下列规定:

　　4 交叉支撑、水平架或脚手板应紧随门架的安装及时设置;

　　5 连接门架与配件的锁臂、搭钩必须处于锁住状态。

7.3.2 加固杆、剪刀撑等加固件的搭设应符合下列规定:

1 加固杆、剪刀撑必须与脚手架同步搭设。

7.3.3 连墙件的搭设应符合下列规定：

1 连墙件的搭设必须随脚手架搭设同步进行，严禁滞后设置或搭设完毕后补做。

7.5 拆　　除

7.5.4 脚手架的拆除应在统一指挥下，按后装先拆、先装后拆的顺序及下列安全作业的要求进行：

4 连墙件、通长水平杆和剪刀撑等，必须在脚手架拆卸到相关的门架时方可拆除；

5 工人必须站在临时设置的脚手板上进行拆卸作业，并按规定使用安全防护用品；

6 拆除工作中，严禁使用榔头等硬物击打、撬挖，拆下的连接棒应放入袋内，锁臂应先传递至地面并放室内堆存。

8 安全管理与维护

8.0.1 搭拆脚手架必须由专业架子工担任，并按现行国家标准《特种作业人员安全技术考核管理规则》(GB5036)考核合格，持证上岗。上岗人员应定期进行体检，凡不适于高处作业者，不得上脚手架操作。

8.0.2 搭拆脚手架时工人必须戴安全帽，系安全带，穿防滑鞋。

8.0.3 操作层上施工荷载应符合设计要求，不得超载；不得在脚手架上集中堆放模板、钢筋等物件。严禁在脚手架上拉缆风绳或固定、架设混疑土泵、泵管及起重设备等。

8.0.5 施工期间不得拆创造下列杆件：

1 交叉支撑,水平架;
2 连墙件;
3 加固杆件:如剪刀撑、水平加固杆、扫地杆、封口杆等等;
4 栏杆。

8.0.7 在脚手架基础或邻近严禁进行挖掘作业。

8.0.10 沿脚手架外侧严禁任意攀登。

9 模板支撑与满堂脚手架

9.4 搭设与拆除

9.4.3 施工应符合下列规定:

6 拆除模板支撑及满堂脚手架时应采用可靠安全措施,严禁高空抛掷。

6.《龙门架及井架物料提升机安全技术规范》

JGJ88—92
强制性条文　　　　　　　　　　2002版

第二章　一般规定

2.0.6 提升机在安装完毕后,必须经正式验收,符合要求后方可投入使用。

第三章　结构设计与制造

第一节　结构设计

3.1.9 提升机架体顶部的自由高度不得大于6m。

第四章 提升机构

4.0.11 提升钢丝绳不得接长使用。端头与卷筒应用压紧装置卡牢,在卷筒上应能按顺序整齐排列。当吊篮处于工作最低位置时,卷筒上的钢丝绳应不少于3圈。

第五章 安全防护装置及要求

5.0.1 提升机应具有下列安全防护装置并满足其要求:

一、安全停靠装置或断绳保护装置。

1 安全停靠装置。吊篮运行到位时,停靠装置将吊篮定位。该装置应能可靠地承担吊篮自重、额定荷载及运料人员和装卸物料时的工作荷载。

二、楼层口停靠栏杆(门)。各楼层的通道口处,应设置常闭的停靠栏杆(门),其强度应能承受 $1kN/m^2$ 水平荷载。

五、上级限位器。该装置应安装在吊篮允许提升的最高工作位置。吊篮的越程(指从吊篮的最高位置与天梁最低处的距离),应不小于3m。当吊篮上升达到限定高度时,限位器即行动作,切断电源(指可逆式卷扬机)或自动报警(指摩擦式卷扬机)。

六、紧急断电开关。紧急断电开关应设在便于司机操作的位置,在紧急情况下,应能及时切断提升机的总控电源。

第七章 基础、附墙架、缆风绳及地锚

第二节 附 墙 架

7.2.2 附墙架与架体及建筑之间,均应采用刚性件连接,并形成稳定结构,不得连接在脚手架上。严紧使用铅丝绑扎。

7.2.3 附墙架的材质应与架体的材质相同,不得使用木杆、竹杆等做附墙架与金属架体连接。

第三节 缆 风 绳

7.3.2 提升机的缆风绳应经计算确定(缆风绳的安全系数 n 取 3.5)。缆风绳应选用圆股钢丝绳,直径不得小于 9.3mm。提升机高度在 20m 以下(含 20m)时,缆风绳不少于 1 组(4~8 根);提升机高度在 21~30m 时,不少于 2 组。

7.3.3 缆风绳应在架体四角有横向缀件的同一水平面上对称设置,使其在结构上引起的水平分力,处于平衡状态。缆风绳与架体的连接处应采取措施,防止架体钢材对缆风绳的剪切破坏。对连接处的架体焊缝及附件必须进行设计计算。

7.3.8 在安装、拆除以及使用提升机的过程中设置的临时缆风绳,其材料也必须使用钢丝绳,严紧使用铅丝、钢筋、麻绳等代替。

第八章 安装与拆除

第三节 卷扬机稳装

8.3.1 卷扬机应安装在平整坚实的位置上,应远离危险作业区,且视线应良好。

第十章 使用与管理

第一节 使 用

10.1.2 使用提升机时应符合下列规定:

一、物料在吊篮内应均匀分布,不得超出吊篮。当长料在吊篮中立放时,应采取防滚落措施;散料应装箱或装笼。严禁超载使用；

二、严禁人员攀登、穿越提升机架体和乘吊篮上下；

三、高架提升机作业时，应使用通讯装置联系。低架提升机在多工种、多楼层同时使用时，应专设指挥人员，信号不清不得开机。作业中不论任何人发出紧急停车信号，应立即执行。

7.《建筑桩基技术规范》

JGJ94—94

6.2.13 人工挖孔桩施工应采取下列安全措施：

6.2.13.1 孔内必须设置应急软爬梯；供人员上下井，使用的电葫芦、吊笼等应安全可靠并配有自动卡紧保险装置，不得使用麻绳和尼龙绳吊挂或脚踏井壁凸缘上下。使用前必须检验其安全起吊能力。

6.2.13.2 每日开工前必须检测井下的有毒有害气体，并应有足够的安全防护措施。桩孔开挖深度超过10m时，应有专门向井下送风的设备。

6.2.13.3 孔口四周必须设置护栏。

6.2.13.4 挖出的土石方应及时运离孔口，不得堆放在孔口四周1m范围内，机动车辆的通行不得对井壁的安全造成影响。

6.2.13.5 施工现场的一切电源、电路的安装和拆除必须由持证电工操作；电器必须严格接地、接零和使用漏电保护器。各孔用电必须分闸，严禁一闸多用。孔上电缆必须架空2.0m以上，严禁拖地和埋压土中，孔内电缆、电线必须有防磨损、防潮、防断等保护措施。照明应采用安全矿灯或12V以下的安全灯。

8.《建筑地基处理技术规范》

JGJ79—2002

13.3.9 石灰桩施工时应采取防止冲孔伤人的有效措施,确保施工人员的安全。